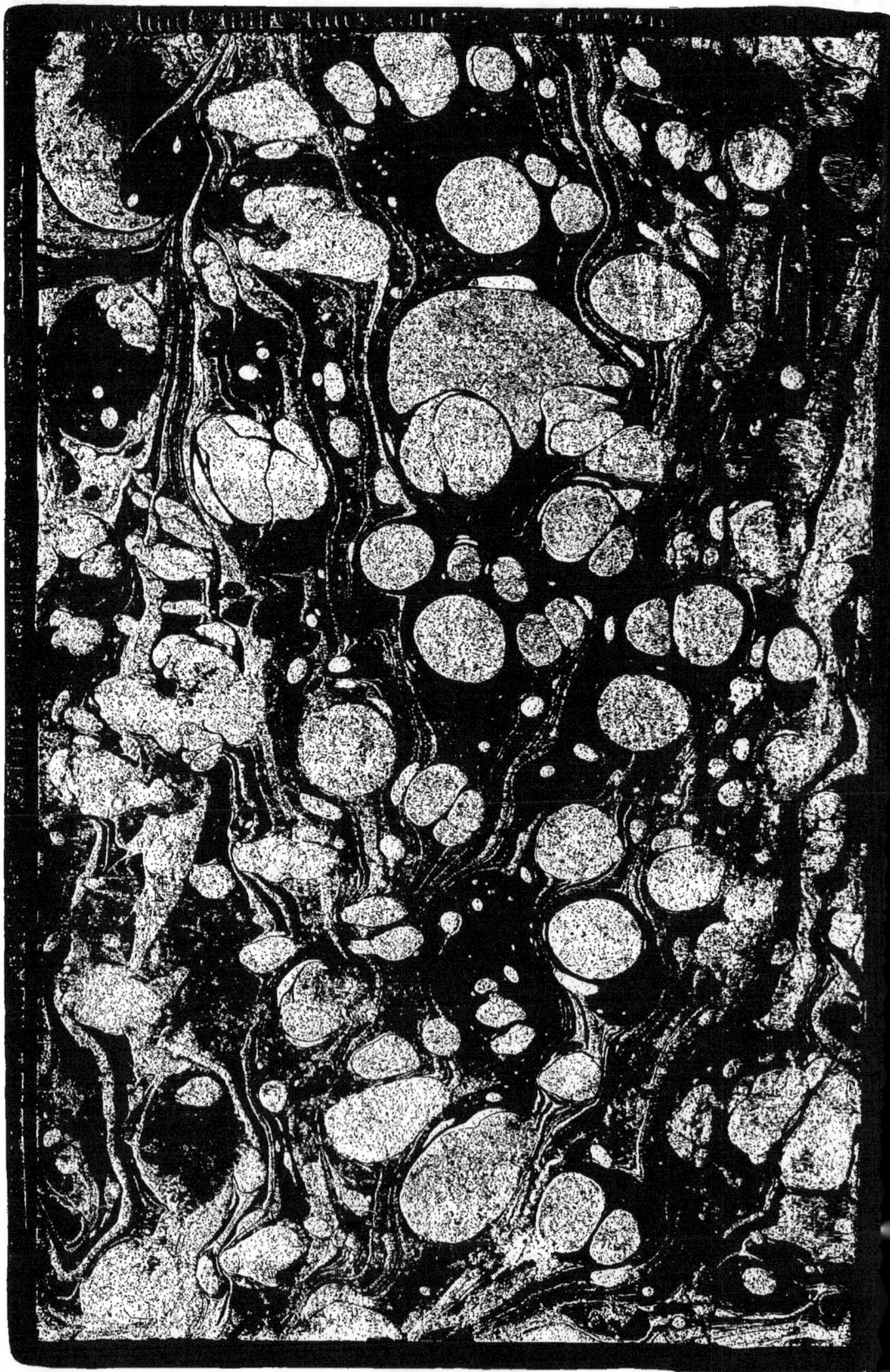

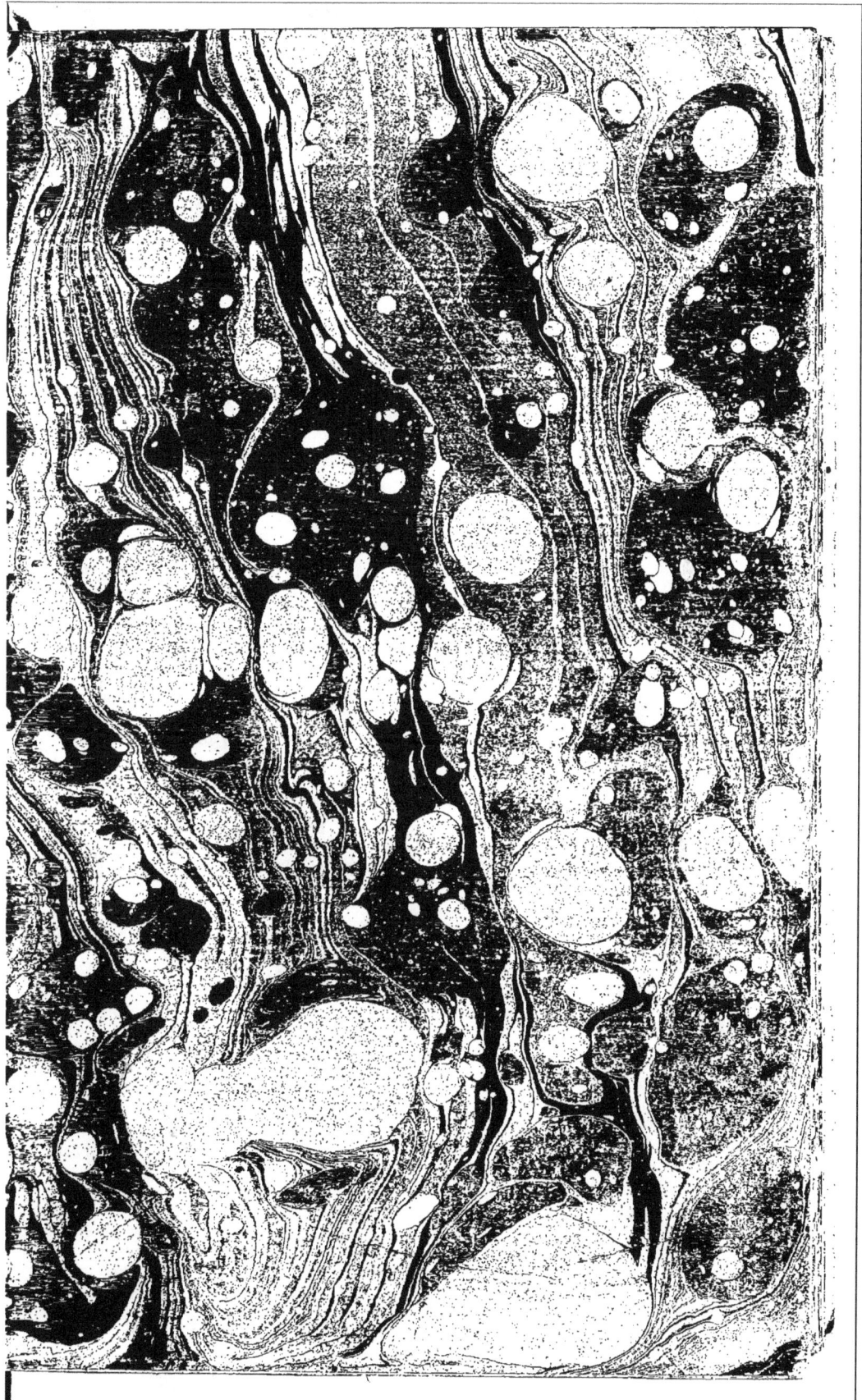

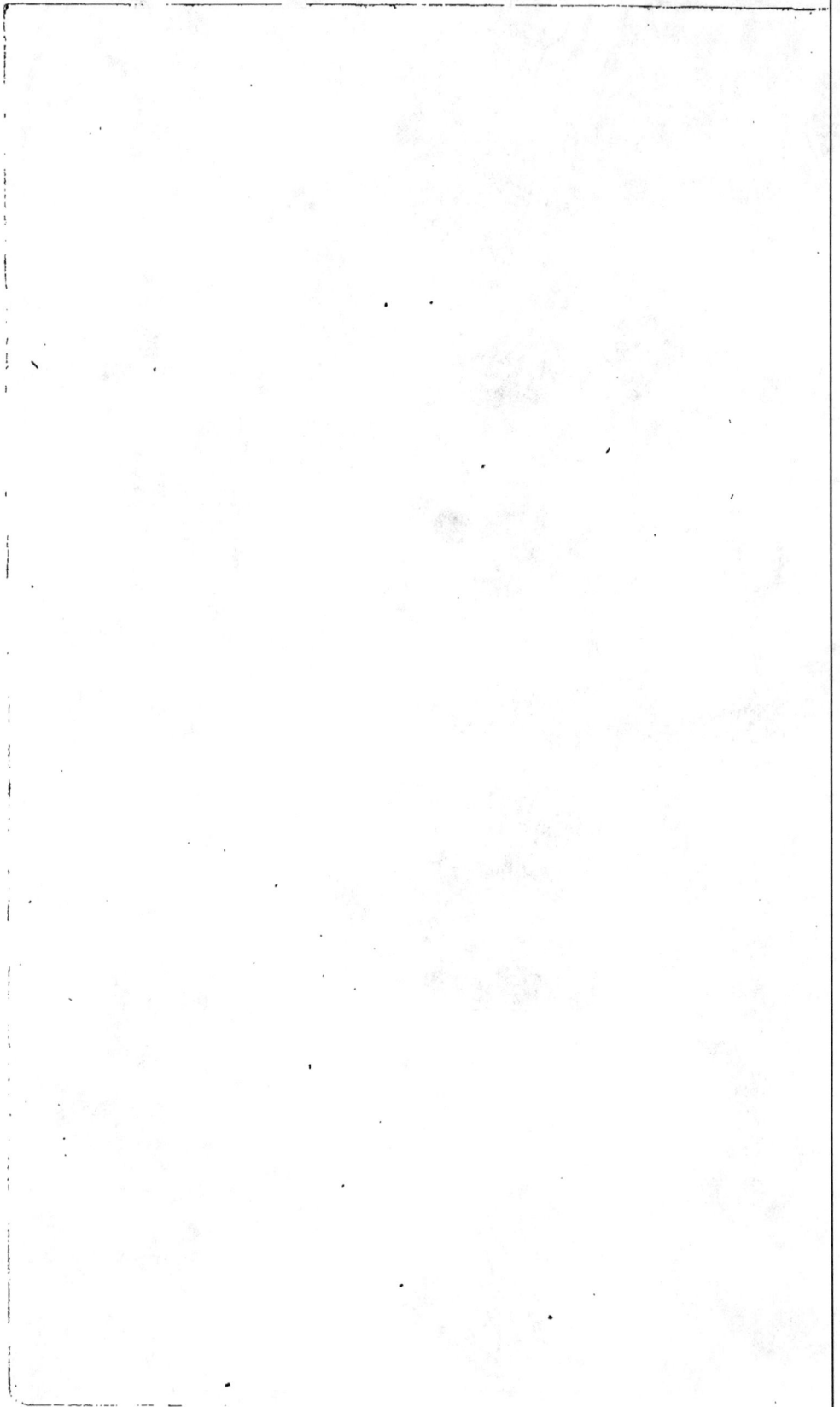

S. 1353.
Bb-2.

à Consensa

HISTOIRE
NATURELLE
DE
LA PROVENCE,

Contenant ce qu'il y a de plus remarquable dans les Regnes Végétal, Minéral, Animal & la partie Géoponique.

Par M. DARLUC, *Docteur en Médecine, Professeur de Botanique en l'Université d'Aix, de la Société Royale de Médecine, de l'Académie des Belles-Lettres, Sciences, & Arts de Marseille, &c.*

TOME SECOND

A AVIGNON,

Et se vend à MARSEILLE,

Chez JEAN MOSSY, Imprimeur du Roi, de la Marine, & Libraire, à la Canebiere, à côté du Bureau des Draps.

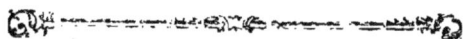

M. DCC. LXXXIV.

PRÉFACE.

LA Minéralogie, dont je n'ai parlé que fuccintement, ne préfente que des foffiles peu variés dans la partie moyenne de la Provence ; mais dans les montagnes primitives, elle s'offre fous des afpects & des pofitions différentes. Ces maffes, élevées fur la furface de notre globe pour fervir de contrepoids aux fluides qui l'environnent, renferment dans leur fein des métaux précieux, dif-pofés en veines ou en filons, felon les directions plus ou moins profondes, dans l'interftice des rochers qui leur fervent d'enveloppe ; tandis que dans les montagnes fecondaires, ou celles qui ont été for-mées par les débris des premières & par la retraite des eaux, on ne trouve entre leurs couches parallèles ou incli-nées à l'horizon, que des foffiles du fecond ordre , comme les bitumes , lès gypfes , les fpaths , les marbres , &c. , difpofés par lits ou par couches qui gardent le paralléliſme des premières.

J'ai donné dans le premier volume une courte defcription des limites de la Provence ou des montagnes qui la bordent, au fud , à l'eſt & au nord , & de leur organiſation apparente. Le reſte de cette Province renferme dans fon intérieur des montagnes moins élevées, dont les unes ont la même direction que les premières , en allant du levant au couchant , & les autres fe prolongent du fud au nord ; leur chaîne fe lie avec quantité de petits coteaux qui en diverſifient les poſitions & forment des perſpectives agréables. La végétation qui eſt uniforme dans les plaines , trouve ici des climats différens , & fes produits varient fuivant les différentes hauteurs ; car l'on fait que les plantes de chaque famille ne profpèrent bien que fous le climat qui leur eſt propre à chacune : auſſi les montagnes n'offrent pas un champ moins vaſte aux recherches des Botaniſtes que des Minéralogiſtes , & la Provence a dans ce genre un avantage qu'on ne trouve pas dans bien d'autres Provinces du Royaume.

On peut divifer nos montagnes en alpines & en fous-alpines , & celles qui s'étendent depuis les Alpes maritimes jufqu'à Toulon , ainfi que le terrein qu'elles embraffent, en calcaire & en vitrifiable. Les premières jettent une longue chaîne depuis la vallée de Barcelonette & les limites du Dauphiné jufqu'à Orange ; elles comprennent le Mont-Ventoux & le Léberon : les fecondes ont une direction du levant au couchant dans un efpace de quinze lieues de largeur & d'une vingtaine de longueur. On voit dans l'intérieur de la Province d'autres montagnes du premier ordre qui femblent détachées de la chaîne commune , mais qui en font pourtant une dépendance ; ces montagnes font Sainte-Victoire , la Sainte-Baume , Notre-Dame des Anges , à Pignan , &c.

Quoique nos Alpes foient entièrement dans le genre calcaire , on y rencontre les accidens de la lapidification quartzeufe. Ces maffes volumineufes ne font point difpofées en couches comme les montagnes fecondaires ; ce font des pics fort élevés , des blocs immenfes fans or-

ganifation régulière & amoncelés les uns
fur les autres ; de larges bandes de fpath
fufibles y font entremêlées avec le calcaire , ce qui induit quelquefois en erreur les Chaux-fourniers qui veulent calciner cette pierre & en tirer de la chaux,
car elle fe vitrifie à demi dans le feu &
devient fufible par le mêlange de ces
diverfes fubftances. Les pierres compofées, qui forment le granit, le jafpe, le
grès, les fchiftes argilo-calcaires, les ardoifes feuilletées à larges bancs, la roche
de corne, interrompent la marche du calcaire dont les lits & les couches ne font
jamais uniformes, ainfi que le tiffu intérieur de la pierre organifée différemment que celles qui couvrent la fuperficie des montagnes fecondaires, & dont
on trouve des morceaux détachés, la
plupart d'une couleur bleuâtre & roulés
dans les vallons à des diftances confidérables.

Si les montagnes primitives & calcaires offrent des variétés remarquables, on
n'en trouve pas moins dans l'organifation
intérieure de celles qui font vitrefcibles.
C'eft toujours le granit qui forme la bafe
de ces montagnes, ainfi que des pierres de
diverfe fubftance, telles que le jafpe, le

porphire, le grès, l'argille dure & réfractaire, la pierre de cos : le quartz y
sert en général de matrice aux minéraux
qui s'y forment. Toutes ces pierres vitrescibles ou apyres ne sont pas tout-à-
fait privées du calcaire ; l'argille la plus
réfractaire, les molécules quartzeuses, le
sablon le plus vitrifiable contiennent encore des parties calcaires dont il est difficile de les dépouiller. Le sablon d'Apt,
dont j'ai parlé au premier volume, si
fin, si délié, qui entre dans la composition de nos faïances & de la porcelaine, renferme beaucoup de ces parties
qui aident merveilleusement à sa fusion,
& communiquent à cette poterie l'émail
& l'éclat qui la distinguent. Les larges
bandes de mica, de talc, la serpentine,
& autres pierres d'un genre moyen, entre le fusible & le calcaire, diversifient
nos montagnes vitrescibles où le calcaire
se montre toujours. On le trouve dans
l'asbeste, dans l'amiante, dans la chaux
des métaux. La culture, les engrais divi-
sent les argiles, les améliorent & rendent,
à la longue, les terres vitrifiables entièrement calcaires ; preuve que le calcaire
est la terre primitive, & qu'elle a été formée pour donner l'adhérence & la cohé-

fion aux diverfes molécules lapidifiques
entr'elles. On le rencontre dans les animaux, dans les plus tendres végétaux &
dans une infinité d'autres fubftances, où
il donne aux parties molles l'appui & la
confiftance dont elles ont befoin.

Je n'irai point chercher dans les eaux
de la mer l'origine de la terre calcaire,
comme font plufieurs Naturaliftes. Quoique les nombreufes familles de polipiers
& de coquilles tapiffent fes bords & fon
intérieur à de grandes diftances, que les
débris des teftacées & les bancs de coquilles pétrifiées s'étendent depuis la mer
jufqu'à la cime des montagnes fecondaires, il n'eft pas moins difficile d'imaginer comment les plus hautes montagnes
calcaires fe font élevées du fein de cet
élément, pour nous furprendre par leurs
dimenfions & leur chaîne propagée de
tous côtés : pourquoi le même ouvrier
qui a formé la terre animale des teftacées, qui leur a donné la faculté d'éla-
borer ces fucs crétacés qui exudent de
leur corps pour en compofer la coquille qui les recouvre, ne peut-il avoir formé la terre calcaire de nos montagnes,
fans qu'il foit befoin de recourir aux dé-

bris dés teftacées pour expliquer leur formation ?

Les Minéralogiftes obferveront dans la
partie calcaire de la Provence, depuis la
mer au fud, jufqu'à la cime des coteaux
fecondaires, & bien avant dans les montagnes fous-alpines, quantité de coquilles
& de polipiers pétrifiés, des bancs entiers de coquilles pétrifiées dans le fein
de la terre, des coquilles incruftées contre la pierre la plus dure, les débris des
teftacées dans une pierre molle, tendre,
friable, qu'on taille aifément dans la carrière, qui s'endurcit à l'air, connue vulgairement fous le nom de *pierre de Ca-
liffane*, ou bien la pierre coquillière qui
porte encore l'empreinte & les noyaux
des coquilles, ou bien ces coquilles mêmes pétrifiées dans fon fein. On en trouve
des carrières depuis Arles jufqu'au pied
des Alpes auprès de Sifteron, Lurs, Forcalquier, Mane, &c. Ces carrières traverfent le Léberon, jettent des rameaux
de tout côté, fe trouvent dans les vallons,
fous le lit des rivières, traverfent en
quelques endroits la *Crau*, malgré les lits
de cailloux de différente nature qui la re-
couvrent, & montent fur la cime des coteaux ; mais on ne trouve plus de tefta-

cées au bas des Alpes, & moins encore
dans les flancs & sur les cimes de ces
hautes montagnes. J'ai parcouru toute
leur chaîne dans le Dauphiné, dans le
Piémont, en Italie, je n'en ai trouvé
aucune, non plus que dans les Pyrénées
septentrionales, depuis le Béarn jusqu'en
Roussillon, où les marbres, les pierres
craïeuses, le spath, les stalactites, les masses
calcaires abondent de toute part. L'on
verra encore dans la suite de cet ouvrage comment nos montagnes vitrescibles
sont privées de pareilles pétrifications,
quoiqu'elles ne soient pas entièrement des-
tituées du calcaire, & qu'on y rencontre
quelquefois le silex formé dans des bandes craïeuses, ainsi qu'on l'observe plus
souvent dans les terres calcaires. Quelle
est donc cette puissance inhérente aux
terres calcaires, de passer plutôt à l'état de
lapidification complette que toute autre
substance analogue ? Sans citer ici les
Ecrivains qui ont avancé que des carrières de marbre & de pierre à chaux, de-
meurées long-temps vuides après avoir
été exploitées, ont été trouvées remplies
de nouveau par ces substances, au point
d'enfermer dans leur sein des outils qu'on

avoit oubliés (1). L'obſervation nous apprend que les terres calcaires ſont plus faciles à ſe pétrifier ; nous le voyons tous les jours dans les tufs, les ſpaths , les ſtalactités, dans les ſchiſtes même. (Voyez ci-après page 32.) C'eſt à la Chymie à nous dévoiler ce myſtère ; elle nous apprendra comment ce fluide qui ne tombe pas ſous nos ſens, l'air dont les terres calcaires ſont impregnées , peut leur communiquer cette vertu pétrifiante & ce gluten inviſible qui concourt à la cohéſion de leurs molécules.

En examinant attentivement là forme & les dimenſions des montagnes primitives & ſecondaires , on découvre preſque par-tout de profonds ravins , des excavations qui décèlent la fuite des eaux , leur chûte rapide du haut de leurs cimes. Quelles étoient ces eaux ? Eſt-ce la mer qui a couvert anciennement tout notre globe ? Sont-ce les eaux du déluge univerſel qui ne date que de 4000 ans, ou celles des fleuves & des lacs qui ſe ſont précipitées du haut de ces montagnes & ont laiſſé une immenſité de cailloux rou-

---

(1) *Baglivi , de vegetatione lapidum.*

lés (2) dans le lit des plaines & jufques fur la cime des coteaux de nouvelle formation ? Je n'entreprendrai pas de décider une pareille queftion. On peut juger par là de quel avantage doit être l'étude de la Minéralogie pour la théorie de notre globe. Cependant cette étude eft en-

───────────────────────

(2) La plupart de ces cailloux roulés font liffes & polis. Ils acquièrent tous les jours plus de confiftance & de folidité , & fe décompofent difficilement. Ce qui n'arrive point aux cailloux graniteux , à ceux de grès & de quartz fur-tout , dont quelques-uns fouffrent une telle détérioration , que leurs molécules ayant perdu le gluten qui les réuniffoit , ils ne préfentent plus qu'une maffe légère , fpongieufe , prefque friable , capable de furnager fur l'eau ; ce qui vient à l'appui de mon opinion touchant la tendance que les pierres calcaires ont à fe pétrifier. Il eft vrai que leur détritus nous fournit fouvent les fchiftes friables & mols , les pierres fiffiles qui couvrent les flancs & la bafe des montagnes , les glaifes tendres & ductiles , les bancs & les lits de marne fi communs dans la terre calcaire ; tandis que les pierres compofées , comme les granits , le grès , & le quartz , &c. , nous donnent , par leur décompofition , les micas , le talc , les fablons , que l'on trouve en fi grande abondance dans les montagnes vitrefcibles.

core extrêmement négligée, fur-tout dans
les Provinces où elle n'a reçu aucun en-
couragement de la part de ceux qui pourroient la favorifer. Il y en a même qui
la regardent comme une fcience frivole
& qui ne mene à rien, tandis qu'après
l'Agriculture & la Botanique elle eft la
plus utile à l'homme, rélativement aux
Arts & au Commerce.

N'eft-il pas étonnant, dit un favant
Minéralogifte (3), de voir dans telle
ville confidérable vingt Maîtres occupés
à enfeigner des langues mortes dans des
Collèges où le pédantifme & l'ignorance
marchent tête levée, & pas un qui donne des leçons fur des Sciences-pratiques,
dont les progrès peuvent faire la richeffe
d'un pays & la profpérité d'un Etat?....

On ne s'eft occupé que fort tard en
France de la Minéralogie; les Etrangers
ont été nos maîtres dans cette fcience;
mais aujourd'hui qu'elle a pris faveur,
qu'il a paru d'excellens ouvrages fur cette partie, que nous avons l'Hiftoire Mi-
néralogique de quelques Provinces, &
tout nouvellement celle du Dauphiné, tra-

(3) Le Pafteur de Berne, M. Bertrand, déja cité par Monet.

cée par une habile main , pourquoi fom-
mes-nous en arrière en Provence , où la
Minéralogie n'eft pas moins riche qu'ailleurs ? Que ne puis-je engager mes Concitoyens à s'en occuper plus férieufement
qu'ils n'ont fait encore. Le plan que je
me fuis propofé dans cet ouvrage ne me
permettant pas d'entrer dans les plus grands
détails , je me contenterai d'indiquer feulement ce qu'il y a de plus remarquable
en ce genre, afin d'exciter , s'il eft poffible , l'émulation , & de mettre fur les
voies les perfonnes intelligentes.

Je donnerai dans ce fecond Volume la
defcription des Diocèfes de Sifteron , de
Digne , de la Vallée de Barcelonette ,
du Diocèfe de Senez & de Glandeves,
qui fe trouvent fitués dans les montagnes
alpines & fous-alpines , & de quelques
Paroiffes des Diocèfes de Graffe , de Vence & de Fréjus , pour n'être pas obligé
d'y revenir dans le troifième. Le bien de
l'humanité faifant le principal objet de
mon travail, je me fuis attaché à l'Hiftoire
Médicale de certains endroits , à expofer
les maladies qui y règnent & les moyens
de s'en préferver , à chercher les caufes
qui y favorifent la population & celles
qui y nuifent. J'ai fait le dépouillement

des regiſtres mortuaires des Paroiſſes où j'ai cru qu'elle augmentoit, ainſi que de celles où la population diminue. Enfin j'ai tâché de faire connoître *l'Homme de Provence* que j'ai préſenté au Lecteur ſous trois aſpects différens, comme on peut diviſer cette Province, par ſon ſol, ſes productions & ſes montagnes, en trois régions différentes. Je vais commencer par l'Homme des Montagnes; c'eſt pour l'Homme que j'écris, c'eſt à l'Homme que doit ſe rapporter l'étude des Sciences Naturelles & les avantages qu'on en retire. Heureux ſi je remplis mon objet.

Cette manière de traiter l'Hiſtoire Naturelle n'a pas été du goût de pluſieurs perſonnes; quelques-uns auroient voulu que j'euſſe renfermé chaque partie dans un article à part, ſans être obligé de m'interrompre dans l'énumération que j'ai faite des différens objets que je rencontre ſous mes pas; mais j'ai donné la raiſon qui m'a fait préférer ce plan. (Voyez la Préface du premier Volume.) Pour éviter les répétitions, autant qu'il m'eſt poſſible, lorſque les mêmes objets ſe préſentent de nouveau, j'ai ſoin de renvoyer aux endroits où j'en ai déja parlé. D'autres ont paru choqués de ce que j'ai in-

fifté fur les dangers auxquels font expofés les Villes & les Bourgs fitués le long
des marais & auprès des eaux ftagnantes
& putrides, dont le méphitifme occafionne fouvent aux habitans des épidémies
fâcheufes & de mauvais caractère. Ils
m'ont accufé d'avoir donné dans le préjugé, d'avoir pris de mauvaifes informations, au lieu d'avoir examiné par moi-
même les endroits dont je parle ; ce qui
peut détourner, difent-ils, les étrangers
qui voudroient s'y fixer. Je n'ai point ré-
pondu à de pareils propos, encore moins
aux critiques qu'on a répandues de toute
part & dont les Journaux ont fait mention, parce que les perfonnes qui connoiffent, comme moi, ces lieux expofés,
par leur fituation, aux épidémies, m'ont
rendu juftice. Quand une Ville auffi confidérable que celle d'Arles demande des
fecours à fon Souverain pour fe mettre à
l'abri des dangers des eaux ftagnantes
& putrides, & des inondations fréquentes dont fon terroir eft menacé dans
les années pluvieufes ; que fes Magiftrats
éclairés & fes principaux Citoyens font
dans cette fupplique une expofition tou-
chante & pathétique des maladies qu'elles
occafionnent, ainfi que j'en ai été témoin

en 1774, j'ai pu décrire briévement à mon tour ces mêmes dangers, & indiquer les moyens de s'en garantir, fans vouloir pour cela déprécier un pays dont j'ai fait d'ailleurs tout l'éloge qu'il mérite. Quant aux perfonnes intelligentes, aux vrais Connoiffeurs qui ont bien voulu me faire appercevoir quelques négligences, quelques omiffions, des erreurs locales qui fe font gliffées involontairement dans un ouvrage d'auffi longue haleine que celui-ci, je chercherai toujours à m'honorer de leurs critiques, parce que je fuis fûr qu'elles feront dictées par l'impartialité & l'amour du vrai. Je remercie en particulier ceux de mes Savans Confreres (4) dans l'art de guérir, qui veulent bien revoir mes écrits & me foutenir de leurs confeils dans la pénible tâche qu'il faut que je rempliffe malgré mes incommodités; mon cœur fera toujours pénétré de la plus vive reconnoiffance pour eux, & pour mes Coopérateurs & mes Compagnons de voyage; que fi je puis infpirer le goût des Sciences Na-

---

(4) MM. Gibelin, de l'Académie de Marfeille, & Jaubert, Docteurs en Médecine.

turelles à tous ceux qui en ont le talent
& qui font faits pour s'y diftinguer, je
n'aurai rien à défirer, & j'aurai obtenu
la récompenfe la plus flatteufe de mes
travaux.

HISTOIRE

HISTOIRE
NATURELLE
DE
LA PROVENCE,

CONTENANT ce qu'il y a de plus remarquable dans les Regnes Végétal, Minéral, Animal, & la partie Géoponique.

CHAPITRE PREMIER.

DIOCÈSE DE SISTERON.

LEs limites du Diocèse de Sisteron au Nord, sont les montagnes du Dauphiné; la Durance & le Diocèse de Digne le bornent au Levant & au Midi, & celui d'Aix au Couchant. Il contient environ 52 Paroisses, dont quelques-unes se trouvent dans le Dauphiné. On peut entrer dans ce Diocèse, en venant d'Aix, par le Bac de Mirabeau qu'on a établi sur la Durance. J'ai parlé, dans le premier Volume, de la

situation de ces lieux, des couches correfpon-
dantes des deux coteaux oppofés, à travers
lefquels cette Riviere doit s'être frayée anciennement une route; ce qu'un obfervateur attentif pourra découvrir, s'il les examine pendant
quelque temps. Les couches de ces coteaux écornés à leur bafe, leur parallélifme entr'elles, une
même organifation, le lit de la Riviere refler-
ré dans cet efpace, indiquent un pareil événement, dont l'époque fe perd dans la nuit des
temps. Les États de la Province ont fait conftruire un nouveau chemin tout le long de la
Durance, à droite, jufqu'à St. Paul; il fera plus
commode & plus agréable que celui de *Cante-
perdrix*, dans le terroir de Jouques, où il faut
gravir contre une montagne & la defcendre
enfuite; il mettra les voyageurs à leur aife. Les
plus grands débordemens de la Durance ne les
arrêtent jamais fur ces bords; on la paffe en
tout temps fur le Bac de Mirabeau, où l'on
vient quelquefois de bien loin après de grandes
pluyes; fon lit refferré dans cet efpace ne lui
permet point de s'étendre comme elle fait ailleurs. On a été obligé de foutenir avec des ar-
ceaux le chemin que l'on trouve en fortant de
la Riviere, du côté de Mirabeau, il eft adoffé
de la forte contre la montagne; ce qui le met
à l'abri du refoulement des inondations.

La Durance, qui ne rencontre bientôt plus
de rochers & de montagnes, qui mettent toujours obftacle à fon cours direct, s'étend de
chaque côté, en remontant vers fa fource. Elle
s'eft formée un lit pierreux de près d'un quart
de lieue de largeur, inondant fucceffivement toutes les campagnes attenantes, arrachant les arbres, & ne laiffant après elle que les débris

des roches , des graviers , & un limon ftérile.
Tout ce lit immenfe eft couvert d'eau dans les
débordemens ; pendant les féchereffes & les ar-
deurs de l'été, la Riviere ne coule que par deux
ou trois bras , & laiffe le refte de ce lit à fec ;
ce qui augmente encore plus la chaleur par la
réverbération des rayons du Soleil. Les bras de
la Riviere forment quantité d'ifles , qui difparoif-
fent quelquefois. Lorfque le terrein s'éleve peu-
à-peu vers leur bord par des alluvions fuccef-
fives , ces ifles , qu'on nomme *ifclos* fur les lieux ,
fubfiftent pendant quelque temps , elles fe couvrent de verdure ; les bofquets de faule , d'o-
fier , les buiffons y attirent des Chaffeurs, en
automne ; mais de plus grandes inondations les
font difparoître , pour en former de nouvelles ;
tel eft le fpectacle mobile , que la Durance préfente plus d'une fois aux voyageurs.

La montagne de Mirabeau , fituée vis-à-vis St.
Paul , au bord de la Riviere , renferme une grotte profonde remplie de ftalactites , dont quelques
voyageurs ont parlé. Le Peuple , qui a dévo-
tion à une Chapelle conftruite fur le haut de la
montagne , à l'honneur du St. Sépulcre , defcend dans cette grotte le jour de la fête, & en
parcourt les concavités que la nature y a creufées. Ces fortes de grottes font fort communes
dans la Province. Lorfque les concrétions lapidifiques n'offrent à la vue qu'une terre rougeâtre , comme dans celle-ci , & dont les formes
n'ont rien de fingulier , que le fimple dépôt des
eaux accumulé bizarrement , & diftribué fans
fymétrie , elles n'ont aucun droit à l'admiration ;
peu de perfonnes s'y arrêtent. Il y a fouvent
trop à rifquer , que de vouloir les parcourir
exactement ; l'afpérité des lieux , les précipices

qu'il faut franchir , mettent un frein à la curiofité. Je décrirai dans la fuite quelques-unes de
ces grottes , où la tranfparence des criftaux ,
la régularité de leur forme , l'affemblage de plufieurs maffes configurées différemment , offrent ,
à chaque pas , des objets de furprife & d'admiration.

Par-tout où les montagnes calcaires feront creu-
fes dans leur intérieur , qu'il y aura , entre des
couches parallèles , des intervalles confidérables ,
que les fecouffes & les tremblemens qui ont
agité le globe de la terre en divers temps , auront donné à ces différentes couches des directions oppofées entr'elles , il en réfultera fouvent
des grottes & des concavités , où les eaux pluviales , qui fe filtrent à travers les pierres les
plus dures , chargées des fucs pétrifians , forme-
ront peu-à-peu ces concrétions , appellées vulgairement *congélations*. On leur donne le nom
de *ftalactites* , lorfqu'elles font fufpendues à la
voute des grottes ; elles préfentent le plus fouvent la figure d'un tuyau , d'un flambeau , d'une
frange qui fe développe avec grace , & cache
les fentes des rochers , en tapiffant le toit de
la grotte. Mais lorfque le fol de ces cavernes
eft couvert de maffes détachées , de blocs pierreux diftribués avec art , repréfentant de loin
quelque figure d'homme ou de quadrupede , on
les nomme *ftalagmites*. Leur origine eft encore
due aux eaux qui tombent d'en-haut , fans que
le fol qu'elles occupent , y contribue. Je ne
cherche point à expliquer comment le fable dé-
funi , le *detritus* des pierres , les molécules
craïeufes ont la propriété de fe réunir , de s'agglutiner enfemble , & de former une maffe compacte , au moyen du véhicule qui les entraîne.

Eſt-ce un ſuc lapidifique glutineux ? Eſt-ce l'argile, qui donnent la cohérence aux cailloux ?
L'air fixe, qui joue un ſi grand rôle dans l'adhé-
ſion des corps, & ſe combine ſi bien avec la
chaux (a), y entre-t-il pour quelque choſe ?
Faut-il avoir recours, pour expliquer ce phénomène, aux diverſes affinités des corps entr'eux ? Bornons-nous ſeulement à connoître
quelles ſont les ſubſtances les plus ſuſceptibles
de pétrification. On trouve rarement des teſtacées pétrifiés dans les ſilex, dans la pierre de
grés & de roche, dans le quartz, à moins que
ces ſortes de pierres n'ayent paſſé du calcaire
au vitrifiable ; ce qui peut arriver dans les nouvelles combinaiſons que la nature opere dans
la lithologie, par des voies qui nous ſont in-
connues. Les corps marins pétrifiés que l'on
rencontre par-tout dans le calcaire, ne ſe trouvent point, non plus, dans le genre fuſible ou
réfraÄaire, à moins que ce dernier n'ait été
calcaire auparavant. C'eſt ce que je laiſſe à diſ-
cuter aux Chymiſtes qui voudront s'occuper de
pareilles recherches.

Tant que les grottes & les cavernes creuſées
dans l'intérieur des montagnes, n'ont pas trop
de communication avec l'air extérieur, on n'y

(a) La chaux, les marbres, les ſpaths, contiennent
beaucoup d'air entre leurs lames & leurs molécules, que
le feu de la calcination développe & leur enleve ;
c'eſt ce qui a fait donner le nom de *chaux aérée*, par
les Chymiſtes modernes, à quelques unes de ces ſubſtances. Cet air eſt de nature méphitique, & cauſe l'aſ-
phyxie à ceux qui s'y expoſent imprudemment. Voyez
ci-deſſous, à l'article des Mines de charbon de pierre de
Manoſque.

voit point de végétaux couverts de sucs lapidifiques ; mais lorsque ces grottes sont peu profondes, qu'elles sont ouvertes à l'air de l'athmosphère, qui y circule librement, il n'est pas rare de trouver leurs voutes tapissées d'herbinites, de capillaire, de lierre ; les feuilles de la fougere s'y pétrifient par intususception. C'est ainsi que le Roc de St. Paul sur la Durance, qui est ouvert entiérement à l'opposite de celui de Mirabeau, renferme des herbinites attachées à sa voute.

Il faut traverser le Bois de *Negreou* pour venir de Mirabeau à Manosque ; on y voit beaucoup de chênes verts & blancs, disposés par bouquets sur les coteaux. Ce bois auroit besoin d'être élagué en quelques endroits, parce qu'il fournit une retraite aux voleurs.

Les campagnes, qui sont sur le bord de la Durance, sont très-bien cultivées. La vigne & l'olivier couvrent tous les coteaux attenans, exposés au midi. Les Villages de Corbieres & de Ste. Tulle, situés le long de la cote, sont environnés de champs fertiles. Les chemins y sont bordés, jusqu'à Manosque, de mûriers & de prairies arrosées continuellement par des ruisseaux.

On a formé le projet bien noble & bien patriotique de construire un canal d'arrosage depuis la Brillane, Paroisse à trois lieues au-dessous de Manosque, dans lequel on dérivera les eaux de la Durance, jusqu'au terroir de Mirabeau, afin de fertiliser tout ce beau canton ; le petit canal de Manosque, qui n'arrose pas une demi-lieue de terrein, & la Riviere de Ste. Tulle, qui n'est qu'un torrent, ne fournissent pas une quantité d'eau fuffifante pour fertilifer l'étendue des champs dont je viens de parler.

On a déja mis la main à ce nouveau canal. Les bons Citoyens, qui favent que l'agriculture eft la richeffe des Etats, ne peuvent qu'applaudir à tout ce qui la favorife ; par-tout où le terroir cultivé produit abondamment les denrées de premiere néceffité, le peuple eft heureux, il eft affuré de vivre en prêtant fes bras aux riches Cultivateurs, dont l'aifance anime fes travaux.

CHAPITRE II.

Manofque & fes Environs.

LA Ville de Manofque eft fituée aux bords d'une plaine, prefqu'au pied des coteaux, qui la bornent du côté du Nord; elle s'étend du Levant au Couchant ; fa principale expofition eft au Midi. Elle eft affife fur un terrein uni, qui n'a que fort peu d'élévation. Elle eft féparée de la Durance, vers le Midi, par une vafte plaine, où l'on a pratiqué plufieurs canaux, autant pour l'arrofer, que pour obvier aux inondations de la Riviere, que l'on eft obligé de paffer fur plufieurs bacs, qu'on change fouvent de place, attendu l'inconftance & la mobilité de fon lit.

On a préféré les coteaux pour les plantations des oliviers; les terres y étant plus légeres que dans la plaine. Ils étoient couverts autrefois de vignes qui produifoient d'excellens vins ; mais comme l'huile eft une denrée plus lucrative,

A 4

on ne cultive plus les vignes que dans la plaine ; ce qui fait que le vin de ce pays perd tous les jours en qualité ; les huiles au contraire en font fort estimées ; on connoît l'art de les bien faire ; il s'en exporte beaucoup dans les pays étrangers.

Le climat de Manosque est un peu plus tempéré que celui de la partie moyenne de la Provence ; les montagnes qui l'avoisinent, la défendent des grandes chaleurs, & les hivers y font assez doux (*b*). Sa population est de 5 à 6000 ames ; il y naît, année commune, 207 enfans, & il y meurt 147 personnes. La vie moyenne des hommes approche de 36 ans. On y a vu des vieillards presque centenaires. L'air y est si salubre, qu'il y regne rarement des épidémies. La Durance laisse peu d'eaux stagnantes dans ses environs, & les vents qui y soufflent impétueusement, dissipent les vapeurs qui s'en élevent.

Les paysans de Manosque font réputés dans la Province pour les meilleurs cultivateurs dans tous les genres ; ils donnent de profonds labours aux terres, les passent & repassent au louchet, forte de hoyau nommé vulgairement *lichet*, qu'ils enfoncent profondément avec le pied, & à l'aide duquel ils coupent la terre en tranches pour la renverser sur le sol. C'est ainsi qu'on

---

(*b*) La colonne du Mercure se soutient ordinairement dans le Baromètre, à 26 pouces, 9 lignes ; ce qui prouve que cette ville a environ 247 toises d'élévation sur le niveau de la mer ; ainsi que l'a observé M. de St. Clément, qui connoît très-bien l'Histoire Naturelle de son pays, & est grand amateur de la Botanique.

écobue le gazon. Le louchet convient très-bien ,
lorſqu'on veut défricher des prairies , & les
convertir en terres labourables. On s'en ſert
dans pluſieurs endroits de la Provence , où les
particuliers ſont bientôt dédommagés des frais
d'une pareille culture.

Cette bêche convient à toutes les terres
fortes & argileuſes : les récoltes qu'on perçoit
dans les terres nouvellement défrichées au
moyen du louchet , ſont très-abondantes.

Les principales productions de ce Pays , con-
ſiſtent en huiles & en vins ; on y récolte à
proportion beaucoup moins de grains ; il y a
quantité d'Amandiers & de Mûriers ; on y
éleve beaucoup de vers à ſoie ; les Campagnes
fourniſſent peu de fruits ; les fréquens arroſe-
mens qu'on y pratique , en ſont peut-être la
cauſe. Les Melons y viennent très-bien , & la
graine d'oignon y forme une petite branche
de Commerce.

Les habitans de Manoſque nourriſſent peu de
bétail : auſſi font-ils pourrir leur paille devant
leurs maiſons , juſques dans les Carrefours &
les Places publiques ; ce qui ne peut être que
préjudiciable à leur ſanté. Pourquoi faut-il que
j'aie continuellement à gémir ſur un pareil abus ?
pourquoi une police éclairée néglige-t-elle un
article ſi eſſentiel pour l'humanité ? Le contraſte
que la Ville préſente avec ſes dehors eſt
bien frappant. Combien n'y auroit-il pas à
gagner d'abolir cet uſage pernicieux , & d'o-
bliger les particuliers à ne faire pourrir leurs
fumiers que dans leurs champs ? Tandis que tout
eſt riant dans les Jardins & les enclos voiſins ,
qu'on jouit dans de jolies promenades d'une douce
température & d'une atmoſphère ſalubre , rien

n'eft plus fale que l'intérieur de la Ville, où il n'y a à chaque pas que des tas de fumier & des cloaques, qui rebutent le Voyageur étonné & les commerçans qu'attirent les Foires & les Marchés de Manofque. Les Montagnes qui bordent l'horizon de cette Ville, du Levant au Couchant, font toutes diftinguées par des noms particuliers, relatifs à leur fommet (c), aux vallées intermédiaires, & à leur enchaînement entr'elles; celle de *toutos Auros*, ainfi nommée, parce que tous les vents s'y font fentir, a au moins 60 toifes d'élévation au-deffus du niveau de la Ville; le fommet des autres eft moins élevé. Ces Montagnes, au nombre de fept, le vafte Baffin qu'elles ceignent d'un côté, & les eaux de la Durance de l'autre, joint à l'emplacement de la Ville, ont fait comparer fa fituation à celle de l'ancienne Rome, par l'Hiftorien de Manofque (d), qui écrivoit dans le fiècle paffé, & qui paroît enthoufiafmé de fa patrie. On peut dire que l'afpect de fon terroir eft des plus pittorefques & des plus rians: l'Agriculture y étale fes productions avec luxe. Les Montagnes, dont je viens de parler, font de nature calcaire; on y trouve beaucoup de Corps marins pétrifiés, comme des Limaçons, des Vis, des Cames &c, que l'on peut détacher de leurs couches pierreufes.

J'ai dit que la Durance terminoit le Terroir

(c) On nomme la plus haute *Pigmalion* : elle n'eft couverte d'Oliviers qu'à mi-cote. Toutes ces Montagnes font une dépendance de celle du *Leberon*, dont j'ai parlé dans le premier volume.

(d) Le Pere Columbi Jéfuite.

de Manofque au midi ; comme cette Riviere trouve peu d'obftacle dans fa marche , & qu'elle traverfe une plaine fort belle & fort étendue , en paffant par les campagnes de Villeneuve , de Volx & de la Brillane d'un côté , des Mées & d'Oraifon de l'autre , elle jouit de toute fa liberté , & ne peut manquer , par fes débordemens , de couvrir dans la fuite tout ce long efpace de cailloux & de graviers.

La chaîne des Montagnes fous-Alpines , qui commence à Eiguines, Mouftiers , & vient , par St. Jurs , les Mées & Digne , fe joindre aux Alpes , eft plus ou moins éloignée de la Durance dans ces divers cantons , & ne fauroit la dévoyer , ni la rallentir dans fon cours. C'eft envain qu'on a effayé de mettre un frein à la rapidité de fes eaux , qu'on a même tenté de refferrer le lit de cette riviere en le rendant beaucoup plus profond , il devient toujours plus mobile & plus inconftant par fes crues fubites (e). Comme la Durance forme , ainfi que nous l'avons dit plus haut, diverfes branches féparées les unes des autres par des petites Ifles , que l'on eft obligé de traverfer à pied , quelquefois fes flots impétueux couvrent toute la furface de ces ifles en moins de quelques minutes , & expofent au plus grand

---

(e) On n'a jamais trouvé plus de douze pieds de profondeur dans les Eaux de la Durance , lorfqu'on les a mefurées dans leurs plus grandes crues ; mais quelle force ne doit pas avoir cette maffe volumineufe de plufieurs milliers de pieds cubes d'eau , qui roule fur un terrein en pente , & que de nos jours on a affujettie au calcul ? Voy. ce que j'en ai dit dans le premier volume , à l'article , *Bac de Mirabeau.*

danger les Bateliers & les Voyageurs qui ne s'y
attendoient pas. (*)

(*) Il y a quelques années qu'un Voyageur, après
avoir passé le premier bras de la Durance, voulant
gagner le second à travers ces Isles, se vit surpris tout-
à-coup par les eaux de la Riviere ; il avoit beaucoup
plû sur les Montagnes voisines, & la Durance grossis-
soit à tout moment. Le malheureux Voyageur avoit
déja la moitié de son corps dans l'eau, il faisoit de
vains efforts pour se débarrasser, s'accrochoit à tous
les arbres voisins, poussoit des cris lamentables ; un
batelier en fut ému, il ne savoit pas nager ; mais
plein de courage, il suit la rive opposée, remonte la
Riviere à cinq cent pas plus haut, se jette dans un
petit bateau qu'il tenoit attaché au tronc d'un arbre,
coupe la corde, & se laisse emporter à l'impétuosité
des flots ; il atteint enfin le Voyageur à moitié noyé ;
l'enleve dans sa frêle barque, & arrive au Port à demi-
lieue plus bas.

Ce spectacle attendrissant pour l'humanité, n'eut pour
témoins que deux ou trois personnes, qui se trouvoient au bord de la riviere ; elles applaudirent à
peine au courage intrépide du batelier. On a vu dans
ce siècle une pareille scène en Italie, lorsque les eaux
débordées de l'Adige emporterent la plus grande partie du pont de Véronne. Mr. Marmontel a jugé cette
action héroïque digne d'exercer la verve de nos meilleurs Poëtes dramatiques ; c'est un sujet qui prêteroit
beaucoup au sentiment (f). Il seroit juste que le Batelier de Manosque, qu'on appelloit *Mounet*, fût un
peu plus connu, & que son action généreuse fût
transmise à la posterité par ses Compatriotes reconnois-
sans (g).

(f) Voyez la Poétique de Mr. Marmontel.
(g) On lit dans le Mercure de France de l'année 1781, 21e Juillet, une lettre, qui publie le
courage bienfaisant du nommé Bournadet, batelier de
Vienne, lequel s'appercevant du naufrage d'un bateau, vole sur le lieu au secours des Noyés, parvient,
par son intrépidité & son intelligence, à sauver d'abord
le Patron qu'il rencontre le premier, & ensuite les autres.

Manofque eft la patrie de quelques Savans. Mr. d'Antoine, ancien Apothicaire, cultive la Botanique depuis long-temps avec un fuccès qui fait honneur à fon zèle : il a parcouru les Montagnes du *Leberon*, de *Lure*, & les hautes Alpes ; il en eft revenu chargé de fimples rares & curieux qui prouvent, comme je l'ai dit dans mon premier Volume, que nos Alpes font très-riches en plantes, & qu'un Botanifte infatigable peut y faire encore de nouvelles découvertes, malgré tout ce que l'on y a recueilli, s'il veut les parcourir avec les foins & l'attention fcrupuleufe que l'amour d'une fi belle fcience ne manque jamais d'infpirer. Mr. d'Antoine doit nous donner la Flore de tout ce pays, dans laquelle on trouvera plufieurs plantes fort négligées, ou peu connues jufqu'à ce jour. Il eft très-verfé, fur-tout dans la connoiffance des plantes graminées, dont les riantes prairies de ces lieux fourniffent une abondante moiffon. Mr. Bouteille, Correfpondant de la Société Royale de Médecine de Paris, fait honneur à Manofque par fes lumières & fes vaftes connoiffances dans l'art de guérir. Nous avons de lui de très-bonnes differtations qui lui ont gagné l'eftime des Savans ; il manqua d'être, il y a quelques années, la victime de fon zèle patriotique (*) (fort trop commun aux ames généreufes & fenfibles aux maux qui affligent l'humanité). Sa fanté en a été depuis confidérablement altérée ; mais le zèle qui le foutient, lui donne encore des forces

(*) En traitant la maladie épidémique de Forcalquier, & fur-tout celle de Lurs.

pour travailler chaque jour, au bonheur de ſes Concitoyens. Il vient d'introduire depuis peu l'inoculation dans ſa patrie, avec tout le ſuccès qui eſt le fruit du génie & de l'expérience.

CHAPITRE III.

Foſſiles du Terroir & des Environs de Manoſque.

LE Soufre, le Gypſe, & le Charbon miné-ral, ou la Houille, ſont les principaux foſſiles que l'on obſerve, en parcourant les environs de Manoſque : le Soufre s'y forme continuelle-ment, ſoit dans les terres, ſoit dans le Charbon de pierre, & même dans les ſources d'eau Minérales. On en trouve des morceaux attachés aux concavités des grottes ſouterraines, entre les couches des pierres ſchiſteuſes, dans le lit & la vaſe des ſources. J'ai dit que le fer combiné avec le ſoufre dans le ſein de la terre, & péné-tré par des eaux ſalines, peut occaſionner des exploſions ſubites, de violentes ſecouſſes, qui vont juſqu'à faire trembler la terre dans tous les environs. Ces foſſiles ſont preſque toujours la matière des éruptions volcaniques : c'eſt peut-être à cette cauſe qu'il faut attribuer le tremble-ment de terre que la Ville de Manoſque eſſuya, en 1708, & dont quelques perſonnes m'ont aſſuré avoir été témoins oculaires. Il n'y eut aucune éruption volcanique ; mais les bruits ſouterrains furent ſi effrayans, les ſe-couſſes ſi violentes, que tous les habitans de Manoſque ſortirent de la Ville, au milieu de la nuit, pendant la rigueur de l'hiver, & ſe tinrent quatre ou cinq jours ſous des tentes,

crainte d'être écrasés sous les ruines de leurs maisons, qui menaçoient de s'écrouler à tout moment.
Ils n'y retournerent qu'après que le danger fut
entiérement passé.

La petite montagne, qui est près du ruisseau
de *Fornacoux*, qui sépare le Mont-Espel d'avec
le Mont St. Michel, vers l'ouest, s'entr'ouvrit
à sa base par les dernieres secousses. Il en
jaillit une quantité d'eau blanchâtre & écu-
meuse, renfermée auparavant dans sescon
cavités ; laquelle forma dans la suite un
profond ruisseau, qui coula, pendant plus de
quatre mois, le long des remparts de la Ville
avec une force capable de faire tourner ses
Moulins, d'où il alloit se jetter dans la Durance ; ce ruisseau tarit peu-à-peu ; il ne reste
plus aucun vestige de son ancien lit, les terres
attenantes ayant été cultivées depuis.

Le soufre se trouve non-seulement dans les
bitumes, dans les charbons pyriteux de Manosque, dans le gypse même, mais encore dans
les terres, dont il couvre quelquefois la superfi-
cie. Tous les environs de la Bastide de M. Eissautier
récèlent ce fossile. Les paysans le savent si
bien, qu'ils en préparent des allumettes, en le
faisant fondre sur le feu dans une cuiller de fer,
pour le séparer de la terre qui l'enveloppe. Le
vitriol de Mars se trouve quelquefois à côté ;
sa couleur peut en imposer de loin ; mais son
goût âcre & styptique le décèle aisément. La
plupart de ces terres sont argileuses, ou du moins
gypseuses : il s'y forme beaucoup de cristaux sé-
léniteux, dont les Amateurs sont plus ou moins curieux, suivant leur forme & leur transparence.

Lorsque le soufre est combiné avec une terre
alkaline, ou bien avec l'alkali végétal, ou

minéral, il forme une espece d'*hépar*, ou fòye de foufre, qui fe diffout aifément dans l'eau, & lui donne toutes les propriétés des eaux minérales hépatiques.

Les fontaines falantes font communes aux environs de Manofque. Je ne parle point de celle de *Monfuron*, montagne fituée auprès de Leberon, laquelle donne des félénites après l'évaporation de fes eaux, mais de quelques autres fources beaucoup plus voifines de Manofque, dont l'analyfe m'a donné le même réfidu. Elles ont plus ou moins de vertus, fuivant les principes dont elles font imprégnées. Ces fources font affez communes au bas des mines de houille & à leurs côtés oppofés ; leurs vertus font peu connues en général ; les payfans favent quelles purgent avec fuccès ; ils en lavent leurs beftiaux ; mais ils font un plus grand ufage des fontaines fulfureufes pour les maladies cutanées. Je fus vifiter celle qui eft aux limites du terroir de Manofque en tirant vers l'Oueft, près du terroir de St. Martin de *Renacas*. Mais avant d'arriver à cette fource fulfureufe, je rencontrai les eaux minérales de *Bournes*, à demi-lieue de Manofque, à l'Oueft. Ces eaux font bitumineufes, falines & froides ; elles dépofent des flocons favoneux, du bitume décompofé ; elles fortent du fein de la terre, & coulent fur un lit de terre jaunâtre & argileufe. Elles avoient eu de la réputation autrefois, & le peuple s'en fervoit pour fe purger & réfoudre les obftructions du bas-ventre ; elles font un peu lourdes & pefantes fur l'eftomac ; on ne s'en fert qu'intérieurement. Leur fource eft à couvert, au moyen d'une voute qu'on a conftruite exprès ; & elle jaillit dans un baffin. Tous les coteaux

des

des environs sont composés de lames fragiles & schisteuses, qui exhalent une odeur bitumineuse, lorsqu'on les froisse entre les doigts ; il paroît que le charbon minéral, ou la houille, est fort répandue dans tous ces coteaux.

On peut conclure que les eaux de *Bournes* sont bitumineuses & salines par la décomposition de la poix minérale, ou de cette espèce d'asphalte qui produit le charbon fossile. Elles ont à-peu-près les mêmes principes que les eaux de Gréoux dont j'ai parlé dans le premier volume, à cela près qu'elles ne sont point thermales, & n'ont que le degré de chaleur des eaux minérales tempérées, lequel varie selon l'état de l'atmosphère.

Je trouvai, à une demi-lieue plus bas, la source sulphureuse de St. Martin de *Renacas*. On y arrive par quelques vallons entourés de coteaux, dont les couches schisteuses de couleur noirâtre sont un peu inclinées à l'horizon. L'eau de la source & sa vase paroissent noirâtres & exhalent une odeur puante ; elle sourd d'une concavité assez longue, creusée dans un rocher, dont la voute est tapissée de concrétions salines, terreuses & de soufre même, qui paroît s'y être sublimé : l'*hepar sulfuris*, ou foie de soufre, que ces eaux tiennent en dissolution, leur communique les propriétés dont elles jouissent. L'excédant du soufre qu'elles n'ont pu dissoudre, surnage en forme de crême légere aux bords du ruisseau qui l'entraîne assez bas, & il perd peu-à-peu son odeur. On voit par-là combien le soufre est commun dans ces contrées, qui semblent avoir été choisies par la nature pour concourir à la formation du charbon minéral dont je vais parler. La quantité de car-

rières de gypfe , qui n'en font pas bien éloignées , peut dépendre encore de l'acide vitriolique qui doit s'être combiné avec les terres
calcaires , après avoir perdu fon phlogiftique.

Tous les coteaux fecondaires qui entourent
les terres de St. Martin , de Dauphin , jufqu'à
Ardennes , & plus loin encore , font une dépendance du Léberon qui fe lie avec eux. J'ai
déja dit qu'en parcourant les gorges de cette
montagne , on y voit des indices de charbon
de pierre. Ces indices font plus marquées dans
les vallées de St. Martin & de Dauphin , où
les fchiftes de couleur fauve , leur odeur fulfureufe , les fources imprégnées de bitume au
bas des coteaux & les morceaux de charbon
pierreux roulés dans les vallons , démontrent à
l'obfervateur l'exiftence de ces foffiles cachés
dans leur fein.

Quoique les indices du charbon de terre ne
foient pas fi vifibles extérieurement à la partie
du Nord de Manofque , qui conduit à Dauphin,
on favoit depuis long-temps que ces coteaux
contenoient beaucoup de houille , ce qui en-
gagea à y ouvrir des mines, qui font le long de
quelques vallées étroites. Lorfque l'on monte à
Dauphin par la *Mort d'Imbert* , le charbon n'y
eft point difpofé , comme dans les roches calcaires de Gréafque & de Fuveau (*voyez le premier volume*) ; c'eft prefque toujours dans une
terre argileufe arrangée par couches, ou amon-
celée par bancs les uns fur les autres, qu'exif-
tent les veines de houille fituées perpendiculairement , ou très-peu inclinées à l'horizon. Cette argile dure , tenace , & difficile à rompre
en quelques endroits, eft mêlée avec une terre calcaire , qui lui donne une apparence de

marne. On s'en fert comme d'un bon engrais
pour les terres maigres & ftériles, qu'elle fertilife pendant long-temps ; on emploie au même ufage le charbon terreux, lorfque la pluie,
les vents & le foleil ont enlevé le bitume que
la terre tenoit enfermée entre fes lames ; l'argile fert ainfi d'épaulement, de lit, & de toit
à la houille.

Il ne faut pas s'attendre à troûver par-tout la
même organifation dans les mines de houille de
la Provence. La nature, qui diverfifie fes ouvrages d'une manière qui nous eft inconnue,
n'eft jamais fi merveilleufe que lorfqu'elle parvient à fes fins par des voies entiérement oppofées. Ainfi dans les mines de Flandres &
d'Allemagne, le charbon minéral eft dépofé dans
des fubftances & entre des milieux différens les
uns des autres. Sans aller fi loin, nous avons
vu dans le premier volume que les roches les
plus dures contiennent la houille ; tandis qu'ici
une fubftance plus molle & plus friable lui fert
d'enveloppe. Tout cela vient encore à l'appui
du fentiment de plufieurs Minéralogiftes, con-
cernant la nature de ce foffile. Le charbon de
terre de Manofque & de tous fes environs
convaincra ceux qui font d'un avis différent.
Cette fubftance eft formée, à ne pas en douter, dans le fein de la terre par le débri des
végétaux, à qui l'acide vitriolique a fait fubir
divers changemens ; loin de vouloir trouver ici
de prétendues forêts englouties dans le fein de
la terre, comme l'ont imaginé les faifeurs de
fyftêmes, qui fe copient les uns les autres, fans
obferver la marche fecrete de la nature, il n'y
a qu'à fuivre l'acide vitriolique dans les divers
milieux qu'il parcourt ; tantôt la houille eft

plus ou moins parfaite, lorfqu'elle eft dégagée
du principe terreux, tel eft le charbon oculé,
le charbon chatoyant ; tantôt c'eft le foufre,
ou bien des pyrites vitrioliques & martiales,
lorfque cet acide eft combiné avec le phlogiftique.

Tel eft quelquefois l'état du charbon minéral de Manofque dans des couches argileufes,
où il femble que le foufre joue un plus grand
rôle que dans les roches dures & calcaires,
entre lefquelles il fe laiffe moins apperçevoir.
L'infpection de cette houille peut donc décider
la queftion : elle eft friable, terreufe, facile à fe
décompofer à l'air libre & humide. Les acides
minéraux font effervefcence avec la terre qui
s'y eft combinée. Ce charbon foffile n'a pas toutes les qualités de celui qui eft entre les lits de
pierres calcaires ; il s'enflamme facilement, jette beaucoup de fumée ; & fi l'on n'a pas le
foin de le remuer de temps en temps, le principe inflammable s'éteint fous la terre qui l'enveloppe. L'on ne s'en fert que pour quelques fabriques ; il donne moins de chaleur & on en
foude difficilement le fer ; il eft d'un plus grand
ufage pour les Chaux-fourniers. En vifitant les
mines de houille de Manofque, je rencontrai
fur mes pas quantité de fours à chaux, où il
n'y avoit pas d'autres combuftibles que cette efpèce de charbon.

On pourroit demander ici fi ce foffile eft dans
fon état de perfection, ou fi c'eft un charbon
imparfait, qui a befoin d'une élaboration ulté-
rieure, comme celui que l'on retire d'entre les
roches calcaires, même des plus petites veines ;
(on lui donne le nom de charbon de terre, parce que la fubftance bitumineufe y eft couverte

par-tout de beaucoup de terre) ; s'il faut un long intervalle, pour que l'argile qui l'enveloppe, acquière l'état lapidifique & devienne une roche dure, capable d'émouffer les outils, on peut dire que le charbon minéral, qui eft dépofé ici entre fes lames fragiles, date d'un temps moins reculé, que ne le penfent ceux qui veulent tout expliquer, & qu'il faudra peut-être des fiècles entiers pour que l'argile devienne pierreufe, & que ce charbon acquière fa perfeétion ; mais je m'apperçois que je tombe moi-même dans le défaut que je veux reprocher aux autres.

Les principales mines de houille exploitées à Manofque font à l'Eft & à l'Oueft du Mont-Efpel. Il coule au bas des coteaux qui renferment les premieres, un ruiffeau nommé *Paradis*, & au bas de ceux qui contiennent les fecondes, un autre ruiffeau défigné par le nom de *Valveranne* ; la plupart des autres mines de houille exploitées dans les gorges ont pareillement de petits ruiffeaux qui coulent au pied des coteaux. Il n'y a aucune de ces mines fous les eaux. La facilité qu'ont les ouvriers d'y ouvrir des galeries & de fe donner du large tant qu'ils veulent, la déclivité du terrein & la difpofition verticale de la houille, les mettent à l'abri des eaux pluviales qui fe filtrent dans les terres & vont s'écouler dans ces ruiffeaux. Ils n'ont pas befoin de puifards dans leurs travaux.

Le Mont-Efpel eft à la droite du chemin de Forcalquier, à demi-lieue de Manofque ; ce chemin a fa direétion vers le Nord. L'on eft obligé de monter quelque temps pour joindre celui qui conduit à St. Martin & à Dauphin. Les oliviers ne font plantés dans cet endroit

que fur les coteaux à la gauche. Ce Mont eft
parfemé de chênes blancs, dont beaucoup ont
déja péri par vétufté; fon organifation eft irré-
gulière dans les diverfes couches de terre qui
le couvrent; les inférieures paroiffent verticales dans la direction de l'Eft à l'Oueft. Elles
varient en épaiffeur, & les diverfes fubftances
qui les compofent, font remarquables. Les autres
couches font inclinées à l'horizon dans une direction totalement oppofée. L'argile, la marne,
la terre calcaire, forment indifféremment leurs
feuillets; quand on creufe un peu, on trouve
ces couches enduites d'une fubftance bitumineufe : il en fuinte même en quelques endroits de
la poix minérale; pendant les chaleurs de l'été
ce bitume coule plus abondamment, & les Bergers s'en fervent pour marquer leurs brebis;
j'en ai quelques morceaux épaiffis & fort con-
crets, que M. de St. Clément me donna fur les
lieux; il les avoit ramaffés lui-même parmi les
fchiftes. Cette poix minérale épaiffie eft indiffo-
luble dans les acides & dans l'efprit de vin;
elle s'enflamme avec peine & exhale en brûlant une
odeur de bitume.

Le Mont-Efpel contient beaucoup de veines
de houille qui y font difpofées en couches verticales, ou légèrement inclinées à l'horizon, &
féparées les unes des autres par divers milieux.
Leur pendage s'étend jufqu'au delà du ruiffeau
qui coule à fa bafe; les couches de houille des
coteaux oppofés correfpondent & paroiffent
communiquer avec les premieres. Je n'ai jamais
douté, après un mûr examen, que le charbon
foffile ne puiffe fe former à la fuperficie de la
terre, auffi-bien que dans fon intérieur, plus
ou moins profondément; ce qui prouveroit, ainfi

que je l'ai dit plusieurs fois, que les débris des substances végétales combinées avec le phlogistique & l'acide vitriolique concourent à sa production ; il y en a des indices jusques sur le sommet des montagnes. Ceux qui voudront parcourir celui du Mont-Espel, se convaincront de la vérité de ce que j'avance ; ses couches feuilletées récèlent par-tout le bitume entre leurs lames. Peut-être n'ont-elles pas une date aussi ancienne qu'on le présume.

Les premieres veines de houille que l'on voit au Mont-Espel, ne sont point exploitées ; mais on trouve à deux cens pas, au bord du ruisseau de *Paradis*, quatre mines qui sont ouvertes, & où l'on a pratiqué des galeries pour les attaquer commodément. Il y a encore des mines ouvertes de l'autre côté qui paroissent être une dépendance de celles-ci. On en voit aussi plusieurs ouvertes à la partie supérieure du Mont-Espel, qui doivent avoir été exploitées anciennement. Les coteaux opposés, quoique beaucoup moins élevés, ne laissent pas que de contenir beaucoup de houille ; plus elle est superficielle, moins elle convient aux forges ; le charbon minéral de toutes ces mines est souvent dans un état pyriteux. La décomposition des terres martiales & sulfureuses, l'efflorescence des pyrites, la combinaison de ces substances entr'elles donnent de nouveaux produits, auxquels on doit s'attendre. C'est ici que l'on découvre souvent le vitriol de mars & l'alun combinés avec cette houille. Quand les pyrites y sont en masse un peu considérable, les ouvriers s'imaginent d'avoir trouvé quelque métal précieux, & cherchent à le vendre aux amateurs.

La situation de ces lieux & la qualité des terres qui fervent d'enveloppe au charbon minéral, permettent aux ouvriers d'ouvrir des galeries dans les flancs de ces coteaux , & de leur donner au moins fept à huit pieds de hauteur; ce qui leur facilite le travail; ils ne font guères plus de deux ou trois hommes pour exploiter une mine; l'ouverture de la mine fe trouve fupérieure à fon niveau; on eft obligé pourtant de creufer quelquefois plus bas que n'eft le ruiffeau, pour trouver de la bonne houille; mais alors les ouvriers font expofés à être inondés par les eaux du ruiffeau qui fe filtrent à travers les terres & rempliffent la mine. Ils tâchent de remédier à cet inconvénient, en donnant une pente aux galeries, ou en facilitant l'écoulement des eaux par des rigoles convenables à cet effet.

L'on a déja vu quelles font les fubftances qui fervent d'enveloppe au charbon minéral; mais la nature ne travaille pas toujours ici d'une manière uniforme : quoique l'argile , une terre marneufe , plus molle , plus ductile, & une autre plus féche , plus friable & fimplement calcaire lui fervent d'épaulement , de couverture & de fol , tantôt ces terres font à la droite & tantôt à la gauche. Si nous connoiffions les changemens que ces diverfes fubftances effuient dans le fein de la terre, en paffant fucceffivement d'un état à l'autre , nous pourrions affigner les raifons & la caufe de ces différentes pofitions; mais contentons-nous d'être les hiftoriens de la nature, fans chercher inutilement à pénétrer fon fecret.

Les ouvriers peuvent prolonger les galeries dans l'intérieur des coteaux , tant qu'ils ne rencontrent aucun obftacle qui ralentiffe leur travail; ils fe garantiffent des moffetes en élargiffant le plus qu'ils peuvent leurs galeries, en pratiquant au toit de la mine des ouvertures, qu'ils nomment céleftes, en ouvrant d'autres galeries à côté qui communiquent enfemble & par où le gaz méphitique, qui caufe ordinairement ces fortes de moffetes, fe diffipe plus facilement dans l'atmofphère. Cette efpèce de gaz qui fe forme dans les mines de charbon, les avertit d'abord de fa préfence en éteignant les lampes, & en affectant la refpiration. Il y auroit à craindre infiniment pour eux, s'ils ne s'en éloignoient pas auffi-tôt. Voyez ce que j'en ai dit au premier volume.

C'eft ainfi que la fituation des lieux, l'enveloppe terreufe du charbon minéral, le voifinage du ruiffeau qui coule toujours près de ces mines, & les eaux qui fe filtrent à travers les veines de ce foffile, leur infpirent des précautions dont les détails circonftanciés me meneroient trop loin. Il fuffira de faire obferver la différence qu'il y a entre les manœuvres de ces mineurs & celles de ceux qui exploitent les veines de houille dans les roches calcaires de Gréafque & de Fuveau. Les premiers font obligés d'étayer le plus fouvent avec des pièces de bois les épaules, & le toit de la mine, lefquels étant d'une terre argileufe & molle, s'ébouleroient à la longue, fans cette précaution; ils ouvrent encore diverfes galeries, les unes fur les autres, pour donner une fuite aux eaux; toutes ces précautions font fouvent négligées par les derniers, ainfi que je l'ai dit ailleurs (*h*).

_____

(*h*) Ceux qui voudront de plus grands détails, & s'inftruire de la différente fituation de ces mines, de

Les veines de charbon, que l'on trouve au Mont-Eſpel, ſont quelquefois à peu de diſtance les unes des autres ; il y en a qui ſont diſpoſées de la même façon dans l'intérieur des coteaux oppoſés. Les ouvriers donnent le nom de *mere* à celle qui a le plus d'étendue, s'imaginant ſans doute qu'elle produit les autres veines, & le nom de *fillons* à ces dernieres, comme ayant, ſelon eux, une origine commune.

Tout le charbon qu'on retire de ces différentes mines, eſt porté à Manoſque, où on l'emploie depuis près de vingt ans, ſelon ſes différentes qualités, pour les ouvrages dont j'ai fait mention ; il ſeroit à ſouhaiter que ce commerce fût plus étendu, & que l'exportation de la houille fût facile en tout temps dans les lieux éloignés de Manoſque, ſans que la Durance y mît obſtacle par ſes fréquentes inondations. On trouve dans quelques-unes de ces mines de très-bonne houille, qui peut aller de pair avec celle des mines de Gréaſque & de Fuveau ; nous verrons bientôt qu'on en retire de pareille des mines de Dauphin & de St. Martin. On

---

la qualité des veines de houille qu'elles contiennent, & de la manière dont les ouvriers les attaquent, peuvent lire le Mémoire que l'Académie de Marſeille a couronné, ſur les avantages & les inconvéniens du charbon de pierre, par M. Bernard, habile Obſervateur. Il n'a rien négligé de tout ce qui peut mettre le lecteur à portée de s'inſtruire ſur cet important objet. Il eſt entré dans tous les détails les plus circonſtanciés, & il donne des deſcriptions exactes & fideles de ces différentes mines, qu'il a parcourues ſcrupuleuſement les unes après les autres ; on peut s'en rapporter à lui.

rencontre peu de terre fchifteufe entre les couches de cette houille ; les acides minéraux n'y
mordent point, & quoique le charbon ne foit
pas chatoyant, fes lames font fi dures & fi
ferrées entr'elles, qu'elles peuvent porter à jufte
titre le nom de *charbon maréchal*, & fervir aux
meilleurs ouvrages des forges.

Un homme ou deux fuffifent pour extraire la
houille, que deux enfans portent fur leur tête
dans des cabas à la bouche de la mine. Lorfque ces ouvriers ont attaqué tout-à-la-fois un
ou deux filons plus étroits que la veine principale, ils pratiquent des ouvertures dans les
couches terreufes intermédiaires qui féparent ces
veines ; ce qui leur donne un moyen plus prompt
pour tranfporter le charbon dans la galerie qui
conduit à la veine principale.

Nous avons vu comment les veines de houille font fouvent interrompues dans les roches
dures ; la nature qui s'écarte rarement des principales voies qu'elle a pris pour parvenir à fes
fins, étale ici les mêmes phénomènes, à cela
près que dans la roche dure c'eft toujours une
pierre, un gros bloc de roche, quelquefois affez étendu, qui interrompt la veine de houille,
& que les ouvriers abandonnent fouvent, plutôt que de le percer, ou de le contourner. Ici
c'eft la couche de terre argileufe calcaire, qui
fert d'épaulement à la veine de houille, la traverfe quelquefois dans un plus grand ou moindre efpace, & forme cet obftacle. Lorfque cette couche n'a que deux ou trois pouces d'é-
paiffeur, les ouvriers la nomment *lou caffiou* :
mais quand la couche argileufe interrompt totalement la veine dans un efpace marqué, ils la
nomment *le nœud*. Ces irrégularités ne les arrê-

tent point dans leur travaux ; ils enlevent la couche intermédiaire & continuent d'attaquer la veine de houille qui n'eft pas bien éloignée. Toutes les mines qui font le long du ruiffeau de *Paradis*, n'ont guères plus de 220 toifes d'élévation au deffus du niveau de la mer ; la galerie la plus profonde a au moins 100 cannes de long.

Les nœuds des veines de houille font toujours plus difficiles à exploiter que les couches de terre qui les épaulent. Ces nœuds font plus compactes & réfiftent davantage au pic ; ils écartent même les épaules, lorfqu'ils s'étendent plus loin qu'elles ; quand les ouvriers foupçonnent qu'il y a quelque galerie ouverte à côté de cette veine interrompue par un long nœud, ils aiment mieux fe pratiquer une entrée dans cette galerie pour contourner le nœud & attaquer la veine en deffus avec plus de facilité. Indépendamment de tous ces obftacles, les ouvriers vous font encore remarquer un long nerf de pierre marneufe, auquel ils donnent le nom barbare de *mayogou*, qui ferpente entre la houille & la couche terreufe qui l'enveloppe, & s'interrompt brufquement dans fa marche, pour la reprendre un peu plus loin. Peut-être que cette difpofition finguliere de tant de fubftances différentes entr'elles, tient à la théorie du charbon minéral ; mais nous ne fommes point encore affez initiés dans la connoiffance de pareils phénomènes qui fe paffent hors de la portée de nos fens, pour chercher à les expliquer. Les ouvriers difent qu'il y a un *faut* dans la veine de houille, lorfqu'elle fe détourne de fa premiere direction, qui va prefque toujours de l'Eft à l'Oueft.

On trouve encore deux autres mines exploitées, lorsqu'on suit le chemin de Forcalquier;
la principale est dans le Mont-Espel, de l'autre
côté du ruisseau de *Paradis*. Ces mines contiennent un charbon pyriteux d'une qualité inférieure à celui dont je viens de parler ; il se vend
à Manosque six sols le quintal ; il est fort terreux avec peu de substances bitumineuses. On
n'exploite ces mines que pour les fours à chaux.
Les veines sont enveloppées d'une couche argileuse & n'ont guères que deux pieds d'épaisseur. Cette houille pyriteuse se décompose facilement à l'air, & forme des vitriols tout au
tour. Ces sels se font connoître par leur saveur
styptique & piquante. Les ouvriers prétendent
que la chaux qu'on a calcinée avec la houille,
quoique plus blanche que celle qu'on brûle
avec le bois, n'est pas si bonne, & se lie moins
bien avec le sable que cette derniere. Je n'en-
trerai point dans l'examen de ce fait. Il est toujours vrai de dire qu'on court moins de danger en brûlant la chaux avec le bois qu'avec
la houille, & sur-tout une houille pyriteuse de
cette derniere espèce.

On rencontre bientôt après ces mines, de
vastes carrières de gypse, que le ruisseau de
Paradis sépare du Mont-Espel ; elles se montrent à côté du chemin de Forcalquier ; on en
retire journellement une quantité considérable
de gypse, pour les ouvrages même les plus
fins, lequel après avoir été duement préparé,
est mis en réserve par les ouvriers dans de petits sacs & transporté à Manosque & aux Villages circonvoisins ; ce qui entretient un commerce qui met en action quantité d'habitans;
c'est ordinairement à de jeunes filles de quatorze

à quinze ans que ce travail est confié ; on les rencontre deux ou trois fois le jour, tant sur le chemin de Manosque qui va à Corbieres, que sur celui de Forcalquier, chassant devant elles des ânes chargés de gypse. Rien n'est plus gai que cette troupe de paysannes, qui s'exercent de bonne heure au travail & bravent l'inclémence des saisons, en menant une vie frugale & parcimonieuse, source de la santé & de la constitution vigoureuse qu'elles acquièrent tous les jours.

Il y a encore d'autres mines de houille dans le terroir de Manosque : elles sont au Mont-Espel, au bord du ruisseau de *Valveranne* ; une d'entr'elles à plus de sept pieds d'épaisseur dans ses veines. On en voit qui sont abandonnées ; des éboulemens survenus au toit des mines & parmi les couches intermédiaires d'argile & de marne qui en séparoient les veines, ont totalement interrompu les travaux, & il n'est plus possible de pénétrer dans les galeries. Au reste, toutes ces couches de houille sont extrêmement irrégulières ; tantôt elles descendent verticalement, pour s'élever ensuite, suivre une route totalement opposée & reprendre bientôt leur première direction ; tantôt elles sont inclinées de tout côté à l'horizon ; un désordre apparent règne dans la distribution de toutes ces veines ; les nœuds, les sauts, les terres marneuses, calcaires, argileuses, en interrompent à tout instant l'adhérence & la liaison ; aussi la houille en est des plus imparfaites.

Peut-être la nature n'élabore que fort lentement la houille, dans la plupart des mines dont je viens de faire l'énumération : l'irrégularité des couches au milieu de tant de substances hétérogènes (*), leur direction verticale, felon laquelle le bitume liquide provenu du débris des fubftances végétales femble s'être précipité dans le fein de la terre, n'indiquent-elles pas que ce foffile eft encore bien éloigné du degré de perfection dont il eft fufceptible ? Si jamais ces maffes paffent à l'état lapidifique, que les pierres fe criftallifent par la cohérence requife de leurs molécules entr'elles ; la houille intermédiaire féparée de tout corps étranger, devenue plus pure, plus compacte, préfentera peut-être le vrai charbon minéral dans fon état de perfection ; plus fes veines feront refferrées entre la pierre, moins elles occuperont d'efpace en largeur ; plus la houille fera homogène, plus elle aura de valeur, ce qui doit être fort différent ici par les caufes que nous venons de rapporter.

On demandera peut-être à quelle époque on peut affigner un pareil changement dans les mines de Manofque ? Sans nous égarer dans la nuit des temps par un calcul imaginaire & toujours au deffus de l'efprit humain, jugeons feulement ici par comparaifon ; l'on ne fauroit aller au delà. Combien de coteaux fecondaires, de maffes volumineufes, de terres molles & craïeufes, de blocs d'argile & de marne n'ont-

---

(*) Nous manquions d'une bonne nomenclature des divers charbons de pierre que l'on tire des mines. M. Morand, de l'Académie des Sciences, qui s'eft occupé long-temps de cet important objet, vient de nous en donner une fort étendue qu'il a appliquée à toutes les efpèces de charbon de pierre, fuivant leurs attributs ; elle ne peut être que très-bien reçue des Savans & des Amateurs.

ils pas acquis l'état lapidifique en des temps limités ? Beaucoup de terres calcaires, craïeuses, les fpaths parviennent à la longue à cet état lapidifique ; les tufs, les concrétions, les ftalactites dans les grottes fouterraines, n'exigent que peu de temps pour acquérir toute la dureté dont ces diverfes fubftances font fufceptibles. Pourquoi n'en arriveroit-il pas de même dans les montagnes de Manofque, dont l'organifation ne préfente de toutes parts que des couches de marne & de terre calcaire fi propres à fe pétrifier ? La nature du charbon foffile qu'elles enveloppent paroît mieux à découvert ici, que quand il eft enfermé entre les roches dures & calcaires, comme je l'ai déja dit.

Il feroit prudent de conftruire les fours à chaux qu'on fait brûler avec cette houille, dans des endroits bien aërés, éloignés des grands chemins, & non point, comme on fait ici, dans des vallées étroites, tout près des chemins encaiffés entre les montagnes. L'amour de l'humanité ne peut manquer d'infpirer ces fages précautions à ceux qui font faits pour veiller à fa confervation. S'il eft dangereux de brûler la pierre à chaux pendant les grandes chaleurs, ainfi qu'on l'a remarqué plufieurs fois, ne l'eft-il pas davantage de la calciner dans des fours affez larges, conftruits tout le long du chemin, dont la houille pyriteufe qu'on emploie à cet effet, jettée confufément deffus & deffous la pierre à chaux couvre tous les bords ? La fumée épaiffe & fuligineufe qui s'en exhale, l'acide vitriolique, dont l'odeur défagréable fe fait fentir au loin, le fluide aërien méphitique, qui s'échappe des molécules de la pierre à chaux défunies par l'action du phlogiftique, lequel fe

combinant

combinant avec l'acide vitriolique du charbon, devient encore plus dangereux & intercepte la respiration, si l'on reste quelque temps dans son atmosphère; tous ces phénomènes avertissent les passans de s'en éloigner, s'il leur est possible : y a-t-il des raisons plus puissantes pour déterminer les Entrepreneurs de ces mines, à porter au plus loin ces fours à chaux si pernicieux? On raconte encore sur les lieux, que la fumée d'un de ces fours s'étant répandue inopinément dans la galerie d'une mine ouverte à l'opposite, y fit périr tous ceux qui s'y trouverent. Puisse cette catastrophe rendre plus soigneux à l'avenir ceux qui s'occupent de ces sortes d'ouvrages!

Quoique la houille des mines de Manosque paroisse entiérement dénuée de coquilles pétrifiées, malgré que les terres qui l'enveloppent soient dans plusieurs endroits d'une nature semblable à celle des testacées, des curieux en ont pourtant ramassé quelques-unes dans les couches même d'une terre marneuse, qui servoit de lisière à l'enveloppe de la houille, dans un endroit voisin des aqueducs de Manosque. Ces coquilles paroissent être de même nature que celles qu'on trouve sur la houille de Gréasque & de Fuveau (1).

_____

(1) Le Terroir de Manosque n'est pas entiérement dépourvu de coquilles pétrifiées. On en voit un banc qui commence au Sud du Mont-Espel; il passe par la Chapelle de la Rochette, par le coteau de *Chauvinet*, descend au pont de *Toutos-auros*, monte cette colline, la descend, s'éleve à *Pierrevert* par le pont qu'on trouve sur le ruisseau de *Rideau*, de là il va se perdre vers la Chapelle de St. Patrice, dans le Ter-

Plantes des Environs de Manosque.

Les Amateurs de la Botanique trouveront quelques plantes curieuses en parcourant les environs de cette Ville. Les Prairies toujours vertes & les bords de la Durance leur offriront à-peu-près celles que l'on ramasse dans la partie moyenne de la Provence. On y voit entr'autres celles-ci : cinq espèces d'ail sauvage, que les Botanistes ont classés parmi les plantes liliacées, l'Asphodèle à fleurs jaunes (*l*), plusieurs espèces d'*Aster*, l'Oseille des Alpes à feuilles rondes (*m*), quelques espèces d'Arrête-Bœuf (*n*), la Benoite (*o*), le Safran (*p*), le Chervi (*q*); cette plante alimentaire, bien-que cultivée dans les jardins, vient quelquefois aux lieux stériles & pierreux. *Margraff* a tiré un sucre très-blanc de sa racine douceâtre, comme de celle de la Betterave. La racine du Chervi passe pour être vulnéraire, apéritive & diu-

---

roir de *Pierrevert*, ou peut-être plus loin. M. de St. Clement qui ne l'a pas suivi jusqu'au bout, y a découvert des peignes & des glossopètres.

(*l*) Asphodelus luteus. Linn. *Pourraquo jauno.*

(*m*) Rumex digynus. Linn. *Eigretto roundo.*

(*n*) Anonis spinosa. Linn. *Agoun.* Garidel.

(*o*) Geum urbanum. Linn. La *Benoito.* Les Sauvages se servent, pour cicatriser les ulcères vénériens, de la racine mise en poudre.

(*p*) Crocus vernus. Linn. Cette espèce de Safran est une variété de celui que l'on seme en plusieurs endroits de la Province, ainsi que je l'ai dit dans le premier volume. Il n'y a point d'autre différence entre ces Safrans, si ce n'est que le premier fleurit au Printemps, & l'autre en Automne.

(*q*) Sium sisarum. Linn.

rétique : on la conseille pour modérer la trop grande salivation occasionnée par le Mercure. On y trouve encore la Camphrée (r), la Cardamine (s), la grande Digitale à fleur jaune (t), les Violiers sauvages ou Girofliers des Alpes (u), le Fenu-grec sauvage (v), la Garidelle (x), plusieurs espèces de Bec de Grue, de Genêt, des Elleborines, quelques nouvelles espèces d'*Hieracium*, qui n'ont pas encore été bien caractérisées, l'Hissope (y), le Martagon à fleur rouge (z), le Narcisse à feuille de jonc (&), l'Œnanthe aquatique (a), plusieurs sor-

---

(r) Camphorosma monspeliaca. Linn.

(s) Cardamine pratensis. Linn.

(t) Digitalis lutea. Linn.

(u) Cheirantus Alpinus. Linn. Violier sauvage. *Lou Garanié fer.*

(v) Trigonella fænum græcum. Linn. *Lou Senigré fer.*

(x) Garidella nigellastrum. Linn. Garidel, dont cette Plante porte le nom, l'a décrite : il nous dit qu'il a été le premier qui ait eu le bonheur de la trouver en Provence, quoique les anciens Botanistes l'eussent connue auparavant. Tournefort en a fait un genre particulier, & lui a donné le nom de son ami, qui a fait tant d'honneur à la Botanique de Provence. Le célèbre Linneus a adopté cette nomenclature. Il est permis aux Botanistes de donner leur nom aux Plantes nouvelles qu'ils ont découvertes. Galilée donna le nom de ses protecteurs aux quatre Satellites de Jupiter.

(y) Hissopus officinalis. Linn. La *Mariarmo.*

(z) Lilium martagon. Linn. *Yeli rougé.*

(&) Narcissus triandrus. Linn. Jonquille sauvage, *Jounquillos.*

(a) Œnanthe fistulosa. Linn. Toutes les espèces de cette Plante ombellifère sont regardées comme suspectes & venimeuses.

tes d'Orchis, l'Onagre à large feuille (*b*), l'O-
robe fauvage (*c*), la grande Pimprenelle (*d*),
les Polium, la Primevere (*e*), la Sthæline dou-
teufe (*f*), gravée dans l'ouvrage de M. Gerard, la Stachide veloutée des montagnes (*g*),
la Germandrée d'eau ou Chamarras (*l*), la
grande Confoude à racine Tubéreufe (*m*), la
Tulipe (*n*), plufieurs efpèces d'Euphorbe & Ti-
thymales, mal caractérifées jufqu'aujourd'hui, la
Reine des Près (*o*), la Verge d'or (*p*), la
Valeriane des Alpes, & quantité d'autres Plantes dont j'abrége l'énumération, pour n'être
pas trop long.

(*b*) Ænothera biennis. Linn. L'herbe aux ânes.

(*c*) Orobus filvaticus. Linn. La *Garouto*.

(*d*) Sanguiforba officinalis. Linn. La *Pinpinello*, *l'Ar-
mentello*.

(*e*) Primula veris. Linn.

(*f*) Stæhelina dubia. Linn.

(*g*) Stachis germanica. Linn. Cette Plante eft aromatique, & fon odeur approche beaucoup de celle
de la Sauge; elle doit en avoir les propriétés.

(*l*) Teucrium fcordium. Linn.

(*m*) Symphitum Tuberofum. Linn.

(*n*) Tulipa filveftris. Linn. *Lou Toulipan.*

(*o*) Spiræa ulmaria. Linn.

(*p*) Solidago, Virga aurea. Linn. *Lei Benfipo-
netos.*

CHAPITRE IV.

Des Mines de houille de St. Martin & de Dauphin.

J'Ai visité en divers temps les mines de ces contrées. La premiere fois j'y allai avec M. de St. Martin & M. le Docteur Bouteille qui voulut être de la partie. Je ne pouvois pas avoir de meilleurs guides. Le premier me conduisit dans les endroits de sa terre qui présentoient quelque chose digne de remarque. On suit, pour s'y rendre, le chemin de Manosque qui va à Forcalquier, en montant jusqu'à la gorge nommée la *mort d'Imbert*, d'où l'on descend pendant plus de trois quarts d'heure par une pente rapide. Les couches du terrein supérieur sont schisteuses & de couleur ardoisée, celles du terrein inférieur ne sont plus verticales, mais inclinées en divers sens. Ces bancs de terre feuilletée règnent tout le long du chemin de Forcalquier, que l'on quitte bientôt, pour suivre pendant quelque temps celui d'Apt, d'où l'on va à St. Martin.

Le charbon minéral de ce dernier endroit est presque toujours disposé en couches verticales entre la terre argileuse où calcaire ; il contient peu de parties hétérogènes entre ses lames ; il est dur, compacte & cassant ; on s'en sert pour les forges avec succès, non-seulement dans le Comtat Vénaissin où on le transporte, mais encore dans toutes les Villes voisines. Les mines de ce charbon sont ouvertes dans les flancs des coteaux ; on y trouve la même organifation que dans celles de Manofque. Les veines de cette houille font dirigées de l'Eft à l'Oueft. Les terres qui l'enveloppent, ont plus de cohérence & de folidité à la fuperficie des coteaux, & paroiffent difpofées en fchifte de couleur fauve. Je parcourus une affez grande étendue de terrein fur un coteau élevé, qui femble divifer en deux la terre de St. Martin de *Renacas*. Tout le fol ne préfentoit que des fchiftes verticales fous lefquelles le charbon minéral eft difpofé en divers fens ; ce foffile eft très-abondant dans ce terroir, auffi le furnomme-t-on encore St. Martin *le Charbonnier*.

Il y avoit alors quatre mines exploitées, dont les veines avoient depuis quatre jufqu'à quatorze pouces d'épaiffeur, ce qui gênoit beaucoup les ouvriers dans leurs travaux, quoiqu'il leur eût été facile de fe donner du large. J'en vis fortir quelques-uns du fond de ces mines étroites, dans une attitude rampante & courbée, en traînant leurs facs remplis de charbon (*q*). Les enfans s'acquittoient mieux de cette commiffion. On exploite ces mines de la même manière qu'à Manofque ; le charbon en eft fort eftimé; celui qu'on retire d'une autre mine attenante vers le Levant, dont la veine a au moins quatorze pieds d'épaiffeur, eft un charbon terreux qui fe décompofe facilement à l'air, & qui ne fert que pour les fours à chaux. La houille de toutes ces veines eft moins compacte que cel-

---

(*q*) Ces fortes de facs font couverts en partie de morceaux de cuir, afin de les garantir du frottement des terres dures qui les déchireroient en traverfant les veines de houille.

C 4

le qu'on retire des mines fituées dans la pierre dure ; on la détache plus aifément avec le pic après qu'on l'a ébranlée avec la maffe ; elle fe met alors en petits morceaux qu'on amoncele à l'ouverture de la mine , pour la tranfporter enfuite aux Villes voifines.

On eftime toujours beaucoup plus le charbon qui eft en gros morceaux, que celui qui eft réduit en menu fréfil. Le charbon minéral des mines de Gréafque , de Fuveau & des environs fe préfente ordinairement fous cette premiere forme , & s'il ne tenoit pas un peu de la nature du charbon jayet , il mériteroit la préférence fur celui-ci.

On eft dans la coutume de mouiller le charbon de St. Martin qui eft réduit en petits morceaux , comme on fait en quelques endroits de la Flandre , foit que l'eau rapproche d'avantage fes molécules brifées & réduites en fréfil , foit qu'elle concentre le phlogiftique qui s'enflamme alors beaucoup plus lentement ; du refte ce charbon eft auffi actif, & fa chaleur auffi forte qu'on puiffe le defirer. Quand la veine de houille a trop peu d'épaiffeur pour donner à l'ouvrier la facilité d'en emporter fur fon dos un fac rempli, on enleve ordinairement une couche de pierre calcaire de neuf à dix pouces d'épaiffeur , ce qui donne un peu plus de large à la galerie , & d'aifance à l'ouvrier. Mais pour peu qu'il puiffe travailler dans cet efpace étroit, il omet ces précautions, & il en fort , ainfi que j'ai dit, portant fon fac fur le dos & fe traînant fur les genoux & les mains , pour atteindre la bouche de la mine. Il n'y a encore ici que deux ouvriers qui travaillent à chaque mine ; ils font obligés de livrer au propriétaire

une certaine quantité de charbon à un prix
convenu ; ce qui fait que pendant les grands
jours ils ont plutôt fini leur tâche, & qu'on ne
les y trouve guères que le matin.

Il y a quelques mines abandonnées dans le
terroir de St. Martin, soit que la houille n'ait
pas les qualités requises, soit que les ouvriers
n'aient pas voulu surmonter les obstacles qui
en retardoient l'exploitation. On nous en montra une où le feu avoit pris par accident,
& qui avoit brûlé pendant plus de vingt
ans ; on craignoit avec raison que les veines de houille qui communiquent les unes
avec les autres dans ces diverses mines, ne vins-
sent à s'enflammer, ce qui auroit eu des suites
funestes ; l'incendie cessa à la fin sans autre inconvénient ; & il s'étoit formé de la très-bonne chaux à bâtir dans la pierre qui s'étoit calcinée au feu de la houille. J'apprends que l'on
commence à exploiter cette mine dans les veines que l'incendie a épargnées.

Le quintal de houille de St. Martin se vend
jusqu'à vingt sols sur les lieux. Rarement les
eaux inondent les mines, soit parce que les
galeries sont horizontales, soit parce que les
eaux se filtrent librement à travers les terres
qui enveloppent la houille, soit encore parce
qu'on a eu soin de leur pratiquer des canaux
à côté des veines (r), pour leur donner un

(r) M. de St. Martin qui éclaire le travail de ces
ouvriers, & qui connoît les bonnes regles de l'exploitation, vient d'exécuter depuis peu le projet qu'il
me communiqua sur les lieux. Il a fait pratiquer des
canaux qui doivent traverser toutes les galeries des

écoulement dans les vallons ; c'eſt ainſi qu'on manœuvre dans les mines de St. Martin & de Dauphin , leſquelles ſe reſſemblent entiérement , tant par les coteaux qui les contiennent , que par la qualité de la houille qu'on en retire ; ces mines n'ont qu'un ruiſſeau intermédiaire , ou une eſpèce de torrent qui les ſépare. Le nombre des ouvriers y varie ſuivant l'étendue & la dimenſion des veines de houille ; on les augmente quelquefois juſqu'à douze pour ſatisfaire ceux qui demandent du charbon.

On voit quelques ſources bitumineuſes & ſalantes au pied des coteaux de St. Martin , & ſouvent peu éloignées des mines de houille : tous les vallons ont un ruiſſeau , que ces ſources iſſues de ces mines , & les eaux pluviales groſ-ſiſſent. Les eaux qui ſe filtrent à travers les veines de houille , ſe chargent quelquefois des principes de cette ſubſtance bitumineuſe , & vont ſe jetter dans les ruiſſeaux inférieurs , en ſuivant la pente des terres ; nous vîmes une de ces ſources ſituée à la baſe d'un coteau à l'Oueſt , qui dépoſoit ſur ſes bords un véritable bitume décompoſé ſous forme de flocons blanchâtres & ſavonneux , ſemblables à ceux que charrient les eaux de Bournes près de Manoſque. Des beſtiaux qu'on avoit mené boire dans une autre ſource plus éloignée à l'Eſt , s'en étoient trouvés fort mal , & avoient failli périr des coliques. L'Abbé d'*Ardenne* penſa , au récit qu'on lui en fit , que cette ſource étoit

---

mines , leſquels faciliteront un écoulement aux eaux dans le ruiſſeau inférieur , dont la pente n'eſt pas fort ſenſible.

arfénicale : elle eft plutôt vitriolique ou cui-
vreufe, par la décompofition des pyrites qui
accompagnent la houille : je vis encore une autre fource fulfureufe, comme celle de Manofque ; elle coule dans un vallon ouvert à l'Eft ;
je l'examinai quelque temps avec les perfonnes
dont j'ai parlé ; mais comme je vais décrire
bientôt celle qu'on trouve dans la terre de
Dauphin, je ne m'y arrête point.

Quoique les mines de Dauphin foient à-peu-
près organifées de la même manière que celles
de St. Martin ; que la houille y foit de même
valeur ; voici ce qu'on y obferve de plus, fuivant les éclairciffemens que M. *Clementis*, Docteur en Médecine réfidant à Forcalquier, a bien
voulu me donner. Ce Docteur poffède une très-
bonne mine de houille dans une campagne qu'il
a près de Dauphin, & connoît fort bien l'Hiftoire Naturelle de tous ces cantons ; il a vifité plufieurs fois ces mines ; il a confulté les
ouvriers les plus intelligens ; fes recherches ne
peuvent qu'être fort exactes.

Toutes les veines de houille qui fe trouvent
dans les mines de Dauphin, ont leur direction
du Levant au Couchant ; il y en a cinq fituées
à côté les unes des autres ; il y a apparence
que les mines reftantes font ainfi difpofées. Les
ouvriers donnent à chaque veine un nom particulier, qui eft plutôt arbitraire que technique ;
c'eft pourquoi je ne m'y arrêterai point : il réfulte pourtant de cette nomenclature un peu
barbare, que ces cinq veines de houille ont plus
ou moins de profondeur ; que celles qu'on
nomme les premieres, font ordinairement plus
larges & plus étendues que les veines moyennes, à qui les ouvriers donnent le nom de *Mi-*

nachoun, ou petites veines, comme fi elles étoient dérivées des premieres, qu'ils regardent comme leur mere ; la derniere, qui n'eft éloignée des autres que de trois ou quatre pieds, fe nomme la grande mine.

L'épaiffeur de ces veines varie tellement, qu'il s'en trouve depuis trois pouces jufqu'à une toife ; le charbon n'y eft pas toujours de même qualité. Lorfque la veine a cinq ou fix pouces d'épaiffeur, elle eft affez abondante pour donner un profit honnête au Propriétaire ; fi elle en a moins, elle ne vaut guères la peine d'être exploitée. Le charbon doit être dur, compacte, d'un noir luifant, décrépiter au feu, fe bourfoufler, donner une flamme vive, & brûler long-temps, pour être de la meilleure qualité.

On ne fe garantit pas des eaux dans les mines de Dauphin avec la même facilité que dans celles de St. Martin, parce qu'on n'y a point pratiqué des galeries auffi fpacieufes que dans celles-ci, ni des canaux pour donner une fuite aux eaux. Le ruiffeau des mines de Dauphin a d'ailleurs moins de pente que celui des mines de St. Martin : quand les ouvrages mentionnés font trop difpendieux, on fe contente de puifer les eaux avec des outres, ou des barils ; on ne connoît pas ici plus qu'ailleurs l'ufage des pompes qui feroient très-utiles en pareil cas. La différente inclinaifon des veines de charbon rend leur exploitation plus ou moins difficile, fur-tout lorfque la pierre qui fert d'épaulement à ce foffile, n'a pas affez de folidité, ou lorfqu'un banc d'argile interrompt la veine ; dans ces deux cas, on étançonne les épaules, & on tâche de pénétrer plus avant, en fuivant la direction de la veine , pour la trouver plus abondante ; ce travail n'eft pas ordinairement perdu ; il eft rare que ce banc d'argile foit très-profond. Le charbon de pierre fe vend ici vingt fols le quintal comme à St. Martin.

Le Village de Dauphin eft à une lieue de Forcalquier : il eft bâti fur une élévation, & contient environ 400 habitans , auxquels le travail des mines procure une certaine aifance ; fon terroir eft pourvu de très-bonne pierre à chaux & de carrières d'un gypfe gris-blanc , peu éloignées de celles de Manofque, lefquelles font exploitées.

Il y a nombre d'années que le feu prit à une mine de houille dans ce terroir ; elle brûle peut-être encore, parce qu'on n'en connoît point la profondeur , & qu'elle communique avec beaucoup d'autres. Un ouvrier ayant voulu pénétrer dans cette mine pour y prendre des inftrumens qu'on y avoit laiffés, fut fuffoqué par la vapeur du charbon enflammé & y périt. On obferve très-peu de moffettes aux mines de Dauphin ; les diverfes ouvertures qu'on eft obligé de pratiquer dans l'intérieur , leur direction ouverte du Levant au Couchant , & la qualité de la houille peuvent y contribuer. Les veines de cette houille font prefque toutes verticales , ou inclinées à l'horizon ; elles font interrompues encore par des nœuds & des *fauts* que les ouvriers enlevent pour les retrouver. Les terres & les croutes pierreufes qui les enveloppent , font de même nature que celles de St. Martin.

On a imaginé depuis peu de creufer un canal dans les galeries fupérieures des mines, pour conduire les eaux dans les inférieures, & leur donner ainsi une fuite. On ne pouvoit se dissimuler cependant que le soufre est souvent fort répandu dans les mines de houille, où combiné avec une terre alkaline, il est sous forme *d'hépar*, se laisse dissoudre & entraîner par les eaux, & leur communique sa qualité suffoquante & nuisible à la poitrine : de là tant de sources sulfureuses, qui coulent au bas de ces mines, d'où l'acide sulfureux volatil s'exhale librement dans l'atmosphère.

La source sulfureuse de Dauphin étoit connue depuis long-temps : elle jaillissoit auprès d'un rocher, en tirant vers le nord ; ses eaux couvertes d'une légère crême de soufre, leur goût d'œufs pourris, leur odeur fœtide, & leur sédiment noirâtre indiquoient les principales qualités dont elles étoient douées ; des Bergers atteints de la gale, s'en laverent avec succès, ce qui les détermina à y mener quelquefois leurs troupeaux, pour les guérir de la même maladie. M. *Clementis* en a fait prendre intérieurement avec succès pour des obstructions commençantes dans les viscères du bas-ventre.

Malgré ces connoissances, M. le Baron d'Ollieres ordonna, sur la plainte des mineurs, de creuser un canal dans les galeries des mines attenantes, pour conduire les eaux pluviales avec plus de sûreté dans le ruisseau voisin ; on attaqua pour cela les flancs inférieurs des coteaux où se trouvoient les veines de houille, & l'on pratiqua une ouverture profonde & horizontale pour aller jusqu'à ces galeries : la source sulfureuse qui se jettoit dans le ruisseau inférieur, & qui n'en étoit éloignée que de quelques toises, les avertissoit du danger qu'ils al-

loient courir par son voisinage ; mais ils n'i-
maginoient pas que cette source meurtrière pût
se faire jour à travers les pierres & les terres
qui la séparoient de cette nouvelle galerie ; lorsqu'après avoir poussé leur travail bien avant
dans le coteau, la source abandonna tout-à-
coup sa première direction pour en prendre une
nouvelle & percer cette galerie. Dans le temps
que les ouvriers continuoient leur travail, que
les uns détachoient la terre & les croutes pierreuses avec le pic, que les autres en rempli-
soient des cabas, que de nouveaux ouvriers ve-
noient prendre, pour les porter à la bouche de
la mine, un jet d'eau méphitique s'échappa
tout-à-coup à travers les fentes de la pierre &
des terres ébranlées ; le gaz remplit cette cavité, intercepta la respiration des deux premiers
ouvriers & les fit tomber l'un sur l'autre, privés de mouvement & de sentiment ; ceux qui
étoient par derrière, émus à ce spectacle, s'a-
vancerent courageusement & arracherent des
bras de la mort leurs compagnons de travail
en les traînant par les cheveux à l'ouverture
de la mine : dès qu'ils furent exposés à l'air libre, ils reprirent peu-à-peu le sentiment, la
respiration se rétablit, & l'aspersion d'eau
froide sur le visage acheva de les rendre à la
vie ; ces ouvriers laisserent leurs instrumens dans
la mine, & aucun d'eux n'a été assez hardi
depuis pour les y aller chercher.

La source sulfureuse a abandonné son ancien
cours pour suivre cette nouvelle route, & se
jetter à travers les pierres & les arbustes dans
le ruisseau inférieur. Je fis quelques pas dans la
galerie de cette mine, dont les parois intérieu-
res incrustées de soufre paroissoient aussi noires

que la vafe de la fource , laquelle exhaloit une odeur fétide pour peu qu'on la remuât. Je ne pénétrai pas dans cette galerie, où le gaz méphitique devoit être abondant. J'examinai en dehors avec plus d'attention l'eau de la fource fulfureufe qui étoit un peu trouble & laiteufe par la terre alkaline excédente du foie de fou-fre. Cette eau confervée dans des bouteilles bien bouchées , garde pendant quelque temps l'odeur du foie de foufre, mais elle s'éclair-cit peu-à-peu , devient limpide , perd entiére-ment fon odeur , & donne un précipité ter-reux.

Je conferve dans des bouteilles , de cette eau fulfureufe ; elle eft aujourd'hui tout-à-fait claire, fans goût, & fans odeur ; le principe fulfureux s'eft volatilifé à un tel point, qu'il l'a entiérement abandonnée. On précipite la ter-re alkaline du foie de foufre que ces eaux tien-nent en diffolution , au moyen d'un acide quel-conque , & le foufre fe régénère à l'inftant. *L'acide aërien* occafionne le même phénomène dans les eaux de cette fource confervées dans des bouteilles : pour peu qu'on les débouche, elles fe troublent , & paroiffent avec cet œil louche que leur donne la terre alkaline fépa-rée du foufre, jufqu'à ce qu'étant précipitée , les eaux redeviennent claires. Ce n'eft donc ici qu'une fource d'eau minérale où le foufre fe trouve en partie diffous fous forme *d'hépar*, & en partie fous fa forme ordinaire, que les eaux n'ont pu diffoudre, & que l'on trouve fur fes bords. Elle contient encore du vitriol de Mars & une terre alkaline furabondante.

Les mines de houille fe prolongent , du cô-té de l'Oueft , aux extrêmités de la terre de

Dauphin jufques à Mane ; comme elle n'y eft pas de la meilleure qualité, on ne les a pas exploitées long-temps. Celle qui eft dans le terroir de Mane, eft entiérement abandonnée, tandis que les mines, que l'on exploite depuis trois ans à *Volx*, dans la direction des coteaux qui entourent le terroir de Manofque de l'Eft à l'Oueft, promettent beaucoup. M. *de St. Clement* m'a affuré qu'il y a de très-bonnes mines dans la terre *de St. Clement*, près de *Volx*, que l'on mettra bientôt en valeur.

La terre fiffile qui fert de prolongement aux épaules de la houille de Dauphin, couvre la fuperficie des coteaux, & s'enfonce profondément dans leur intérieur. Cette terre de couleur un peu rougeâtre, formée en couches feuilletées adhérentes entr'elles, préfente des icthiopètres, qui femblent avoir été artiftement deffinés : tantôt ce font les fquelettes des poiffons avec leurs arêtes, leurs épines, & leurs barbillons confervés en entier ; tantôt ce n'eft que l'empreinte feule du poiffon qui paroît être bien gravée fur la couche à demi pierreufe. Quelle eft l'origine de ces poiffons qui vivoient dans un fluide différent de celui que nous refpirons ? Comment fe font-ils venus tranfplanter du fein de la mer dans l'endroit où nous les trouvons ? M. *Clementis* m'a affuré que ce banc d'icthiopètres s'étend depuis fa Maifon de Campagne, près des mines de houille, jufqu'à une demi-lieue de diftance vers le couchant ; là il fe perd dans les terres : on le retrouve fur les collines, comme dans les vallons qu'il traverfe.

Monfieur Clementis m'a envoyé de ces icthiopètres avec cette honnêteté qui fied fi bien aux Amateurs des Sciences & des Arts. Ce font la plupart, des Poiffons littoraux que l'on pêche fur le bord de nos mers, tels que petits Rougets, Muges, Mulets, Sardines, &c. Ils ont prefque tous une couleur rougeâtre, & leur empreinte, ou leurs fquelettes font confervés proprement dans ces couches feuilletées. Il eft vrai que ces pétrifications fe brifent facilement, & il faut ufer de beaucoup de précautions pour les retirer de la terre en bon état, les couches qui les contiennent, étant encore affez molles & fragiles : peut-être que ces couches font une dépendance de celles qu'on trouve dans le Diocèfe d'Apt, contenant de pareils ichthiopètres, & avec lefquelles elles vont fe lier : j'en ai parlé dans le premier volume.

Les terroirs de Dauphin, de Mane, & des Villages circonvoifins, qui font coupés par de petits canaux & une large vallée, que le chemin de Forcalquier traverfe du Sud au Nord, font très-bien cultivés. Les coteaux y font plantés de vignes & d'oliviers ; & l'on voit dans les plaines & les vallées quantité de ruiffeaux, qui arrofent les prairies artificielles, où viennent paître les beftiaux de tous les environs. Les montagnes voifines font fertiles en bled, & la population augmente plutôt dans ces contrées inégales & montueufes, qu'elle n'y diminue.

La petite terre d'Ardennes, enclavée dans celle de St. Michel à l'oppofite de Mane (s),

---

(s) Mane eft un Bourg confidérable qui contient plus de 1500 ames ; l'agriculture & le jardinage y étalent d'excellentes productions. Les fruits y font des plus beaux & d'un goût exquis, les poiriers fur-tout

a été pendant long-temps la retraite d'un Savant estimable par ses connoissances en Agriculture, en Botanique, & en Histoire Naturelle.
C'est du Pere Jean-Paul de Rome, sieur d'Ardennes, Prêtre de la Congrégation de l'Oratoire,
dont je veux parler ; ses jardins contenoient
une quantité de plantes médicinales que les
pauvres pouvoient cueillir en tout temps ; nous
avons de lui l'Année Champêtre, ouvrage estimable par les excellentes leçons qu'il y donne
aux cultivateurs de la Provence ; il parle d'après
une connoissance exacte de notre climat. Ce
Savant aimable cultivoit les fleurs avec cet art
que le génie inspire & que le succès couronne.
Ses jardins, ses terrasses étoient ornés en tout
temps des plus beaux présens de Flore ; il vi-
voit parmi les fleurs, il en étudioit le développe-
ment progressif & favorisoit leur production.
On lit avec plaisir les Traités instructifs qu'il
nous a donnés sur un objet aussi agréable. Il a
poussé assez loin sa carrière dans cette heureuse
solitude (*).

---

réussissent très-bien dans son terroir ; les coteaux attenans renferment une belle carrière de pierres coquil-
lières, qui est en valeur depuis long-temps.

(*) L'Abbé J. P. de Rome, sieur d'Ardennes, nous
a laissé un Traité sur les Jacinthes, les Œillets, les
Renoncules, les Anémones & les Tulipes, où il nous
fait part de plusieurs anecdotes curieuses & piquantes.
Ces cinq fleurs, ainsi que l'Oreille d'ours, ont obtenu
la préférence sur toutes les autres ; la plupart d'entr'elles se trouvent dans nos campagnes, & sur nos montagnes même. Ce n'est qu'à la culture & aux semail-
les répétées des graines, qu'elles doivent leur parure,
leur variété, & l'éclat de leurs couleurs. L'art embel-
lit ici la nature, & la main de l'homme ajoute les

Les coteaux & les bois de *St Mefme* préſentent quelquefois aux Amateurs de petits criſtaux à facettes fort durs qui fillonent le verre,

---

graces & l'ornement. Ces fleurs viennent fimples natuſrellement, & ce n'eſt que dans nos jardins qu'elles fe montrent tantôt fémi-doubles, tantôt doubles, juſqu'au point d'étouffer les embrions, & d'empêcher la fécondation des graines, par l'abondance des pétales que la culture leur fait produire. L'oreille d'ours fe trouve dans les montagnes alpines & fous-alpines, fous l'afpect le plus fimple; c'eſt aux Flamands à qui nous devons la culture de cette fleur; fon odeur fuave & fes couleurs la font eſtimer; elle eſt printanière comme la prime-vère & l'hépatique. Elle vient difficilement dans nos jardins. Nous devons encore les beaux Œillets aux Flamands. Nous fommes riches dans ce genre, fur-tout dans celui des jaunes, des violets & des blancs; ces derniers nous font venus de Mahon; nous connoiſſons l'art de les faire fleurir en hiver.

Les Renoncules ne font point originaires de nos montagnes, comme l'ont imaginé des Fleuriſtes mal inſtruits. Les riantes prairies de la Perfe & de l'Indoſtan en font couvertes depuis l'automne juſqu'au printemps; l'Abbé d'Ardennes nous apprend qu'un Sultan de Conſtantinople donna ordre à fes Bachas de Bagdad & des Régions voifines, de lui envoyer les plus belles Renoncules, pour les cultiver dans fes jardins & en faire des bouquets à fes favorites. C'eſt delà que nous font venues ces Renoncules candiotes, à qui nous donnons des noms turcs, pour indiquer leur première origine.

L'Anemone a pris naiſſance dans les pays tempérés de l'Europe; nos montagnes fous alpines & nos prairies même en produifent de fimples; c'eſt à la culture qu'elles doivent leur peluche éclatante & leur robe majeſtueufe.

Les Hollandois font nos maîtres dans la culture des Tulipes & des fleurs à oignons; ils aiment à donner des noms aux nouvelles efpèces qu'ils obtiennent. Notre climat n'eſt point favorable à ces fortes de fleurs.

D 2

& jouent affez bien le faux diamant, ayant une très-belle eau. Il s'y en trouvoit autrefois dans une matière de quartz en forme de géodes. Le peuple alloit les ramaffer au foleil levant qui les faifoit briller de loin. Mais depuis que cette contrée eft cultivée, ils deviennent fort rares. Quelques curieux en ont fait monter fur l'argent qui en releve beaucoup l'éclat.

CHAPITRE V.

Forcalquier, Ongles, & fes Environs.

ON arrive à Forcalquier (*u*) en montant quelque temps par un chemin très-commode qui fe replie un peu à l'Eft; quoique le climat de fes environs foit un peu plus froid en hiver par le voifinage des montagnes alpines, que celui que nous venons de quitter, les terres n'y font pas moins fertiles en grains, en huiles, & en vins. Tous les coteaux de Forcalquier, ceux de *Lurs*, Village confidérable que les Evêques de Sifteron ont choifi pour leur féjour, font plantés de vignes & d'oliviers jufqu'au bord de la Durance. Les terres font ici généralement calcaires, quoiqu'entremêlées de grès & de quartz. Le bas des coteaux expofés au Midi, en fuivant le grand chemin de Sifteron, non loin de la Durance, après avoir paffé le Village de la *Brillane* jufqu'audelà de Lurs, eft couvert de fchiftes fragiles (*),

---

(*u*) Forcalquier a joui d'une certaine réputation du temps de fes Comtes ; cette Ville contenoit à cette époque 10 à 12000 ames ; elle eft bien déchue de fon ancienne fplendeur.

(*) Ces fchiftes font de nature calcaire. La pierre co-

le plus fouvent inclinées à l'horizon , ou bien
dans des directions oppofées entr'elles ; ils paroiffent être un débris des coteaux fupérieurs , que
l'action de l'air , le fouffle des vents & les eaux
pluviales ont écornés peu-à-peu , ce qui a produit une terre végétale très-fertile ; l'induftrie
fe fait remarquer dans les plantations ; les vignes &
les oliviers foutenus de tout côté par des murs
artiftement élevés pour les mettre à l'abri de
l'inclémence des temps, y profpèrent à vue d'œil.

La petite Ville de Forcalquier eft bâtie fur
le penchant d'un coteau expofé au Nord, dont
l'élévation fur le niveau de la mer eft d'environ 270 toifes ; elle eft entourée de murs antiques ; fa population va à trois mille ames ;
elle a un marché chaque femaine , où l'on ap-
porte les grains & autres denrées que l'on perçoit dans les lieux circonvoifins. L'air y eft fort
vif à caufe des vents du Nord qui viennent
de la montagne de *Lurs* ; elle jouit d'un petit
commerce ; l'on y fabrique les étoffes groffiè-
res du pays , & il y a fix moulins pour les
filatures de la foie. Les coteaux attenans font
plantés d'oliviers, excepté ceux qui font au
Nord, où il n'y a que des chênes verds. En général, toutes les pierres y font calcaires ; il y
a cependant dans les montagnes beaucoup de grès
fort dur & qui reçoit difficilement le poli. Ses
vallées font très-fertiles , elles produifent des
fruits d'un goût exquis, & des pâturages où
paiffent quantité de beftiaux. La ville eft entourée de campagnes riantes, de jardins même
très-bien cultivés. Quoique fon élévation dût

quilliere eft répandue dans les montagnes de Lurs & bien
au-delà.

la garantir des grandes chaleurs de l'Eté, les coteaux qui la dominent, réfléchissent tellement les rayons du soleil dans son enceinte, que les chaleurs y font les mêmes que dans les plaines de Manosque.

Il n'a régné depuis long-temps dans cette ville d'autre épidémie que celle de l'année 1770. L'air y est fort salubre, & les habitans ne font exposés qu'aux maladies sporadiques, occasionnées par l'inclémence & le changement des saisons : cependant il s'y manifesta dans le cours de cette année une fièvre maligne accompagnée de sueurs continuelles & d'éruptions de pustules miliaires, qui en fit périr au moins dix sur cent. La première victime fut un mendiant qui vint mourir à Forcalquier; tous ceux qui le soignèrent, furent bientôt atteints du levain contagieux, & en périrent. L'imagination effrayée de ceux qui furent témoins d'un pareil événement, leur fit chercher ailleurs l'origine du venin contagieux. Ils regardoient les marais de Russie, comme le foyer de l'épidémie qui désoloit les malheureux citoyens de Forcalquier; la terreur qui s'empare des esprits dans ces temps d'épidémies, les préjugés & l'erreur en augmentent encore les ravages, & rendent ces maladies un fléau redoutable à l'humanité (*v*).

_____

(*v*) La fièvre épidémique miliaire est plus commune en Italie qu'en Provence, où elle se montre rarement; je l'ai observée plus d'une fois en Lombardie & à Nice. Cette fièvre existe réellement dans la nature, quoiqu'elle soit plus d'une fois le produit du mauvais traitement & du régime chaud, ainsi que l'ont observé de très-habiles praticiens. L'épidémie de Forcalquier

QUelques coteaux voisins doivent leur origine aux dépôts successifs des eaux qui ont amoncelé plusieurs couches calcaires les unes sur les autres. Un de ces coteaux situé à demi-lieue de Forcalquier, présente un lit pierreux percé de quantité de trous comme les tufs. Il attire la curiosité des étrangers : l'alluvion successive des eaux en charriant continuellement des molécules lapidifiques, a occasionné une pareille configuration dans ces couches pierreuses ; c'est ce qui arrive tous les jours dans les grottes.

Le Village d'Ongles, qui est à deux petites lieues de Forcalquier, contient dans son terroir des mines de fer & d'argent, dont tous les Orithologistes ont parlé, & qui méritent quelques détails. Ce Village étoit bâti anciennement sur un coteau, en tirant vers le Nord, où il n'y a plus que de vieilles masures ; les habitans l'ont abandonné pour se loger dans des Hameaux situés dans la plaine. Tout le terroir est entrecoupé de coteaux, de vallons, & de ravins. Quelques-uns sont devenus stériles, les terres en ayant été emportées par les eaux pluviales ; ils ne présentent plus que la pierre

---

parut deux ans après à *Lurs* ; on pensa plus sagement alors ; & sans lui donner une origine exotique, comme auparavant, on chercha à la combattre par les meilleurs secours que l'art fournit à ceux qui l'exercent avec intelligence. M. le Docteur *Bouteille* faillit être la victime de son zèle & de ses soins en cette occasion. Voyez sa Dissertation insérée dans le Journal de Médecine de l'année 1778. Voyez ci-dessus page 13.

nue , & à peine y voit-on quelques plantes de
Thym & de Lavande ; les chênes blancs & les
hêtres font fort communs fur les montagnes attenantes , elles font couvertes de bons pâturages ; la pierre à chaux y eft de très-bonne qualité , & après qu'elle a été calcinée & mêlée
avec un fable rouge (1) & quartzeux , qu'on
tire d'une mine tout près du Village , elle prend
corps dans l'eau , & forme fur la bâtiffe un re-
crépiffage impénétrable à l'humidité. La montagne où fe trouve la pierre à chaux eft dans la
partie feptentrionale du terroir ; les torrens y
ont creufé des abîmes , dont la profondeur n'eft
pas connue ; le premier fur-tout reffemble beaucoup à celui de Criis.

La montagne oppofée au Midi fournit une
chaux de différente nature & prefque gipfeufe.
Elle contient des carrières de pierre calcaire ,
dont les couches font formées par des lames
que l'on divife facilement. Le peuple les prend
pour de l'ardoife ; mais elles n'en ont ni la dureté , ni le caffant , ni les couleurs , & ne font
point vitrifiables ; elles fervent à carreler & à couvrir les maifons ; cette pierre pourra acquérir
dans la fuite les propriétés de l'ardoife par les
changemens qui arrivent dans les foffiles.

Les Hiftoriens ont parlé de la mine d'argent
d'Ongles ; elle eft fituée dans un terrein en pente , au quartier de l'*Orge* ; fa direction eft à
l'Oueft , à 150 pas d'un hermitage ; cette mine
eft à découvert en quelques endroits , tant par

---

(1) Ce fable rougeâtre eft un compofé de parties
argileufes , graffes & vifqueufes , ce qui forme une
efpèce de ciment qui agglutine la chaux.

les fouilles qu'on y a faites autrefois, que par les désordres que les eaux d'un vallon attenant y ont occasionnés. On y découvre un banc d'une pierre grise, un peu molle & calcaire, d'environ sept pouces d'épaisseur ; cette pierre a une légère odeur de soufre, quand on la frotte entre les doigts ; le banc s'étend au-dessus du vallon, en poussant des branches de côté & d'autre.

C'est dans cette pierre grise que l'on apperçoit de petites pailletes d'argent natif; elle fait effervescence avec les acides minéraux, tandis qu'on en tire des étincelles lorsqu'on la frappe avec le briquet dans les endroits où elle présente les molécules brillantes de l'argent, qui est minéralisé avec quelques couches filamenteuses de spath fusible : pouvoit-on espérer de retirer un grand profit de cette mine, sur de si foibles apparences ? Un banc de cette pierre métallique forme un angle rentrant entre deux éminences posées sur le vallon. Sa direction n'est pas régulière; il ne faut pas compter, en parcourant ses dehors, sur quelques filons de métal, les excavations qu'on y a faites n'étant pas assez profondes pour en juger. Cependant ce banc de pierre, dans la déclinaison qu'il prend, ne paroît pas trop s'éloigner de la ligne horizontale. La profondeur de la mine, relativement à la déclivité du terrein, est de 8 à 9 pieds.

Voici les couches qui la couvrent : premièrement une terre végétale, qui produit quelques grains ; secondement un sable grisâtre ; troisièmement un sable calcaire roussâtre nommé *Saffre*, de quelques pouces d'épaisseur, sous lequel est un lit d'un autre sable d'un gris

foncé, moins graveleux & plus tendre de trois
pieds d'épaisseur : vient ensuite une simple assi-
se de cailloutages figurés en fausses pyrites
extrêmement dures , qui forment comme une
ceinture de perles à l'entour de cette élévation ;
enfin une terre argileuse, jaunâtre, grise &
blanche, au milieu de laquelle se forment successivement quantité de marcassites ferrugineuses, presque rondes, chargées d'aspérités un
peu brillantes.

Cette terre est la matrice de ces marcassites,
dont les unes n'ont point encore acquis l'état
métallique, n'ayant qu'une espèce de gluten
dans le centre, & les autres des molécules
ferrugineuses adhérentes entr'elles au moyen
d'un gluten qui a mis l'argile dans un état
presque lapidifique. Ce gluten est de couleur
grise & sert d'enveloppe aux molécules ferrugineuses. Je dois cette observation curieuse &
importante (2) à M. Verdet cadet , originaire d'Ongles , qui a bien voulu second-
er mes recherches, & m'envoyer un échantillon de chacune de ces substances. Il a
épié la marche de la nature , & peut-être

_____

(2) Quoiqu'on ne puisse pas tirer de fortes induc-
tions des moyens que la nature emploie pour réunir
ici les molécules de l'argent, & leur donner la cohérence convenable, cependant il est à présumer qu'elle
met ce ciment en usage pour agglutiner les parties ferrugineuses entr'elles; ce phénomène arrive pareillement
dans les pierres les plus dures , les agathes , dont plusieurs observateurs ont vu les molécules dans une substance glutineuse , avant que ces pierres eussent acquis
la dureté & la cohérence dont elles sont susceptibles.
Le caractère de ces sucs pétrifians , qui ont tous une
acidité marquée , n'est pas bien connu encore.

a-t-il pénétré son secret. Il auroit bien voulu
m'envoyer quelques-uns de ces petits corps ar-
rondis en forme de pelottes, pour que j'eusse
pu les examiner à loisir ; mais l'argile étant
devenue fort tendre par les pluies qui étoient
tombées deux jours auparavant, il ne put en
détâcher aucun sans le briser.

Le banc de pierre qui contient des molécules d'argent, est assis sur un lit d'argile entiérement semblable à celui qui est au-dessus. Les
connoisseurs en métallurgie savent que l'argent
est renfermé dans diverses substances, & que ses
matrices sont souvent d'une nature opposée. M.
de Gensane fait mention d'une riche mine
d'argent qu'on a exploitée pendant quelque
temps avec beaucoup de succès sous sa direction, à St. Sauveur en Languedoc, dans laquelle ce métal se trouve souvent dans une
matrice d'une terre grisâtre, molle & visqueu-
se ; ce qui constitue la mine d'argent vitré qui
porte en Allemagne le nom de *Glatser*. Tout
cela ne peut-il pas nous conduire à une connoissance exacte de la nature de la mine d'Ongles? Le toit & le lit de la pierre qui contient
les paillettes d'argent est d'une terre argileuse,
dans laquelle se forment successivement ces pelottes visqueuses qui deviennent autant de marcassites ; il est vrai que le fer en est le produit
principal ; mais tout le monde sait que ce
métal se trouve fréquemment à l'entour des
mines d'or & d'argent.

M. Verdet a jugé qu'il peut y avoir un
filon d'argent au-dessous de l'argile posée sur
la pierre métallique de la mine : il a fait creuser assez profondément pour s'en assurer ; mais
l'eau du ruisseau, qui se filtre dans les terres, a

bientôt interrompu le travail du mineur. Il eſt ſurprenant que de pareilles recherches n'aient pas été pouſſées plus loin. L'art de la métallurgie étoit peu connu alors : aujourd'hui que le Monarque bienfaiſant qui nous gouverne, vient d'ériger dans la Capitale une Chaire de Minéralogie préſidée par un habile Maître, nous verrons bientôt des éleves qui rendront nos Provinces plus attentives à profiter des richeſſes qu'elles poſſédent en ce genre. Puiſſe un augure ſi favorable s'accomplir pour celle où j'ai reçu le jour.

Il y a une autre mine d'argent à une lieue d'Ongles, dont M. Verdet vient de m'envoyer quelques échantillons, avec un mémoire ſur les différentes productions qui accompagnent ce métal ; en voici le contenu : le fer eſt plus répandu dans ces contrées, il y a beaucoup de ſcories de ce métal dans les campagnes, preuve certaine qu'on l'y a forgé autrefois ; le tripoli, les marcaſſites ſont communes dans ces vallées ; les coquilles pétrifiées y ſont rares, on y trouve ſeulement quelques belemnites incruſtées dans la pierre ; certains Minéralogiſtes prétendent que ces ſortes de pétrifications ne ſont point un produit de teſtacées, mais une concrétion qui ſe forme dans la terre par couches lamellées, figurées en cône, & qu'on ne doit pas les prendre pour des pointes d'ourſins pétrifiées. C'eſt ce que le temps & l'obſervation pourront nous apprendre un jour.

Tous les grains de minéral, ainſi que les marcaſſites, frappés avec le briquet, jettent du feu & donnent une odeur de ſoufre. L'émeril de différentes couleurs eſt répandu avec profuſion dans quelques quartiers de ce terroir. Les Hiſtoriens ont fait mention du fuccin ou ambre jaune tiré de nos montagnes de Provence ; celles de Sifteron en ont fourni effectivement quelques morceaux, dont les Mémoires de l'Académie Royale des Sciences ont parlé comme n'étant pas de bonne qualité : je crois que M. Verdet a été plus heureux dans fes recherches. Il a trouvé l'année dernière, dans une pierre grife & vitrefcible, plufieurs morceaux de fuccin plus ou moins gros, & attachés à la pierre ; leur couleur jaune & citrine, leur tranfparence, la facilité avec laquelle ils s'enflamment au feu, l'électricité dont ils font doués, & toutes les expériences auxquelles je les ai foumis, prouvent affez leur parfaite reffemblance avec le fuccin. Il feroit à fouhaiter que cette fubftance bitumineufe, qui n'eft autre chofe qu'une huile végétale, concrête au moyen de l'acide vitriolique, fût plus abondante qu'on ne l'a trouvée jufqu'à préfent dans le terroir d'Ongles. Quelques Naturaliftes qui l'ont examinée, prétendent que c'eft plutôt une réfine, comme la copale, que le fuccin lui-même dont elle eft la matière première felon eux (3).

─────────────────────────

(3) La réfine copale nous vient de l'Amérique. Un grand arbre dont les feuilles reffemblent à celles du chêne, produit cette fubftance ; on l'en retire par des entailles pratiquées à fon tronc. Le commerce des Antilles nous procure une autre réfine copale qui diffère fort peu de la première ; l'infpection exacte des lieux d'où M. Verdet a retiré le fuccin qu'il m'a envoyé, les diverfes couches de pierres qui l'enveloppent, les morceaux de bois foffiles & bitumineux qu'il a trouvés à côté, & le réfultat des nouvelles fouilles qu'il fe propofe de faire encore au printemps, décideront

Les premiers morceaux de cette substance bitumineuse & inflâmmable que M. Verdet m'a envoyés, furent trouvés le long du ravin de la *Cruye*, un peu au dessus d'une petite source nommée *la souen dei brechos*; la rive gauche du ravin est en cet endroit élevée, & taillée à pic dans une espèce de pierre grise vitrescible, qui paroît être le produit d'une argile durcie, & chargée de molécules de terre calcaire, qui se laisse un peu attaquer aux acides. C'est dans cette pierre qu'étoit enveloppée la plus grande masse de ce fossile résineux, que M. Verdet se le procura avec beaucoup de peine & de travail. Il en trouva encore quelques morceaux à la base du ravin.

L'eau de la fontaine *dei brechos* n'a point de goût bitumineux. Elle paroît venir d'un réservoir peu profond; elle tarit ordinairement dans les grandes chaleurs; s'il existe une veine de bitume dans cet endroit, elle doit être plus basse que la source de la fontaine. Une petite côte sillonée par les eaux pluviales, située à l'opposite du ravin de la *Cruye*, a fourni encore quelques morceaux de succin à M. Verdet; il en a trouvé d'autres, toujours séparés entr'eux, & non sous forme de filon, dans quelques endroits circonvoisins.

Les petits morceaux de bois fossile, résineux, noirs, & presque entiérement pourris, qu'il a rencontrés entre les lits de cette pierre, lui font présumer avec raison que cette résine bitumineuse est véritablement une espèce de succin

certainement la question. Telles sont les remarques que cet habile Observateur m'a communiquées.

plus ou moins élaboré dans le sein de la ter-re. C'est ainsi qu'on le trouve disposé entre des couches pierreuses auprès de la mer baltique, dans les mines de Prusse & de la Poméranie.

Il faut observer que la plus grande partie du terroir d'Ongles repose sur une base de pierre argileuse & vitrifiable, semblable à celle qui enveloppoit la substance résineuse mention-née ; & s'il en existe une mine, ainsi que les morceaux répandus çà & là dans le terroir semblent l'indiquer, elle doit être considérable.

En général, le terroir d'Ongles est léger & sablonneux & demande beaucoup d'engrais. Ses productions sont le seigle, les noix & les glands ; les oliviers & les vignes y sont fort rares, attendu le voisinage des hautes monta-gnes. Les maladies inflammatoires sont les plus communes dans ce canton. Elles y sont suivies quelquefois du *Tétanos*, mais rarement.

M. Verdet a trouvé un filon d'un métal cui-vreux près du Village de Lardiers, à une lieue d'Ongles, vers le Nord. Cette matière a l'é-clat de l'or, mais elle se ternit au sortir de la mine (*). Le filon se trouve dans une roche grise, il sert de lit à un petit ruisseau qui cou-le à quelques pas de Lardiers, du côté du Levant ; sa direction suit celle du ruisseau, son pendage est perpendiculaire à l'horizon, il est marqué par une petite bande de spath fusible d'environ un pouce d'épaisseur qui lui sert de gangue. La pierre grise est calcaire ; elle pré-

_____

(*) Ce sont des pyrites cuivreuses fort petites, dont le soufre & l'arsenic forment en grande partie la subs-tance. Ces pyrites sont en globules ou en grappe.

ſente un compoſé de fer & de petites pailletes
de cuivre, qui eſt plus abondant dans la matrice ſpathique. Je ne doute point que ces contrées ne ſoient très-riches en ſubſtances métalliques; on y trouvera, en parcourant les montagnes, quantité de filons de fer, de cuivre,
d'argent & de plomb, dont j'ai examiné divers
échantillons. Il ne faut pas cependant s'en tenir aux fauſſes apparences que les diverſes pyrites ſulfureuſes, arſénicales, ferrugineuſes, où
l'argent ſe trouve quelquefois en pailletes,
préſentent ici de tous côtés.

Lardiers eſt un petit Village à deux bonnes
lieues Nord-Oueſt de Forcalquier; il contient
une ſoixantaine d'habitans qui exercent de pere
en fils, depuis un temps immémorial, la pro-
feſſion lucrative de Marchands Droguiſtes. La
plupart d'entr'eux vont vendre leurs drogues
dans les diverſes Provinces du Royaume.

La partie cultivée du terroir de Lardiers eſt
plantée d'amandiers & de noyers; cette plaine,
environnée de hautes collines, forme un baſſin
ovale, qui s'étend du Nord au Sud; le ſol eſt
fort graveleux, ſec & ſtérile, on y ſeme du
ſeigle & du froment. L'atmoſphère de tout ce
canton eſt fort ſalubre; il règne peu de maladies à Lardiers, & les habitans ne meurent
guères que de vieilleſſe ou d'excès de travail.

Il y a quantité d'abîmes dans les montagnes
qui terminent l'horizon à l'Oueſt de Lardiers;
le plus conſidérable eſt celui de *Coutelle* : il ſe
trouve au milieu d'une cote rapide, plantée, du
côté de l'Eſt, d'un bois taillis de chênes blancs.
La bouche de cet abîme a environ 15 ou 18
pieds de diametre; elle reſſemble à la cuvete
d'une fontaine, taillée en voûte dans ſon milieu;

des

des rameaux de lierre en tapiffent l'intérieur. On ne peut fonder cet abyme qu'à vingt toifes de profondeur, fa direction change alors, devient fort oblique, & s'étend du côté du Midi. Quand on examine d'un œil attentif fa profondeur, en fe tenant couché fur fes bords & portant la tête en avant, ainfi que l'a fait M. Verdet, on découvre une grande concavité latérale, que la nature a pratiquée dans l'intérieur de la roche, dont le toit eft parfemé de plufieurs groupes de belles ftalactites.

Soixante pas au-deffous, toujours fur la cote rapide du bois de *Coutelle*, fe trouve une autre caverne taillée en cône renverfé ; on y defcend à l'aide d'un rocher difpofé en glacis, & d'un tas de pierres & de terres qui ont croulé de la montagne ; dans le fond de l'abyme paroît une grotte, dont la voûte s'élève prefque en dôme : il faut monter enfuite 7 à 8 degrés formés par le roc pour arriver à une niche de 7 pieds de haut, deux de large, & autant de profondeur ; elle eft remplie de quantité de ftalagmites adoffées contre fes parois ; quelques-unes reffemblent à des cariatides qui foutiennent le poids des rochers qui les dominent ; il y en a une entr'autres qui a la figure d'un dindon embroché, fufpendu au haut de la niche. On croit appercevoir ici, tout comme dans la grotte de Barjols, des lapins, des lièvres, & autres quadrupèdes pareils. Quelques Hiftoriens modernes nous ont débité des fables fur la configuration de ces ftalactites.

La voûte de cette niche eft ornée de quantité de ftalactites figurées en mamelons, en petites chandelles toutes percées à leur bout, dans le plan de leur axe ; ce qui n'eft pas or-

dinaire dans pareilles concrétions : elles repré-
fentent affez bien un jeu d'orgues. Les autres
ftalactites qui couvrent les parois de la grotte,
préfentent des figures différentes ; les unes font
tranfparentes & les autres opaques ; ici leurs
molécules font en forme de criftaux, & là fous
celle d'écailles brillantes. Je parlerai de ce travail de la nature plus au long dans mon troifième volume. Il fuinte continuellement de la
voûte de cette caverne, excepté dans les temps
de grande féchereffe, une eau limpide d'un
goût ftiptique, qui dépofe des molécules
craïeufes fur les racines attenantes. Cette eau
lapidifique qui fe filtre à travers la roche, eft
l'agent de toutes ces criftallifations. Il y a un
petit trou au pied de la niche, où l'on peut à
peine paffer le bras. Il communique avec un
abyme encore plus profond, ainfi qu'il eft aifé
d'en juger en y jettant des pierres, dont le
bruit fe fait entendre fort long-temps. La même
chofe arrive, fi l'on jette une pierre dans l'abyme fupérieur, preuve certaine que ces abymes
communiquent entr'eux. La bouche de cette caverne eft tapiffée par un érable & un lierre
vigoureux qui s'entrelaffent enfemble.

En continuant de gravir contre la montagne
vers le Nord, on entre dans le bois de Seyne
pour joindre le Chatelard, montagne attenante
à celle-ci. On trouve beaucoup de priapolites
mutilés & mal conformés, qui ont la figure
d'autant de ftalactites, & font percés d'une extrêmité à l'autre dans la direction de leur axe.
Il n'y a point de criftallifations dans ces trous,
comme on en voit dans la plupart des priapolites, ceux-ci ayant été formés par autant de

couches d'argile un peu pyriteuse, qui ne fait point effervescence avec les acides minéraux.

Je ne dirai rien des concavités des *Baumettes*, qui sont curieuses non-seulement par leur forme, mais encore par la quantité de stalactites dont leurs parois sont enrichies. Je ne ferai qu'une réflexion suggérée par les recherches que l'on a faites sur les divers groupes de montagnes qui bordent le terroir de Lardiers à l'Ouest. Il n'y a par-tout que des concavités, des grottes profondes, obliques, & au-dessous du niveau du terrein, qui doivent recevoir les eaux pluviales & les retenir dans leur sein, cause évidente de la sécheresse, & de l'aridité des environs. Il n'est donc pas surprenant de voir très-peu de sources d'une eau claire & vive au bas de ces montagnes, quoiqu'elles soient fort élevées, principalement celle de Lure dont je parlerai bientôt. Il n'est pas rare de rencontrer à leur base des coquilles pétrifiées & incrustées contre la pierre, mais presque jamais au sommet. Les vallées de St. Vincent, au-delà de Lure & dans ses environs, offrent également des cornes d'ammon & des bélemnites minéralisées avec le fer & le cuivre.

CHAPITRE VI.

Montagne de Lure.

LA Montagne de Lure forme une chaîne, qui s'étend de l'Est à l'Ouest environ huit à neuf lieues, depuis Pepin, Village situé au-dessous de Sisteron, jusqu'à Raillanette, où cette chaîne eft interrompue, pour donner paffage à la petite riviere de Toulouven ; elle va fe lier avec le Mont-Ventoux, & finit à Malauffene, dans le Comtat Vénaiffin.

La partie de cette montagne qui porte proprement le nom de Lure, en la prenant depuis St. Etienne & Crüis, Villages fitués à fon extrêmité méridionale jufqu'à fa cime, peut être divifée en cinq zones : la première eft ftérile, la feconde eft couverte de chênes blancs, la troifième de hêtres, la quatrième eft gazonnée, & la cinquième eft entiérement nue & pêlée.

On parvient avec facilité au haut de cette montagne du côté d'Ongles & de Sifteron, en laiffant le grand chemin à droite. Sa plus grande élévation eft d'environ 900 toifes fur le niveau de la mer. Sa partie méridionale eft beaucoup plus nue que la feptentrionale, où il exifte encore quelques vieux fapins qui femblent dater de plufieurs fiècles, tant leur vétufté & leur groffeur font remarquables. L'ancienne Chapelle connue fous le nom de *Notre-Dame de Lure* eft fituée dans une gorge, au terroir de St. Etienne. Il y a une légende gravée fur la pierre contre l'Hermitage, qui date de 490. Ce lieu a été habité pendant plufieurs fiècles par des Anachoretes, qui défrichoient les terres voifines.

Lure eft fertile en bons pâturages, & produit de moiffons abondantes. Prefque toutes les pierres y font de nature calcaire (*); la chaux

_____

(*) Cette Montagne, qui eft taillée à pic dans quelques endroits, préfente de grandes couches de pierre falcaire inclinées à l'horizon, fur-tout aux *chevalets ;*

qu'on en retire, est de la plus grande force & excellente pour les travaux hydrauliques. Elle n'est pas inférieure à celle que fournissent les pierres des Pyrenées, où elles sont en grande partie de la nature du marbre. Les Romains en faisoient le plus grand cas, & ils calcinoient les marbres, lorsqu'ils vouloient avoir une bonne chaux.

Cette montagne ne présente du côté du Nord, que des précipices & des rochers ; c'est de ce côté que vient la riviere de Jabron, pour aller se jetter dans la Durance vers l'Est. Ces lieux solitaires & désolés ne sont fréquentés que par des animaux sauvages, & des oiseaux de proie. L'Aigle royal y est multiplié, l'Ours brun des Alpes vient jusques-là, ainsi que je l'ai dit dans mon premier volume. La force & la férocité de cet animal sont bien caractérisées par le trait suivant : des hommes ayant enlevé, il y a quelques années, de petits Oursons, pendant l'absence de la femelle, elle devint si furieuse, qu'on la vit grimper sur les plus grands arbres, en casser les branches, tordre & mettre en pieces les jeunes balivaux, forcer une bergerie, détruire le bétail, & laisser par-tout des traces de sa cruauté, & de sa fureur.

Les Chevalets est la partie la plus escarpée de cette montagne. De petits sentiers entourés de précipices conduisent à ce lieu affreux. C'est-là où sont les plus beaux sapins. Il faut les tra-

---

sa crête est divisée par des coupures qui répondent à des vallons extrêmement profonds ; ce qui dénote la fuite des eaux, qui en s'écoulant de ces hauts sommets, ont concouru à former les coteaux attenans.

vailler fur la place pour en rendre le tranfport plus facile, car ils fe brifent & volent
en éclats, fi l'on veut les faire rouler du haut
de la montagne.

L'Obfervateur placé au fommet de Lure,
découvre une immenfité d'objets qui forment
le coup d'œil le plus pitorefque. Les montagnes
du Dauphiné & de la Provence, jufqu'aux côteaux inférieurs de fa partie méridionale, paroiffent liées enfemble. Les neiges couvrent Lure la plus grande partie de l'année. A peine
fondent-elles au mois de Juillet. Les abymes
creufés dans l'intérieur de cette montagne, le
degré d'inclinaifon de fa partie feptentrionale,
la profondeur de la vallée où coule le Jabron,
en abforbant toutes les eaux pluviales, font
les caufes certaines de l'aridité qu'on obferve à
fa bafe méridionale. Il y a en effet quatre abymes fort profonds entre celui de Crüis & celui de Carlet, dans l'epace de trois à quatre
lieues. Ces abymes effrayans, ont, comme l'a
obfervé M. Verdet dans ceux de Carlet & de
Coutelle, des finuofités qu'on ne peut fonder,
& qui répondent à des abymes plus profonds
encore.

Abyme de Crüis.

C'eft une commune opinion parmi le peuple, que l'abyme de Crüis n'a point de fond. Il
eft connu depuis long-temps ; on en raconte
des faits merveilleux & capables d'étonner l'i-
magination. On lit dans l'Hiftoire générale de
Provence, qu'un Prêtre s'y étant fait defcendre, fut tellement frappé de fa profondeur &

des spectres effrayans qu'il crut y voir, qu'il devint fou pour le reste de ses jours.

J'ai prié M. Verdet de visiter lui-même cet abyme; on peut ajouter foi à ses recherches, elles sont d'un vrai Philosophe. Pourvu d'une longue ficelle divisée exactement par toises, d'une petite poulie de fer, d'une balle de plomb du poids de deux livres, attachée au bas de la ficelle, d'une lanterne, & d'un thermomètre, il en a mesuré la profondeur avec toute l'attention dont il est capable. Il eut soin de poser une corde bien tendue au travers de l'abyme, à laquelle il suspendit sa ficelle, dont le plomb descendit avec rapidité jusqu'à 30 toises; mais à la 33e. il sentit la ficelle se relâcher dans sa main; il s'étendit alors sur le bord de l'abyme, là l'oreille attentive, il retira la ficelle de quelques pieds, puis l'abandonnant brusquement, il entendit le plomb frapper un coup sec & distinct; pour plus d'exactitude, il fit tendre la corde en sens différens sur tous les points de l'abyme, le résultat fut toujours le même, le plomb s'arrêta constamment à environ 198 pieds de profondeur perpendiculaire. Il est certain que cet abyme étoit anciennement plus profond, mais que sa profondeur a diminué, par l'immensité de pierres qu'on y a jettées & qu'on y jette encore tous les jours. Voyez ce que j'en ai dit au premier volume, à l'article de la Fontaine de Vaucluse.

Le thermomètre de Réaumur, qui, placé à l'ombre vers le Nord, étoit à 18 degrés d'élévation, plongé à diverses profondeurs de l'abyme, & retiré avec toute la célérité possible, donna les résultats suivans. A 30 pieds, où il fut tenu l'espace d'un quart-d'heure, il étoit à 16 degrés au-deſſus de la congelation; à 60 pieds, il étoit au 11e.; à 100 pieds, au 10e.; tenu enfin à 196 pieds l'eſpace d'une heure, & retiré avec célérité & toutes les précautions poſſibles, il étoit au 8e. degré. Cette tempé-rature eſt un peu au-deſſous de celle des ca-ves de l'Obſervatoire de Paris. On la trouve communément dans les grottes & les cavernes aſſez profondes, à moins que quelques vents particuliers ou des ſels incruſtés contre la pierre ne la changent.

La lanterne deſcendue juſqu'au fond de l'a-byme, où il la tint plus d'une heure, ne s'é-teignit point; ce qui fait préſumer qu'on y reſ-pire le même air que celui de l'atmoſphère: en effet, il n'y eſt jamais mort aucun animal d'aſ-phixie; s'il s'élevoit autrefois quelques vapeurs malfaiſantes du fond de l'abyme, il eſt aſſuré aujourd'hui qu'il ne s'en forme plus, ou du moins qu'elles ne s'élèvent pas bien haut. M. Verdet a répété ces expériences une ſeconde fois dans une autre ſaiſon, & il n'a point trou-vé de variations; il faut donc que la températu-re y ſoit égale en tout temps.

Cet abyme eſt ſitué au pied de la montagne de Lure du côté du Midi, & peu éloigné du Village de Crüis; il eſt creuſé dans le ſein d'un rocher de nature calcaire, dont l'ouverture diſpoſée en glacis, penche vers le Midi; ſa bou-che a environ 100 pieds de circonférence, & ſon plus grand diamètre eſt de 40 pieds. A quelques toiſes de profondeur l'abyme ſe ré-trecit & prend la forme d'une pyramide trian-gulaire renverſée; on voit à ſes extrêmités une large bande de ſpath calcaire de deux ou trois pieds d'épaiffeur , laquelle fe prolonge dans la roche.

Quoique la montagne de Lure foit généralement de nature calcaire , les vallons contiennent cependant des pierres vitrefcibles qui ont été détachées de fes fommets. Les fchiftes argilo - calcaires (a) , qui couvrent la bafe des coteaux inférieurs, rendent les terres très-fertiles. Cette difpofition règne bien au-delà de la Durance ; auffi les récoltes font-elles abondantes dans tous ces environs. L'atmofphère de Lure eft froide en hiver & prefque femblable à celle des Alpes. Il y a de très-belles plantes à l'ombre de fes forêts & dans toutes fes dépendances ; les Amateurs de la Botanique la parcourent avec fruit. Voici l'énumération de la plupart des efpèces que plufieurs y ont ramaffées en divers temps , & de celles que j'y trouvai moi-même en la vifitant du côté de Sifteron & de St. Vincent ; je ne décrirai que les plus remarquables , & celles qui font en ufage en Médecine.

Plantes de la Montagne de Lure claffées felon le fyftême fexuel de Linneus.

CLASSE PREMIERE.

Monandrie.

CLASSE II.

Diandrie.

Liguftrum vulgare (b) , 5 le troëfne , *l'Ooulivier fauvagi. Phillyrea latifolia*, 5 filaris à larges feuil-

---

(a) Les terres marneufes y font également fort abondantes.

(b) Cette marque 5 défigne les arbuftes.

les. Quelques Provençaux le nomment *Gros Daradel.* Voy. Garid.

Veronica officinalis (*b*), 4 la Véronique des boutiques, le Thé d'Europe. Cette plante vivace aime les lieux un peu froids, & se plaît à l'ombre des forêts ; elle naît principalement dans les montagnes sous-alpines, parmi les buissons & les haies ; sa racine est fibreuse & traçante, sa tige, qui a des feuilles opposées, rondes, velues, un peu dentelées, ne s'élève qu'à demi-pied de haut ; ses fleurs sont bleuâtres d'une seule pièce, en rosette avec deux etamines & un pistil qui devient un fruit en forme de cœur séparé en deux loges, où sont renfermées de petites graines noirâtres. La Véronique est d'un grand usage en Médecine ; c'est pour cela qu'on la cultive dans les jardins de Botanique & de Pharmacie, où elle est mise au rang des plantes usuelles. Les Herboristes des grandes Villes vont la chercher sur nos montagnes, & lui donnent le nom de véronique mâle.

L'autre espèce de Véronique, qui n'est qu'une variété de celle-ci, croît sur les montagnes alpines ; j'en parlerai ci-dessous. Elle a les mêmes propriétés & convient très-bien dans les maladies du poumon, telles que l'asthme humide, les catharres, la phitisie, les langueurs, les douleurs d'estomac. Elle est un peu amère, fortifiante, incisive & béchique. Ce n'est pas sans raison qu'on a nommé la Véronique, le Thé de l'Europe. Les habitans des montagnes s'en servent beaucoup. Plusieurs savans Médecins en ont fait un grand éloge dans leurs écrits. Les

---

(*b*) Cette marque 4 désigne les plantes vivaces.

gens de lettres, les personnes de cabinet fatigués de l'étude, retireront plus d'avantages de son infusion théiforme que du café (1) & autres restaurans dont ils usent mal-à-propos dans ces sortes d'occasions. Ils seront plutôt disposés à reprendre leur travail avec gaieté.

Veronica chamedrys. 4

Veronica latifolia. 4

Verbena officinalis 🌼 (*a*), la verveine, *varveino.*

Anthoxanthum odoratum, 4 chiendent des prés à épis jaunâtres.

Salvia pratensis, orvale des prés, *bouen-homé.*

C L A S S E III.

Triandrie.

Valeriana officinalis, 4 la valériane sauvage des montagnes (*b*). Cette plante s'élève fort haut, aime l'ombre & les endroits humides. Sa racine est aromatique, céphalique & antispasmodique ; on la donne aux enfans pour l'é-

---

(1) Baglivi, Médecin Romain, donnoit pour conseil aux gens de lettres d'user quelquefois du café, pour rétablir leurs forces languissantes & avoir plus d'aptitude au travail. *Nil magis exhilarat quàm potus cofee.* Il ne connoissoit pas encore assez les effets nuisibles de cette féve arabique & les propriétés salutaires de la Véronique.

(*a*) Cette marque 🌼 signifie que la plante est annuelle.

(*b*) On cultive dans les jardins la Valériane *phu*, qui nous vient des Provinces septentrionales de France, & dont la vertu n'est pas moins efficace contre l'épilepsie & les maladies nerveuses.

pilepfie, qu'elle guérit très-fouvent. J'ai été témoin plufieurs fois de fes bons fuccès.

Valeriana faxatilis, 4 valériane inodore des
Alpes.

Phleum pratenfe, 4 chiendent des prés en forme de maffe.

Phleum nodofum, 4 chiendent en maffe & à
nœud.

Alopecurus paniceus, ☸ petit chiendent à épis
longs.

Milium lendigerum, ☸ chiendent champêtre
& tardif à pannicule pyramidale.

Melica cœrulea, 4 chiendent des bois, en ro-
feaux, fans nœuds.

Aira caryophyllea, ☸ petit œillet des champs.

Poa pratenfis, 4 poherbe des prés.

Poa annua, 4 poherbe annuelle.

Poa bulbofa, 4 poherbe des champs, à pannicule crêpue.

Briza minor, ☸ chiendent tremblant.

Cynofurus criftatus, 4 chiendent à crête de
coq.

Cynofurus echinatus, 4 chiendent à épi hé-
riflé.

Feftuca ovina, 4 fétuque des brebis.

Bromus fecalinus, ☸ fétuque à chiendent &
à baffe tige hériffée.

Bromus fterilis, avoine ftérile.

Avena elatior, 4 efpèce d'avoine fort haute.

Avena fatua, ☸ fauffe avoine, *civado fero*.

Lolium perenne, 4 l'ivraie perennel.

Lolium temulentum, 4 ivraie à long épi.

Triticum repens, 4 chiendent vulgaire, dont
on fe fert communément à Paris, *gramé*.

Hordeum murinum, ☸ orge de muraille.

La famille des plantes graminées eſt fort étendue : Linneus y a répandu plus d'ordre que n'a-
voit fait Tournefort ; il a diſtingué celles qui
n'ont que deux etamines, d'avec celles qui en
ont trois , & rangé dans une claſſe différente
les gramens qui ont leurs etamines & leurs piſtils ſur différens pieds. On fera des progrès
beaucoup plus rapides dans la Botanique en
ſuivant ſon ſyſtême. Les eſpèces multipliées des
plantes graminées , forment par-tout de très-bons
pâturages , gazonnent les prairies & alimentent
les beſtiaux. Les plantes céréales & fromenta-
cées ſont compriſes dans cet ordre. Toutes les
graines des plantes graminées ſont plus ou moins
farineuſes ; elles ſervent de nourriture à l'homme , & ont ſans doute multiplié par la culture.

C L A S S E I V.

Tetrandria.

Globularia vulgaris , 4 la globulaire commune.
Globularia cordifolia. 4 Cette eſpèce vient prin-
cipalement ſur les montagnes.
Scabioſa arvenſis , 4 la ſcabieuſe, *la ſcabiouſo.*
Aſperula odorata , 4 aparinette des bois.
Aſperula cynanchica , 4 caille-lait des monta-
gnes à larges feuilles.
Galium verum , 4 caille-lait jaune.
Galium mollugo , 4 caille-lait blanc à larges
feuille. Le ſuc du caille-lait jaune eſt un très-
bon antiépileptique ; il eſt également antiſpaſmo-
dique. On peut le donner à petites doſes dans
les convulſions des enfans.
Plantago major, 4 le plantain , *lou plantagi.*
Plantago media , 4 le plantain moyen.

Plantago lanceolata, 4 plantain à feuilles lan=
ceolées.

Plantago cynops. 5 Cette espèce vient prin=
cipalement en Provence.

Cornus sanguinea, 5 le sanguin, petit arbus=
te qui croît dans les haies, & dont on fait des
allées & des labyrinthes. Son fruit est astringent.

Alchemilla vulgaris, 4 le pied de lion. Cette
plante est originaire de nos montagnes sous-alpines ; elle aime les prairies, les lieux bas &
humides, & l'ombre des forêts. Sa racine est
brune, noirâtre, de la grosseur du petit doigt.
Elle pousse une tige élevée d'environ un pied,
avec quantité de feuilles attachées à un long
pédicule, velues, dentelées avec des nervures
qui les font ressembler aux feuilles des plantes
malvacées.

Les fleurs sont au haut de la tige, en bouquets, contenues dans un calice monophylle,
divisé en huit parties, sans corolle, avec quatre etamines & un pistil, auquel succèdent des
semences menues, luisantes, jaunâtres & ar=
rondies. Toute la plante est regardée comme un
bon vulnéraire astringent, elle est également détersive & consolidante ; elle fait des merveil-
les dans les crachemens de sang, l'ulcère du
poumon, & dans les dyssenteries. Elle entre
dans le faltrank, ou vulnéraires de Suisse.

Alchemilla pentaphyllea, 4

Bufonio tenuifolia, 4 turquette à petites feuilles de chiendent.

Cuscuta epithymum, ⊛ la cuscute, plante
parasite qui vient sur le thym, *rasquo*.

Ilex aquifolium, 5 le grand houx, *agarrus*.

CLASSE V.

Pentandrie.

Myofotis fcorpioides , 🌸 vipérine en forme de fcorpion.

Anchufa officinalis , 4 l'orcanette. J'ai parlé de cette plante dans le premier volume, à l'article de la buglofe, *bouragi fer.*

Cynogloffum officinale , 🌸 la cynogloffe , la langue de chien.

L'herbo de Noueftro Damo. Cette plante eft affoupiffante.

Lycopfis arvenfis , 🌸 petite buglofe fauvage.

Echium vulgare (*l*) , ¶ la vipérine.

Primulaveris officinalis , 4 la primevère , l'herbe à la paralyfie , *pan de couguou.* Cette plante produit quelques variétés dans fes efpèces, qui font à fleurs doubles & à fleurs fimples. Elle fleurit au commencement du printemps, ce qui lui a fait donner fon nom. Elle fert autant à l'ornement des jardins & des parterres , qu'elle eft utile en Médecine. On fe fert de fon eau diftilée & de la conferve pour l'apoplexie & la paralyfie ; elle eft auffi anodine & calmante , appaife la migraine , les vapeurs & les vertiges. Le fuc de fes fleurs eft un cofmétique , & enleve les taches du vifage.

Campanula rotundifolia , 4 la petite campanule à feuilles rondes.

Campanula rapunculus , ¶ la raiponfe , *lou rampouchou.* Le peuple la mange en falade quand elle eft tendre.

(*l*) Ce figne ¶ apprend que la plante eft bifannuelle.

Campanula persicifolia, ✿ raiponse à feuilles de pêcher.

Campanula trachelium, 4 campanule commune à feuilles d'orties.

Campanula speculum, ✿ miroir de Vénus.

Campanula erinus, ✿ petite raiponse à feuilles découpées.

Phyteuma orbicularis, 4 espèce de raiponse.

Phyteuma spicata, raiponse à épi.

Lonicera caprifolium, 5 le chêvre-feuille, *la maire siouvo.*

Lonicera periclymenum, 5 chêvre-feuille imperforée.

Lonicera xylosteum, 5

Lonicera alpigena, 5 faux cérisier des Alpes à fruit rouge.

Chamæcerasus.

Coris monspeliensis, ✿ consoude des rochers. Cette plante est fort commune dans la partie méridionale de la Provence ; Linneus la regarde comme incisive & antivénérienne.

Verbascum thapsus, ¶ molêne, bouillon blanc. Ce sont les fleurs de cette espèce qui servent en Médecine, elles sont, de même que les feuilles, anodines, adoucissantes & vulnéraires ; on les donne avec succès dans les maladies de poitrine, pour la toux, le crachement de sang, les douleurs de ventre. Leur décoction avec le lait, appliquée en lavement ou en fomentations sur le ventre, appaise les douleurs des hémorrhoïdes & le tenesme qui succède à la dyssenterie ; on se sert également des deux autres espèces qui se trouvent aux montagnes sous-alpines.

Verbascum lychnitis, ¶ bouillon blanc à petites fleurs, à feuilles étroites.

Verbascum

Verbafcum nigrum, 4 bouillon noir, à fleurs d'un jaune pourpre.

Verbafcum blattaria, ⊛ la blattaire, ou herbes aux mittes.

Atropa bella dona 4. Cette plante eft connue par fes baies ou fon fruit qui reffemble à une petite cérife noire, d'où les anciens Botaniftes la nomment *Solanum melanocérafos*, les Italiens, *Bella dona* (a), parce qu'on prétend que les femmes en compofent une efpèce de fard, dont elles fe fervent pour adoucir & luftrer la peau du vifage. Elle ne vient gueres que dans deux ou trois endroits de la Provence, & je ne l'ai trouvée qu'aux montagnes de Lure & de la Ste. Beaume. C'eft un poifon affoupiffant qu'il faut bien fe garder de donner intérieurement. Ses baies ont été funeftes à des enfans qui en avoient mangé. On a dans ce fiècle cherché des remèdes dans les poifons donnés à petites dofes, pour triompher des maladies les plus rebelles aux fecours ordinaires de l'art. Cette tentative, un peu téméraire, a quelquefois réuffi. On la donne intérieurement pour s'oppofer aux progrès du cancer, & guérir les tumeurs fquirreufes. J'ai été le premier qui l'ai prefcrite en Provence pour une tumeur fquirreufe, où elle me réuffit complettement. M. Lambergen, Médecin à Hanovre, m'en avoit donné l'exemple; depuis lors je m'en fuis fervi encore pour les mêmes maladies, mais fans fuccès. Ceux qui font curieux de pareilles obfervations, peuvent lire ce qu'on a écrit fur cette plante, en Allemagne, en Angleterre, & en France. Il y a du danger à la donner intérieu-

_____

(a) Belle Dame, Bouton noir, (Flore françoife.)

rement, mais on ne doit pas la profcrire du
nombre des fecours externes confacrés à ces
fortes de maux. Sa vertu narcotique qui eft
toujours la même à la plus petite dofe, adoucit l'humeur cancéreufe (1) & les horribles
douleurs qu'elle caufe.

Rhamnus catharticus, 4 le nerprun. Cet arbufte fe trouve encore dans les montagnes fous-
alpines. Ses baies rondes, noirâtres, font pur-
gatives, & hydragogues. Les Payfans de ces
contrées fe purgent tout fimplement en prenant
les baies en poudre dans un bouillon ; on en
prépare un firop qui eft fort en ufage pour éva-
cuer les férofités.

Rhamnus frangula, aulne noir.

Thefium linophyllum, linaire des montagnes à fleurs blanches.

Thefium alpinum.

Afclepias vincetoxicum, 4 dompte venin, re-
viromenu.

Herniaria glabra, la turquette, ou her-
niole. *Blanquetto*, elle eft diurétique, incifive, &
apéritive.

Chenopodium, *bonus henricus*, 4 le bon henri
ou épinar fauvage.

Gentiana lutea, 4 la grande gentiane à fleurs
jaunes eft originaire des montagnes. Elle aime
les lieux bas, humides, & fur-tout l'ombre
des forêts. Elle ne vient point dans nos jardins,
l'atmofphère y eft trop fèche & trop chaude
pour cette plante. Sa racine eft un bon amer,

(1) L'ufage extérieur de l'Alkali volatil fluor contre
les tumeurs cancéreufes fembloit nous promettre dans
ces derniers temps les plus grands fuccès. Je viens
d'apprendre qu'il n'a pas réuffi dans les expériences
ultérieures.

un fébrifuge ftomachique & un excellent vermifuge. Linneus a rangé la petite centaurée &
quelques autres efpèces parmi les gentianes.

Gentiana pneumonanthe, 4 la grande gentiane d'automne.

Gentiana centaurium, ⊛ la petite centaurée.

Aftrantia minor, 4 petite hellebore à feuilles de fanicle.

Buplevrum rotundifolium, ⊛ la perce-feuille
champêtre.

Daucus muricatus, ⊛ caucalis hériffonné,
gros grappouns. Cette plante à fes femences hé-
riffées de piquants, qui s'attachent aux habits.

Conium maculatum, ⚍ la ciguë, *la balandino*,
juver fer; l'odeur de cette plante indique qu'elle eft vénéneufe. On donnoit anciennement à
Athènes fon fuc aux criminels condamnés à
mort; tout le monde fait que Socrate, victime
de la jaloufie de fes compatriotes, mourut de
ce poifon (*). On avoit toujours redouté cette plante; mais dans le dix-huitième fiècle, les
Médecins plus hardis que les anciens l'ont or-
donnée dans plufieurs maladies. Je ne difcuterai
point fi la ciguë eft un vrai poifon ou non;
cette queftion me meneroit trop loin; il paroît que les Payfans de nos montagnes où elle
croît ordinairement, ne la regardent que comme enivrante, & capable de caufer un délire accompagné de cris tumultueux & de dan-

(*) Les Auteurs font partagés fur l'efpèce de
Ciguë dont il s'agit. Le plus grand nombre préfume
que c'étoit l'*Ænanthe crocata*, d'autres le *Phellandrium
aquaticum*, d'autres enfin la *Cicuta virofa*. Ces trois
efpèces de Ciguë font bien plus dangereufes que le
Conium maculatum, & il eft à préfumer qu'on a dû
choifir le poifon le plus fûr.

fes. C'eft ainfi que Simon Pauli, & Geoffroy après lui, attribuent à la vapeur de la femence de jufquiame, la propriété de produire un délire turbulent & querelleur, fuivi de cris & de contorfions rifibles. Des perfonnes qui ont mangé imprudemment de la racine de ciguë pour celle de perfil, ont été prifes de délire & ont danfé toute la nuit.

D'après cette propriété de la ciguë, nos Montagnards la nomment *balandino* & *juver fer*, ou perfil fauvage, à caufe de la reffemblance que fes feuilles ont avec cette plante, ce qui a trompé quelquefois ces bonnes gens. On voit par-là que la ciguë prife à des dofes, même un peu fortes, n'eft point un poifon. Il falloit que les Athéniens joigniffent quelqu'autre fubftance vénéneufe à fon fuc, pour qu'il caufât fi promptement la mort aux criminels. Les Habitans des montagnes mangent, fans aucun accident fâcheux, les feuilles tendres de la ciguë mêlées avec d'autres herbes. On donne depuis quelques années l'extrait de ciguë aux malades atteints de tumeurs fquirreufes & même de cancer, en commençant par de très-petites dofes. Les Médecins Allemands prétendent avoir guéri beaucoup de ces maladies. Les Médecins François n'ont pas été fi heureux, & leur expérience fait foi que la ciguë n'a pas autant de vertu qu'on lui attribue en Allemagne; les Praticiens éclairés l'ont réduite à fa jufte valeur. En fuivant de pareils guides, on ne peut pas s'égarer (a).

La ciguë eft une plante dont la fleur eft en ombelle ou en parafol, formant une rofette à

(a) J'apprends qu'elle a eu auffi peu de fuccès en Allemagne qu'en France. Nous en auroit-on impofé?

cinq pétales ; on y diſtingue cinq petites etamines & deux piſtils qui deviennent un fruit ſtrié,
diviſé en deux ſemences convexes, cannelées
d'un côté & applaties de l'autre ; les Botaniſtes
diſtinguent ces plantes par l'enveloppe univer-
ſelle qui embraſſe l'ombelle générale, & par
l'enveloppe partielle ou petite enveloppe, qui
embraſſe les ombelles particulières. Ces enveloppes qui ſont des eſpèces de bractées, ſervent
de caractères diſtinctifs pour pluſieurs genres de
cette famille ; les feuilles de la ciguë ſont ample-
xicaules, ailées dans chacune de leurs diviſions,
très-multipliées, d'une couleur de vert foncé.
On ne ſe ſert gueres que du ſuc de cette plante.

Athamanta cretenſis, 4 carote des montagnes
à petites feuilles.

Laſerpitium latifolium 4.

Laſerpitium trilobum 4.

Laſerpitium gallicum, 4 plante férulacée ombellifere, qui n'eſt gueres d'uſage, malgré les
grandes propriétés que Garidel attribue à ſa racine, d'après les anciens.

Heracleum panax, ♀ ſphondile des Alpes,
plante ombellifere qui croît communément aux
montagnes.

Angelica Archangelica, ♀ l'angélique ; on a
donné ce nom à cette plante à cauſe de ſes vertus. Elle eſt commune ſur nos montagnes alpines & ſous-alpines, où les Herboriſtes vont
en cueillir les racines pour les vendre dans les
principales Villes de la Provence. Sa racine eſt
noire, ridée, d'une odeur aromatique & ſuave,
& d'un goût âcre & piquant : ſa fleur eſt en
ombelle, avec cinq etamines & deux piſtils,
auxquels ſuccèdent des fruits contenant de petites graines. Ses feuilles reſſemblent à celles de

l'ache des marais. On confit au fucre les côtes
& les racines d'angélique. Elle eft regardée
comme ftomachique, cordiale, vulnéraire ; c'eft
un très-bon préfervatif contre les maladies con-
tagieufes que la racine d'angélique, macerée
dans du vinaigre ; on la flaire de temps en
temps, ou bien on en mâche quelque morceau, pour fe garantir du venin de la pefte.
Le fameux Annibal de Marfeille, qui a vécu cent
vingt ans, mâchoit continuellement de la racine
d'angélique.

Ligufticum levifticum. Cette plante approche
beaucoup de l'angélique par fes propriétés. Tournefort en avoit fait une efpèce d'angélique, &
Linneus l'a claffée parmi les *Ligufticum*, ache
des montagnes. Elle eft ombellifere, fa racine
eft carminative & ftomachique.

Pimpinella faxifraga, 4 grande faxifrage.

Viburnum lantana, 5 la viorne, *valinié*, arbriffeau des montagnes.

Sambucus ebulus, 4 l'yeble ; le vulgaire l'ap-
pelle *faupuden*, *picho fambéquier*. Ses propriétés
fe rapprochent de celles du fureau dont il forme une efpèce.

Alfine media, ✹ morgeline, *paparudo.*

Alfine fegetalis, ✹ morgeline des bleds.

Statice armeria, 4 la ftatice.

CLASSE VI.

Hexandrie.

Narciffus poeticus, 4 le narciffe blanc, la
jufiouvo.

Aphyllanthes monfpelienfis, 4 afillante, *dra-
goun.*

Allium rotundum, 4 ail sauvage, *aillet fer.*

Allium roseum, 4 ail sauvage à fleurs en rose.

Tulipa sylvestris, 4 tulipe sauvage.

Ornithogalum umbellatum, 4 ornithogale à fleurs en bouquet.

Asphodelus ramosus, 4 asphodele blanc, *pour-raquo.*

Anthericum liliago, 4 espèce de lis des montagnes qui leve tard.

Convallaria verticillata, 4 le sceau de Salomon. J'en ai parlé dans le premier volume.

Hyacinthus comosus, 4 jacinthe à queue, *gros barralets.*

Juncus pilosus, 4 jonc à poils.

Juncus niveus, 4 jonc à fleurs blanches.

Colchicum autumnale, 4 colchique, *bramova-quo.* Cette plante liliacée naît dans toutes les prairies de nos montagnes sous-alpines. Elle fleurit vers la fin de Septembre & annonce l'approche des frimats. Sa fleur disparoît bientôt & se change en une capsule divisée en trois lobes, contenant des semences ridées, qui ne paroissent qu'au printemps. La racine du colchique est bulbeuse, couverte de pellicules noirâtres, & remplies d'un suc laiteux. Les anciens l'ont regardée comme un poison, sur-tout pour les animaux, c'est ce qui l'a faite nommer *tue-chien.* Elle ne seroit pas moins funeste à l'homme, s'il osoit en faire usage sans correctif. On peut voir ce que Garidel a dit de sa fleur. M. Stork qui a cherché des remèdes dans les poisons, regarde la racine du colchique comme un grand diurétique capable de guérir les hydropisies ; il en prépare un oximel qu'il emploie à cet usage. Je ne crois pas qu'on fe foit encore fervi de ce remède en Provence, où le colchique eſt beaucoup plus âcre que celui de l'Autriche, s'il faut en juger par l'effet que produiſirent, au récit de Garidel, ſes fleurs, données à petite doſe à un Payſan pour combattre ſa fièvre. On doit préférer des remèdes autoriſés par l'expérience, à des eſſais qui peuvent avoir des ſuites dangereuſes.

C L A S S E VII.

Heptandrie.

C L A S S E VIII.

Octandrie.

Epilobium montanum, 4 grande lyſimachie à ſiliques.

Erica vulgaris, 5 la bruyere, *lou brugas*.

Daphné mezereum, 5 eſpèce de garou, dangereux & cauſtique. Ses feuilles tombent facilement pour peu qu'on y touche.

Daphné laureola, 5 la lauréole. Les Payſans nomment ce ſous-arbuſte, dans quelques lieux de la Provence, *l'herbo d'uba*, parce qu'elle croît aux endroits au Nord & ombragés. Ils ſe purgent dans les fièvres quartes, en prenant ſes feuilles réduites en poudre, qui les évacuent par haut & par bas ; mais ce remède eſt trop dangereux, pour le preſcrire, il cauſe ſouvent des ſuperpurgations que le lait arrête.

Paris quadrifolia, 4 le raiſin de renard, eſpèce de *ſolanum*, ſelon Bauhin, plante ſuſpecte.

CLASSE IX.

Ennéandrie.

CLASSE X.

Décandrie.

Pyrola secunda, 4 la petite pyrole. Cette plante aime les régions froides & ne vient communément qu'à l'ombre des bois. Ses fleurs sont disposées en rose & blanchâtres, avec dix etamines, un pistil, auquel succède un fruit arrondi, divisé en cinq loges qui renferment des semences rousseâtres ; sa tige s'élève d'un pied, ses feuilles sont lisses, vertes, rondes, attachées à un long pédicule, au nombre de cinq ou six au pied de la tige. La pyrole est vulnéraire, astringente. Elle convient très-bien dans les crachemens de sang & dans les pertes en rouge & en blanc. C'est un des meilleurs vulnéraires de Suisse. On l'élève difficilement dans nos jardins.

Saxifraga cotyledon, 4 saxifrage à longues feuilles en forme de scie.

Saxifraga cuneifolia, 4 espèce de *sedum*.

Saxifraga hirsuta, 4 saxifrage velue, petite sanicle. La saxifrage se divise en plusieurs espèces, dont quelques-unes sont d'usage en Médecine, comme apéritives, incisives, & désobstruantes.

Saxifraga granulata, 4 saxifrage blanche.

Saxifraga hypnoides, 4 petite saxifrage à feuilles découpées.

Saponaria officinalis, 4 la faponaire ou faveniere, ainfi nommée parce que fon fuc enlève les taches des habits. C'eft un lychnis qui aime le bord des ruiffeaux, l'ombre, & les endroits fablonneux. Toute la plante paffe pour être déterfive, apéritive & fondante. La combinaifon intime de fon fuc mucilagineux avec fon fel effentiel, produit un favon végétal qui guérit également les dartres & la galle. Son extrait eft fort en ufage en Médecine.

Dianthus prolifer, 4 œillet fauvage.

Dianthus coronaris 4.

Cucubalus behen, 4 le behen blanc.

Silene mutans, lychnis véficulaire à petites fleurs.

Stellaria nemorum, 4 morgeline des Alpes.

Arenaria ferpyllifolia, ☺ alfine à feuilles de ferpolet.

Arenaria faxatilis, 4 efpèce d'alfine.

Sedum ftellatum, 4 fedum étoilé.

Sedum album, 4 petit fédon à feuilles cylindriques.

Cerastium fuffruticofum, 5 myofote à feuilles menues.

CLASSE XI.

Dodecandrie.

Lythrum falicaria, 4 la falicaire.

Agrimonia eupatoria, 4 l'agrimoine, *la four-beïretto.* Elle eft défobftruante & ftomachique, propre pour les maladies du foie.

Euphorbia ferrata, 4 tithymale à feuilles en fcie, *la choufclo.*

Euphorbia fylvatica, tithymale des bois. Ces plantes font dangereufes & cauftiques.

Sempervivum tectorum , la grande joubarbe. Cette plante eft rafraîchiffante. On compofe un cofmétique de fon fuc. Les femmes s'en fervent pour enlever le hâle & les taches de la peau.

CLASSE XII.

Icofandrie.

Mefpilus amelanchier , 5 l'amélanchier ; joli arbriffeau à feuilles blanches & cotonneufes, d'un verd clair. Il aime les montagnes & les lieux froids. Son fruit eft un peu doux & ftyptique ; les enfans l'aiment beaucoup.

Spiræa aruncus , 5 cette fpirée s'élève à la hauteur de trois pieds. Elle a fes feuilles découpées & d'un beau verd ; fa fructification eft la même que celle de la reine des prés *ulmaria*. On l'élève difficilement dans nos jardins , tandis que celle-ci profpère à vue d'œil.

Spiræa filipendula , 4 la filipendule fert beaucoup en Médecine , comme étant incifive & diurétique.

Rofa alpina , 5 rofier fauvage des Alpes.

Rofa canina , 5 l'églantier , *lou grato cuou.*

Rubus idæus , 5 le framboifier.

Rubus cæfius , 5 petite ronce à fleurs bleuâtres.

Rubus fruticofus , 5 la ronce , *la roumi.*

Fragaria vefca , 4 le fraifier fauvage.

Potentilla argentea , 4 l'argentine.

Potentilla verna , 4 quinte-feuille de printemps, *la fraguo.*

Potentilla reptans , 4 la grande quinte-feuille

rampante. Ces plantes font vulnéraires, fébrifuges & aftringentes.

Geum urbanum, 4 efpèce de benoite.

Geum montanum, benoite des montagnes. Ces plantes font de bons vulnéraires, ftomachiques, & fébrifuges, fur-tout la première.

CLASSE XIII.

Polyandrie.

Actea fpicata, 4 l'herbe de St. Criftophle.

Tilia europea, 5 le tilleul, *lou tillot*. Ses fleurs font d'ufage en Médecine; on en tire une eau diftillée qu'on donne dans les maladies des nerfs. Elles font céphaliques & cardiaques.

Ciftus ferpyllifolius, 4 cifte rampant à fleur ɟaune & à feuilles de ferpolet.

Ciftus helianthemum, 4 fleur du foleil.

Aconitum napellus, 4 aconit à fleurs bleues, le napel, *eftranglo loup*. Les anciens avoient donné le nom de napel à cette plante, & regardoient fa racine comme un poifon coagulant; Linneus trouva une femme, en herborifant fur les montagnes de la Laponie, qui ramaffoit les feuilles tendres de l'aconit, pour en préparer un mets à fa famille. Elle fe mit à rire lorfqu'il voulut la diffuader d'en manger. M. Stork a employé contre les vieilles douleurs rhumatifmales, l'extrait de toute cette plante; je ne confeille pourtant pas de s'y fier. L'aconit eft plutôt un poifon âcre que coagulant; les vomitifs & le vinaigre en font les antidotes. J'en parlerai plus au long à l'article de *l'Arche*, où fe trouve l'*aconitum antho-*

ra, que tous les gens du pays regardent comme le contrepoifon du *thora* (1).

Aquilegia alpina, 4 l'ancholie, *la galantino*.
Voyez le premier volume.

Anemone fylveftris, 4 l'anemone fauvage, *l'a-
nemouno fauvagi*.

Clematis vitalba, 4 clématite à large feuille, *entrevadis* (*).

Helleborus fætidus, 4 l'hellebore puant, ou
pied de griffon, plante âcre & cauftique, dont
on ne fe fert extérieurement que pour les beftiaux.

CLASSE XIV.

Didynamiè.

Ajuga reptans, 4 la bugle, plante vulnéraire.

---

(1) Voyez ci-deffous l'article de Faichau, Diocèfe
de Gap.

(*) La Société Royale de Médecine annonce que
la racine de la clématite doit guérir la galle, étant
préparée de la même manière que M. Sumeire a employé la dentelaire, qui confifte à piler dans un
mortier de marbre deux ou trois poignées de fa racine, à y verfer enfuite une livre d'huile d'olive bouillante, à les agiter enfemble pendant quelques minutes.
Cela fait, on paffe le tout à travers un linge,
ayant foin d'exprimer un peu fortement la racine.
Il faut faire un nouet d'une partie de ce qui refte
fur le linge pour en remuer l'huile bien chaude lorfqu'on veut s'en frotter. J'ai parlé dans mon premier
volume du Mémoire de M. Sumeire que la Société de
Médecine a couronné, & dont on lit l'extrait avec
plaifir dans le troifième volume de la Société Royale,
page 164. L'expérience a déja confirmé la propriété de
la racine du *clematis vitalba*, avec laquelle M. Vicary,
Médecin à Avignon, a guéri auffi promptement la
galle, que plufieurs perfonnes le font depuis long-temps
en Provence avec celle de la dentelaire.

Teucrium chamædris, 4 la germandrée, ou petit chêne, *la calamandrino*, plante ſtomachique, fébrifuge & amère.

Teucrium lucidum, la grande germandrée des Alpes; elle a la même vertu que la précédente. Voy. Linn. ſp. pl. 790.

Teucrium polium, 4 le polium des montagnes à fleurs jaunes.

Nepeta cataria, 4 la petite cataire, *l'herbo deis cats*. Voyez le premier volume, article Mont-Ventoux.

Lavandula ſpica, 4 la lavande, plante aromatique dont je parlerai plus bas.

Sideritis hirſuta, 4 la crapaudine, *bouene bruiſſo*.

Lanium album, 4 ortie blanche, plante aſtringente.

Betonica officinalis, 4 la betoine.

Betonica alopecuros, 4 la betoine des montagnes à fleurs jaunes.

Ballota nigra, 4 le marrube noir puant.

Marrubium vulgare, 4 le marrube blanc, *bouen riblé*, plante inciſive & ſtomachique.

Origanum vulgare, 4 l'origan, *majurano ferò*, plante carminative & ſtomachique.

Thymus ſerpyllum, 4 le ſerpolet, *ſarpoulé*.

Thymus vulgaris, 4 le thim, *la faligoulo*. On diſtingue le ſerpolet du thim, en ce que ſes tiges ne ſont point ligneuſes, mais entiérement herbacées; on retire de ces plantes par la diſtillation, une huile eſſentielle, aromatique. Elles donnent un goût excellent à la chair du bétail, qui les broute avec plaiſir.

Meliſſa grandiflora, 4 la meliſſe des montagnes.

Meliſſa calamintha, 4 le calament des montagnes.

Meliſſa nepeta, 4 calament à odeur de pouliot, *la manugueto*, plante aromatique & céphalique.

Melitis meliſſophyllum, lamier des montagnes à feuilles de meliſſe.

Scutellaria alpina 4.

Prunella vulgaris, 4 la brunelle.

Prunella grandiflora 4.

Prunella hyſſopifolia. 4 Ces plantes ſont regardées comme vulnéraires, aſtringentes.

Rhinanthus criſtagalli, ✹ la crête de coq, l'*ardeno*. Cette pédiculaire vient communément dans les champs à bled au pays des montagnes; ſa racine qui s'étend de tous côtés nuit extrêmement aux bleds, empêche leur grain de germer ou en étouffe les tiges en les ſerrant trop. On voit des touffes de pédiculaires, parmi leſquelles il ne vient aucune plante de bled, quoiqu'elles ne levent que long-temps après les ſemailles. Les cultivateurs ſe plaignent de cet inconvénient, & demandent quel remède on pourroit employer pour détruire l'*ardeno*. Il n'y en a pas de meilleur, à mon avis, que celui d'arracher cette plante en ſarclant les bleds, & de la brûler à la tête des champs, pour la détruire entiérement, comme on le fait des chiendens, *gramen caninum*, dont les racines traçantes étouffent le bon grain.

Euphraſia officinalis, 4 l'euphraiſe. Cette plante eſt commune aux montagnes, & dans les lieux bas un peu froids, dans les prairies & le long des vallons. Elle s'élève à un pied de haut, ſes fleurs ſont blanches, labiées, contenant quatre etamines, dont deux ſont plus baſſes, & un piſtil auquel ſuccèdent quatre petites graines noirâtres. Elle vient difficilement dans nos jardins. L'euphraiſe a été regardée de tout temps comme un bon ophthalmique. Son ſuc pris intérieurement avec la poudre de cloportes, fortifie la vue dans l'âge avancé , il la rétablit même dans certaines occaſions. Il eſt céphalique & nervin. Les anciens faiſoient uſage du vin d'euphraiſe , que nos Apothicaires ne préparent plus ; cependant on a exagéré un peu trop ſes vertus.

Pedicularis ſylvatica , 4 la pédiculaire.

Scrophularia nodoſa , 4 la ſcrophulaire.

Scrophularia canina , 4 rhue de chien.

⎱ Ces plantes ſont amères , ſtomachiques & déterſives.

Digitalis lutea , 4 la grande digitale.

Orobanche major , 4 la grande orobanche.

Orobanche ramoſa , 4 orobanche rameuſe.

CLASSE XV.

Tetradinamie.

Thlaſpi montanum , thlaſpi des Alpes à feuilles de marguerite.

Alyſſum montanum , 5 alyſſon des montagnes ; cet arbuſte diffère de l'alyſſon maritime , dont j'ai parlé , en ce qu'il s'élève plus haut , & que ſa tige eſt ligneuſe.

Biſcutella auriculata , eſpèce de thlaſpi à feuilles découpées.

Dentaria pentaphyllos , 4 la dentaire ; jolie plante gravée dans Garidel, ainſi que *la dentaria heptaphyllos*. Ces plantes ſont communes

aux

aux montagnes; elles font déterfives & antifcorbutiques.

Eryfimum officinale, ⊛ le velar ou l'herbe
aux chantres. Toute la plante eft utile en Médecine. La racine eft apéritive, les feuilles font
diurétiques & antifcorbutiques. On compofe un
firop de fon fuc, que l'on donne dans l'enroue-
ment, dans les catharres pituiteux, dans l'afthme
humide, & dans tous les cas où il faut débar-
raffer le poumon des glaires & des vifcofités
qui l'obftruent.

Eryfimum barbarea, 4 l'herbe de Ste. Barbe,
efpèce de roquete à fleurs jaunes.

Cheiranthus eryfimoides, ♀ violier fauvage à
feuilles étroites.

Arabis thaliana, ⊛ efpèce de bourfe à berger.

Arabis turrita, ⊛ chou fauvage à filiques
flottantes.

Turritis hirfuta, ⊛ territis velu.

CLASSE XVI.

Monadelphie.

Geranium robertianum, ♀ bec de grue, herbe à robert.

Geranium molle, ⊛ petit bec de grue à grandes fleurs.

Geranium fanguineum, 4 bec de grue à fleurs
purpurines.

Malva fylveftris, 4 mauve fauvage à feuilles
découpées.

CLASSE XVII.

Diadelphie.

Polygala vulgaris, 4 polygala commun. Cet

te plante eſt très-utile en Médecine ; on la donne depuis peu en décoction dans les pleuréſie; elle eſt diaphorétique , & attenue les humeurs viſqueuſes de la poitrine. Geoffroy a été le premier à l'employer ; nos Payſans commencent à connoître ſa vertu , & s'en ſervent dans les rhumes & les douleurs de côté.

Geniſta piloſa , 5 genêt rameux.

Geniſta tinctoria , 5 genêt des teinturiers , geniſtrolo (*).

Ononis arvenſis , 4 l'arrête-bœuf, l'*agoun*.

Ononis natrix , 5 arrête-bœuf à fleurs jaunes & ſans épines.

Anthyllis vulneraria , 4 la vulnéraire ruſtique.

Anthyllis montana , 4 eſpèce d'aſtragale.

Orobus luteus , 4 orobe des Alpes.

Lathyrus latifolius , 4 la geſſe à larges feuilles.

Vicia peregrina , ⊕ la veſſe.

Cytiſus laburnum , 5 le faux ébenier des Alpes. Ses fleurs ſont jaunes & panachées, ſes feuilles d'un vert blanchâtre & cotonneux. On en plante dans nos jardins où il vient très-bien. Il fournit un bois veiné qui peut ſervir à la marqueterie.

Cytiſus ſeſſilifolius , 5 cytiſe à larges ſiliques.

Coronilla emerus , 5 coronille à grandes ſiliques.

Coronilla valentina , 5 coronille à petites ſiliques.

(*) *Geniſta Hiſpanica* , Linn. *Geniſtella Mont-Ventoſi ſpinoſa* , Bauh. Cette plante eſt fort commune depuis Lure juſqu'à nos coteaux inférieurs d'Aix & de Marſeille.

Coronilla varia, 5 coronille à fleurs pana-chées.

Ornithopus scorpioides, 🦂 scorpioide à feuil-les de pourpier, *amarun.*

Hedysarum caput galli, 🦂 sainfoin à fruit hé-rissé, plante naturelle au pays.

Trifolium melilotus officinalis, 🦂 les feuilles & les fleurs du mélilot sont émollientes, car-minatives & résolutives.

Trifolium pratense, 4 la trefle des prés, *lou treoulé.*

Trifolium repens, 4 trefle rampant.

Trifolium alpinum, 4 le trefle des Alpes.

Trifolium angustifolium, 🦂 trefle à feuilles étroites. Les trefles, les luzernes, les sainfoins, font la base des prairies artificielles, & forment de bons pâturages.

Lotus hirsutus, 4 le lotier velu.

Lotus corniculatus, 4 lotier à siliques recour-bées.

Lotus dorycnium, 4 trefle blanc à feuilles étroites. On distingue le lotier d'avec les tre-fles, par la fructification & par deux petites feuilles qu'ils ont de plus, sur les trois autres.

Medicago falcata, 4 la luzerne.

CLASSE XVIII.

Polyadelphie.

Hypericum perforatum, 4 le mille-pertuis. Toute la plante est regardée comme vulnéraire & détersive; on la donne intérieurement pour les ulcères aux poumons; le peuple en compose une huile dont il se sert pour panser les plaies; il la nomme *herbo de St. Jean.*

CLASSE XIX.

Syngenesie.

Picris echioides , ☺ plante chicoracée à tête de chardon bénit.

Lactuca perennis , 4 laitue sauvage , *lachugo fero.*

Prenanthes tenuifolia , 4 condrille à feuilles étroites , *sauto oulamé.*

Andryala integrifolia , ☺ chicoracée à feuilles velues.

Hypochœris maculata , 4 chicoracée des Alpes à feuilles larges.

Lapsana communis , 4 lampsane.

Catananche cœrulea , espèce de condrille à tête de bluet.

Carduus lanceolatus , ♀ chardon à larges feuilles lanceolées.

Carduus crispus , ☺ chardon crêpu , *cardoun.*

Carduus eriophorus , ♀ chardon à tête ronde cotonneuse.

Carduus acaulis , 4 chardon sans tige.

Onopordum acanthium , ♀ chardon cotonneux à feuilles d'acanthe.

Carlina acaulis , 4 carline sans tige.

Carlina lanata , ☺ carline à fleurs purpurines.

Carlina corymbosa , 4 carline sauvage perennelle à fleurs dorées.

Carlina vulgaris , ♀ carline commune. On mange sa racine aux montagnes lorsqu'elle est encore tendre ; son goût approche de celui des artichaux. Cette plante est carminative , résolutive & stomachique. Le peuple se sert de sa fleur

en guife d'hygromètre, il l'attache à fes fenê-
tres, & lorfque le temps eft fec, la fleur fe refferre, tandis qu'elle s'élargit lorfque l'atmofphère devient humide & pluvieufe.

Carthamus lanatus, ⊛ carthame à tige poi-
leufe.

Carthamus carduncellus, ⊛ petit eryngium
des montagnes à groffe tête.

Cacalia alpina, 4 efpèce de tuffilage ou pas-
d'âne des Alpes.

Anthemifia abfinthium, 4 petite abfinthe, plante ftomachique, amère & fébrifuge, *pichot
encen.*

Gnaphalium dioicum, 4 pied de chat à fleurs
rondes.

Tuffilago farfara, 4 tuffilage, pas-d'âne, *herbo de la pato*. Les fleurs de cette plante font béchiques, adouciffantes & anodines.

Senecio vifcofus, ⊛ feneçon vifqueux, *fa-
niffoun.*

Senecio farracenicus, 4 verge d'or à feuilles
étroites & en forme de fcie, *benfipounetos.*

Solidago virga aurea, 4 efpèce de verge d'or
à larges feuilles. Ces plantes entrent dans le faltrank ou vulnéraires de Suiffe. Elles font ftyp-
tiques, vulnéraires, ftomachiques & déterfives.

Inula provincialis, 4 jacobée blanchâtre à
feuilles étroites.

Inula montana, 4 petit after jaune à feuilles
étroites.

Doronicum bellidiaftrum, 4 doronic à feuilles
de paquerette.

Anthemis arvenfis, ⊛ cotule ou camomille
fans odeur, *margaridier*. La fleur de cette plante
eft regardée comme un très-bon fébrifuge.

Achillea ageratum , 4 julie , ou petite bal-
famite.

Achillea tomentofa , 4 petite mille-feuille co-
tonneufe à fleurs jaunes.

Achillea ptarmica , 4 la ptarmique commune;
cette efpèce eft amère, fébrifuge , ftomachique &
vermifuge.

Achillea millefolium , 4 la mille-feuille ; fes
fleurs font aftringentes , toniques , & antifpaf-
modiques.

Achillea nobilis , autre mille-feuille. Bauhin
la nomme petite tanaifie à odeur de camphre.

Centaurea nigra , ♈ jacée noire à feuilles la-
ciniées , *maquo - muou*. On s'en fert pour guérir les contufions que le bât caufe aux bêtes
de fomme.

Centaurea cyanus , ⊛ le caffe lunette , *lou
bluret.*

Centaurea fcabiofa , 4 grande fcabieufe *fca-
bioufo.*

Centaurea jacea , 4 jacée commune.

Centaurea conifera , 4 jacée blanchâtre des montagnes à tête de pin.

Centaurea calcitrapa , ⊛ chauffe-trape , ou
chardon étoilé.

Centaurea folftitialis , ⊛ chardon étoilé jaune, à
feuilles de bluet , *l'auricelo.*

Centaurea centauroides , jacée jaune épineufe,
à forme de centaurée.

Echinops ritro , 4 chardon à tête fphérique.

Jafione montana , ⊛ raiponfe à tête bleue
en forme de fcabieufe.

Viola montana , 4 la violette en arbre, *pan-
leguo.*

CLASSE XX.

Gynandrie.

Orchis bifolia, 4 orchis à deux feuilles.

Orchis morio, 4 orchis femelle.

Orchis militaris, 4 orchis à fleur en casque. La famille des orchis donne de fort jolies espèces, que les curieux cultivent dans les jardins ; les anciens attachoient une vertu aphrodisiaque à la racine bulbeuse de cette plante, & en composoient des potions connues sous le nom de satyrions, pour s'exciter à l'amour (Voyez Petrone.); mais c'étoit plutôt par les drogues échauffantes qu'ils y ajoutoient, que par la vertu de cette racine elle-même, qui n'est tout au plus qu'un peu âcre & stimulante dans quelques espèces.

Satyrium nigrum, 4 autre espèce d'orchis noirâtre.

Serapias latifolia, 4 helleborine à larges feuilles. Cette plante n'est point d'usage, & ne vient proprement qu'aux montagnes ; elle garde sa fleur plus long-temps que les orchis.

Serapias longifolia, 4 helleborine à épi, à petites feuilles.

Aristolochia pistolochia, 4 la petite aristoloche.

CLASSE XXI.

Monoecie.

Urtica dioica, 4 la grande ortie, *l'ourtiguo*.

Poterium sanguisorba, 4 la pimprenelle, *l'armentelo*. Cette plante est détersive, vulnéraire, apéritive & tempérante.

Quercus robur, 5 le chêne blanc, *lou rouré*.

Fagus sylvatica, 5 le hêtre, *lou faou*. Cet arbre est commun aux montagnes, & sert à plusieurs usages. Le peuple remplit les paillasses de ses feuilles qui sont lisses, tendres, douces, & mollettes. En décoction elles sont sudorifiques.

Pinus cembra, 5 le pin des montagnes.

Pinus abies, 5 le Sapin. On retire la térébenthine, la poix même de cet arbre, aux montagnes sous-alpines.

Croton tinctorium, ☙ le tournesol, avec lequel on prépare les drapeaux de ce nom. Voyez le 1er. vol. art. Salon, sur la manière de préparer le tournesol, & comment il faudroit s'y prendre pour décomposer les petits pains de tournesol, que les Hollandois nous vendent, & découvrir leur secret.

CLASSE XXII.

Dioécie.

Salix caprea, 5 saule des montagnes à larges feuilles rondes.

Juniperus communis, 5 le genevrier, *lou ginebré*.

Ruscus aculeatus, 5 houx frêlon, *lou prebouisset*. La racine de cet arbuste est désobstruante, diurétique & apéritive; il porte au milieu de sa feuille un fruit rouge qui contient deux petits noyaux, dont on fait des chapelets dans la petite Ville de St. Maximin.

CLASSE XXIII.

Polygamie.

Andropogum ischæmum .. chiendent digité & hérissé.

Cenchrus capitatus, 4 chiendent à épis ronds couvert de pointes.

Ægilops ovata, ⊕ fétuque à tête dure.

Acer pseudo-platanus, 5 grand érable, l'*agas*.

Acer monspessulanum, 5 érable de Montpellier. Les érables viennent bien par-tout, ainsi que les platanes, comme on peut en juger par ces derniers, qu'on a plantés au Cours d'Aix pour remplacer les ormeaux qui avoient péri. Il est à souhaiter qu'on multiplie ce bel arbre dans nos jardins & dans nos campagnes ; le suc de l'érable est un excellent béchique dans la toux & dans les rhumes. Les érables du Canada fournissent un suc mielleux, qui est encore regardé comme un bon stomachique.

CLASSE XXIV & dernière.

Cryptogamie.

Polypodium vulgare, 4 le polypode commun.

Polypodium phegopteris, 4 petite fougère velue.

Polypodium filix mas, 4 fougère mâle.

Polypodium filix femina, 4 la fougère femelle.

Pteris aquilina, la fougère commune, *lou feouvé*. Cette plante vient dans les bois, dans les terres incultes & humides ; on l'a regardée de tout temps comme un bon vermifuge (*), quoiqu'elle soit fort stimulante. Les

---

(*) M. Morat, Médecin Suisse, employoit avec succès, contre le ver solitaire, une préparation de cette plante, dont il faisoit un secret. Depuis sa mort le Gouvernement a acheté ce secret de sa veuve, & en a fait présent au Public.

anciens la prescrivoient contre le ver solitaire. Linneus lui a donné l'épithète d'*aquilina*, parce que sa racine coupée en travers représente les armes de l'Empire, qui sont une aigle.

Polypodium fragile, 4 fougère des rochers sans rameaux. Les polypodes sont des plantes capillaires qui ne fleurissent pas. La racine du polypode qui croît au bas des chênes, est celle qui est le plus en usage en Médecine : Elle est noirâtre, chargée de petits tubercules, avec un suc mucilagineux adoucissant, & qui convient très-bien dans la toux, les catharres, les glaires & les viscosités de l'estomac. Cette racine corrige le goût nauséabond & âcre des feuilles de senné, & devient un purgatif fort doux.

CHAPITRE VII.

Suite du Diocèse de Sisteron.

ON laisse la Durance à la droite en venant de Manosque à Sisteron ; les Villages de Vols, de la Brillane & de Lure sont situés sur des coteaux à gauche, dont la chaîne se propage jusqu'au pied de la montagne de Lure. Il faut traverser une gorge, en tirant vers le Nord, pour joindre Sisteron ; la Durance se rétrecit toujours de plus en plus & fait beaucoup moins de ravages par ses débordemens. Tous ces cantons sont très-bien cultivés ; les coteaux sont plantés de vignes & d'oliviers, & présentent l'aspect le plus agréable. Quoique les montagnes alpines s'étendent jusques-là, le climat eft tempéré en hiver & quelquefois fort chaud en été.

La Ville de Sifteron eft fituée entre deux montagnes fur le bord de la Durance, dans laquelle fe jette la petite rivière de *Buech* (1), qui vient de la Croix Haute dans le Dauphiné, en tirant vers le Nord-Oueft. La Durance femble avoir divifé les deux montagnes entre lefquelles elle coule, auprès de Sifteron, fi l'on en juge par le parallélifme de leurs couches qui font de même nature. Ces couches femblent avoir fouffert quelque ébranlement, la plupart étant plutôt perpendiculaires qu'horizontales. Elles doivent leur origine au dépôt des eaux ; quoique de nature calcaire, les matières filiciées, le gravier & des fubftances hétérogènes que les eaux entraînent, s'y rencontrent par-tout. La nature fe diverfifie bizarrement dans ces maffes (*), où font attachées des ammonites, des camites, & autres coquilles pétrifiées. On a jetté un pont de pierre fur la Durance dans l'intervalle des deux montagnes. La Citadelle eft à gauche. Son élévation fur le niveau de la Ville eft de 40

_____

(1) Cette rivière facilite le commerce des bois de melefe & de fapin, dont ont forme des radeaux que l'on conduit fur la Durance jufqu'à Pertuis & Beaucaire, d'où ils font trafportés à Marfeille & à Toulon, pour la conftruction des Vaiffeaux.

(*) Les montagnes de Sifteron entre lefquelles coule la Durance, font une dépendance de celle de Lure. La plupart des coteaux qui font fur fes bords, font formés par des cailloux roulés, entafiés les uns fur les autres, & liés enfemble par un gluten lapidifique fort dur ; ces cailloux font prefque tous vitrifiables au deffus de Sifteron, & paroiffent avoir été détachés des montagnes du Dauphiné.

toiſes & de 240 au-deſſus de celui de la mer, ainſi que me l'indiqua le baromètre que je faiſois tranſporter dans toutes ces montagnes. La Citadelle eſt pavée en petits cailloux pris dans la Durance ; ce ſont des variolites, des morceaux de pierre ſerpentine, du granit, & de quartz, détachés des montagnes du Dauphiné.

La population de Siſteron eſt d'environ cinq mille ames : ſon climat eſt froid en hiver. Sa ſituation dans une gorge voiſine des montagnes qui réfléchiſſent les rayons du ſoleil, y rend les chaleurs très-fortes. Les eaux y ſont pures, & très-fraîches en été. Le voiſinage de la rivière tempère beaucoup les matinées & les ſoirées d'été ; elle ſe glace quelquefois en hiver, quoique le cours en ſoit rapide, & ſi fortement qu'on peut y marcher deſſus. Il règne rarement des épidémies dans ce pays. Le peuple y eſt robuſte & laborieux. La vie moyenne des hommes s'étend juſqu'à trente ſix ans. Le bled & les beſtiaux, font le principal commerce de cette Ville. Les raiſins ne peuvent y acquérir le degré de maturité néceſſaire, & donnent par conſéquent un très-petit vin. Les coteaux dépendans des hautes montagnes qui entrecoupent ſon terroir, préſentent en pluſieurs endroits, ſous les pierres fiſſiles, des mines de charbon de pierre qui n'ont point encore été exploitées. Le bois pétrifié n'y eſt pas rare. On trouve plus loin des cryſtaux ſpathiques dans la pierre calcaire.

Je parcourus de la Citadelle, au moyen d'une bonne lunette, l'enchaînement des montagnes du Dauphiné ; elles me parurent d'origine primitive, autant qu'on peut juger dans cet éloignement, de leur contexture, & de leur organifation. La plupart ont une direction parallèle à celles de la Provence. Toutes les montagnes de Sifteron font calcaires ; l'argile qu'elles contiennent en divers endroits, n'eft pas bien pure ; elle ne peut fervir à la poterie qu'en y joignant du fablon d'Apt, qui l'aide à fe vitrifier. On lui donne le vernis au moyen du plomb d'Angleterre ; ce plomb fe nomme *alquifoux* : celui que fourniffent les mines des environs n'eft pas affez eftimé pour cela. Les montagnes voifines contiennent des mines de ce métal qui ont été exploitées fans fuccès.

Mines de Curban.

Le petit Village de Curban eft fitué près de la Durance, au pied de la montagne nommée *malaup*, qui eft couverte de bois de hêtre, & de quantité de plantes médicinales, telles que l'angélique, la gentiane, la pivoine, &c. Le terroir de Curban eft fertile & abonde en excellens fruits. Les moiffons y durent deux mois de fuite, attendu la coupe des montagnes qui l'environnent, & l'inégalité de fon climat. J'y trouvai quelques morceaux de cryftal de roche qui fe font formés au milieu de la montagne, vers le Levant. Elle eft divifée prefque à la hauteur de fon fommet par un vallon, d'où découle en tout temps une eau très-froide. Les mines n'en font pas bien éloignées. Le torrent de la *Curnerie* vous y conduit à travers quantité de gros blocs de pierre vitrefcible. Les travaux de ces mines font au pied d'une autre montagne nommée *Aujarde*. Les terres qui fe font éboulées, en ont fermé les excavations, & ont une couleur d'un gris foncé.

M. Verdet defirant de reconnoître les filons de cette mine, effaya de faire ouvrir une ancienne galerie qui paroiffoit la moins ruinée, mais il ne put en venir à bout; cependant il ramaffa quelques échantillons de ce métal, qui lui parut du plomb à grandes lames cubiques. En tirant vers l'Oueft, il y a une autre mine de plomb alliée avec le cuivre, le tout minéralifé avec le fpath fufible fous un couverture d'argile. Les terres extraites des fouilles préfentent des fragmens de ces mines. Il eft à préfumer, dit M. Verdet, qu'en pouffant ces fouilles plus loin, on trouveroit quelque bon filon de cuivre, qui dédommageroit des frais de l'entreprife. Un habitant du Hameau de la Curnerie découvrit en labourant fon champ un morceau de minéral, du poids de huit à neuf livres, de couleur verte, ce qui annonce le cuivre plus répandu dans ces cantons qu'on ne penfe. Il y a de groffes marcaffites cuivreufes, des pyrites, dans le vallon de la Curnerie.

L'afpect, la couleur des terres de Curban, la qualité de la pierre vitrefcible, plus commune dans ces montagnes qu'ailleurs, de larges bandes de fpath fufible, qui eft fouvent la matrice des minéraux, font préfumer qu'ils doivent être fort abondans dans les montagnes de Curban. Quoiqu'on ait regardé jufqu'aujourd'hui ces mines comme fort pauvres, le fpath y eft fi commun, qu'on s'en fert pour les bornes des chemins, & même pour bâtir des murs.

M. de Burle, ancien Seigneur de Curban, fit exploiter autrefois une de ces mines; il en faifoit paffer le plomb à Grénoble, & les Potiers l'eftimoient autant que celui d'Angleterre. Il obtint du Roi la permiffion exclufive de faire

exploiter cette mine. Il en fit faire en sa préfence
un effai, qui se trouva conforme à celui qu'en
avoient faits MM. de l'Académie Royale des
Sciences à Paris. La mine donne 60 pour cent
de plomb qui contient une très-petite quantité
d'argent. Dans les travaux que M. de Burle faisoit faire à cette mine, on découvroit un nouveau filon horizontal au milieu de la montagne, tant les minéraux font abondans dans ces
cantons. Un mémoire plus circonftancié que j'ai
reçu depuis, d'une perfonne inftruite qui connoît parfaitement le local, fournit les faits fui-
vans.

On trouve le long du vallon de l'*Archas*, des
couches de *molybdéne* (*), ou crayon noir,
dont les Charpentiers fe fervent pour marquer
leurs bois. Elles font entre des lits de pierre
calcaire, & paroiffent venir d'un centre commun. Ces couches ont jufqu'à quatre pouces
d'épaiffeur ; tantôt elles augmentent, & tantôt
elles diminuent, mais jamais au point de finir.
Elles indiquent une mine de plomb très-pau-
vre que le vallon coupe en deux. Le fer & le
mica s'y trouvent mêlés ; le premier s'y montre fous la forme de crayon rouge ou fangui-
ne, il eft en filet entouré d'une terre argileufe
qui lui fert de lit ; & le fecond eft reconnoiffable à fes molécules brillantes, ce qui avoit
fait dire à un Fondeur Allemand, qui étoit fur
les lieux en 1772, que c'étoient des marcaffites
oriféres que l'on ne pouvoit point mettre en

(*) On entend par *molybdéne* un minéral qui contient un peu de plomb avec du fer, & une efpèce
de mica.

fufion. Ce que je viens d'expofer, prouve aifément le contraire. Cet Allemand propofoit d'attaquer cet or & de l'amalgamer avec le mercure, comme les Efpagnols font en Amérique,
pour l'en féparer enfuite tout pur ; heureufe-
ment il ne trouva point de dupes pour donner dans ces folles idées. C'eft ainfi que
les Entrepreneurs qui ignorent les principes de
la métallurgie font trompés plus d'une fois dans
leurs exploitations.

Il y a de grandes carrières de gypfe de diverfe nature, ainfi que de diverfes couleurs,
comme bleu, gris, rouge & blanc, le long
d'un vallon qui fépare la montagne *Malaup* d'a-
vec une plus petite nommée *Aujarde*. Il y eft
fi abondant qu'on pourroit en fournir à tous
les environs. Au-deffous de ces carrières il y
en a une de marbre blanc, ftatuaire & tranf-
parant, dont on conftruit des autels, des va-
fes, des cheminées d'un fort bon goût. La carrière eft couverte de terre, mais les blocs en
font apparens. C'eft une efpèce d'albâtre.

La montagne d'*Aujarde* renferme dans fa partie
feptentrionale une autre mine de plomb qui doit
être fort riche. Le filon apparent eft d'environ
quatre pouces d'épaiffeur, entre une pierre noire & vitrifiable. Cette mine fut découverte en
1720 par un payfan ; ce qui donna occafion au
Seigneur de Curban, alors M. *de Pontis*, de
la faire exploiter par des Ouvriers Allemands ;
il s'enfuivit un procès entre ledit fieur *de Pontis*
& le fieur *de Burle*, acquéreur de la Terre de
Curban, qui prétendoit que le minéral étoit
plutôt de l'alquifoux que du plomb. Les connoiffeurs déciderent à Paris que c'étoit du plomb.
On pouffa les excavations de cette mine environ

14 toises dans la montagne, le filon augmentoit de plus en plus en épaisseur, il étoit de forme triangulaire, & s'élevoit d'avantage du côté du couchant. On remarquoit encore à côté de celui-ci quantité de petits filons que l'on ne prenoit pas la peine de suivre. Une source d'eau froide & pénétrante incommodoit fort les mineurs & augmentoit la difficulté du travail. Des procès, de nouvelles difficultés, des soupçons sur la fidélité des ouvriers, firent abandonner cette mine.

On apperçoit un autre filon de plomb au-dessous du premier, entre deux lits d'une pierre blanchâtre spathique, qui l'interrompt quelquefois & se mêle avec lui. Les premières tentatives eurent peu de succès ; & dans un autre temps, des mineurs aussi peu intelligens que les premiers, n'y réussirent pas mieux. Je n'ai pu savoir le résultat de l'essai qu'on en fit en 1774, ni sur quelle quantité. Un ouvrier qui venoit des mines du Canet, après y avoir perdu son pere, dont j'ai parlé ci-dessus, en retira quatorze onces de bon plomb ; dix ayant été coupelées, produisirent au moins deux gros d'argent ; ce qui peut dédommager des frais de l'entreprise.

Il y a un troisième filon dans la même pierre à deux ou trois portées de fusil de la mine ci-dessus. Il est accompagné de petites molécules jaunâtres cuivreuses, qui tiennent de la pierre calaminaire. Un Fondeur nommé Daniel les vendit aux Potiers pour de l'alquifoux. On apperçoit plus loin quelques petits filons de cuivre placés entre les couches d'une pierre jaunâtre, qui n'ont jamais été suivis.

A la partie méridionale de la montagne de

Tome II. H

Malaup jaillit une fource d'eau minérale, dont la chaleur ne varie jamais. Elle paroît tenir du vitriol de mars en diffolution, & purge très-bien, prife à une dofe fuffifante. Le fer qu'elle contient, noircit les dents de ceux qui en prennent habituellement. Elle cuit fort bien les légumes. Il feroit à fouhaiter que la nature eût placé cette fource dans un lieu plus commode, pour s'en fervir avantageufement dans les maladies qui exigent un pareil fecours.

La montagne *de Pifoucha* renferme vers fon milieu, une grotte où l'air intérieur eft fi froid en été, que l'eau qui fe filtre à travers le toit, forme de petits glaçons comme des chandelles, tandis qu'il y eft fort tempéré en hiver. On n'avoit point obfervé avec un thermomètre, fi la température de la grotte étoit la même dans ces divers temps; on n'en jugeoit que relativement à l'impreffion que l'air extérieur fait fur le corps. Je priai M. Roche, Notaire à Curban, de faire ces obfervations. Il s'y prêta de la meilleure grace, & y defcendit à deux reprifes différentes. Il faut regarder cette grotte comme une glacière naturelle, où le froid eft fi piquant en été, ainfi que dans les glacières de Franche-Comté, près de Befançon, que le thermomètre defcendit à quelques degrés au-deffous de la congélation. M. Roche trouva une cavité encore plus profonde, où le thermomètre demeuroit toujours au quinzième degré fous le terme de la glace. Il n'a point obfervé fi la qualité de la pierre ou des fels particuliers, font la caufe de ce phénomène; mais il eft conftant que la glace s'y forme dans les plus grandes chaleurs de l'été, & qu'on pourroit l'en retirer au befoin.

Les neiges ne fondent guères qu'à la fin d'A-
vril fur cette montagne, & les eaux qui fe
filtrent dans la grotte, paffent à travers un fol
humide & couvert de bois. Cette partie ayant
été défrichée, les glaces ne fe formerent plus
dans la grotte, & elles ne reparurent que
lorfque les arbres & la mouffe eurent couvert de nouveau ce fol.

Les curieux qui voudront fuivre la marche
de la nature dans la criftallifation du quartz, peuvent examiner un rocher taillé à pic, fitué dans
un endroit nommé *Théfo*, à deux lieues de Sifteron. Il eft de couleur ardoifée, & d'abord
un peu feuilleté ; on trouve bientôt après la
première couche, une argile dure & refraclaire
qui devient un quartz opaque, & paffe infenfiblement à l'état de criftallifation, en prenant
des formes déterminées dans fes molécules réu-
nies. Les criftaux font figurés ; ils deviennent
tranfparens, & donnent des étincelles fous le
briquet. Il y a des criftaux attachés aux concavités du rocher, mais la plupart font adhérens à cette lapidification quartzeufe qui leur
fert d'enveloppe, & d'où ils tirent vraifembla-
blement leur première origine. Les criftallifations
qu'on trouve à St. Vincent, n'approchent point
de celles que nous fourniffent les montagnes du
Dauphiné, qui font de vrais criftaux de roche purs, homogènes, dont rien n'altère la
diaphanéité, dans lefquels on apperçoit quelquefois des gouttes d'eau de la criftallifation,
qui n'ont pas eu le temps de s'évaporer.

Le marbre eft commun dans le terroir de
Claret, petit Village au-deffous de Curban. Il
y en a quantité de blocs dans les ravins. L'efpèce la plus abondante, eft celle qui reffemble

à la brocatelle d'Espagne ; il y en a une espèce qu'on peut nommer brêche violette, une autre de couleur verdâtre qui feroit un joli effet étant poli. Tous ces marbres ont un grain fort dur & ferré, quoiqu'ils foient diffolubles dans les acides. Le nommé Gazelle, Marbrier Suiffe, qui a travaillé fept à huit ans à Claret, s'y eft ruiné par la difficulté de l'exécution. Ces marbres font impénétrables à l'huile ; elle n'y fait aucune impreffion, ce qui peut dépendre de leur dureté.

A l'exception des blocs de pierre calcaire qui fe font détachés des montagnes voifines, on ne rencontre, depuis Valerne, jufqu'au Village de Puypin, en traverfant tout le terroir de Sifteron, que des pierres vitrifiables & roulées, que la Durance, ayant autrefois occupé cet efpace, doit y avoir laiffées ; nouvelle preuve de l'inconftance de cette rivière.

En deffous de Puypin toutes les pierres font calcaires, fans qu'il paroiffe que celles qui font détachées aient été roulées. Le petit coteau fur lequel le Château de ce Village eft bâti, doit avoir mis obftacle au cours de la Durance, & changé fa direction.

Il y a des fontaines falantes à Nibles. Les montagnes préfentent par-tout dans fes environs, des objets dignes des recherches d'un Naturalifte. Les plantes n'y font pas moins remarquables ; les vallons, les coteaux, les forêts de Sifteron contiennent prefque les mêmes efpèces qui naiffent aux Alpes. M. Donet, Receveur des Fermes du Roi à Sifteron, qui a beaucoup de goût pour la Botanique, & la cultive avec fuccès, nous montra un herbier de toutes les plantes du pays, parmi lesquelles il y en avoit quelques-unes de rares & de curieuses.

Je ramassai dans ces endroits la Nummulaire (1), connue sous le nom d'herbe aux écus. C'est un très-bon antiscorbutique. La double Feuille (2), deux espèces de Clématites (3), ou herbe au gueux, ainsi nommée, parce que les mendians s'en frottent les jambes & les cuisses, ce qui les couvre de boutons, les fait enfler extraordinairement & leur attire la commisération. Il n'y a qu'à laver la partie affectée avec de l'eau chaude, pour en dissiper le mal accidentel. Les Clématites sont âcres & caustiques. J'y trouvai aussi une espèce de Scille (4), l'Asphodele à fleur blanche (5), la Soldanelle des Alpes (6), de jolis Orchis (7), la petite Cataire (8), la Filipendule (9).

L'Oseille à feuilles de bouclier (10). Cette plante est très-commune sur les montagnes, elle sort d'entre les pierres, elle a la même vertu que l'oseille ordinaire. La Mauve crêpue (11), l'Astragale à feuilles d'Ancolie (12), la Tanaisie vulgaire, plante amère, stomachique & ver-

---

(1) *Lysimachia nummularia.*
(2) *Ophris bifolia.*
(3) *Clematis vitalba*, c. *flammula.*
(4) *Scilla bifolia.*
(5) *Asphodelus albus.*
(6) *Soldanella alpina rotundifolia.*
(7) *Orchis cariophyllata.*
(8) *Nepeta nepetella.*
(9) *Spiræa filipendula.*
(10) *Rumex scutatus.*
(11) *Malva crispa.*
(12) *Astragalus aquilegiæ folio.*

mifuge (13), la Langue de ferpent (14); le grand Caucalis (15), le Lys fauvage (16), des Martagons à fleurs blanches piquées de pourpre (17), la petite Scorfonaire (18).

Nous fûmes vifiter la mine de plomb de St. Giniais, celles de Barles & de Verdache. Quoique ces derniers lieux ne foient point dans le Diocèfe de Sifteron, ils en font trop peu éloignés, pour les renvoyer à un autre article. Nous arrivâmes au terroir de St. Giniais, en traverfant quantité de vallées & de gorges furmontées par des montagnes plus ou moins hautes, dont la chaîne fe lie avec celle des Alpes. Les chênes blancs & les hêtres en couvrent quelques-unes au Nord. Celle qui s'étend vers *Dromont*, à deux lieues de Sifteron, attire les Herboriftes, qui vont y cueillir des plantes Médicinales.

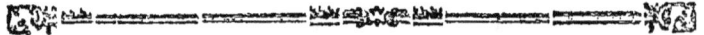

CHAPITRE VIII.

Mines de St. Giniais & de fes Environs.

LE terroir de St. Giniais eft parfemé de coteaux, & enfermé par des montagnes qui forment auprès du village un baffin couvert de prairies, & entouré de campagnes fer-

---

(13) *Tanacetum vulgare.*
(14) *Ophiogloffum.*
(15) *Canealis grandifolio.*
(16) *Anthericum liliago.*
(17) *Martagon flore punctato.*
(18) *Scorfonera graminei folio.*

tiles en bled : malgré que les pierres & les graviers dominent dans les vallées, les moiffons y font très-abondantes. La montagne de *Gache*, fituée à la gauche du chemin, préfente au Midi des couches parallèles de pierre blanche & calcaire. Quoique nous fuffions à la mi-Juillet & que les chaleurs fuffent affez fortes dans ces contrées, on n'y coupoit point encore les bleds.

Nous nous fimes conduire par un homme de St. Giniais à la mine de plomb qui fe trouve renfermée dans un coteau ftérile, d'une pierre grifâtre & vitrefcible. Quelques morceaux détachés de fon fommet, ayant fait connoître à un Mineur Allemand, par les parties métalliques contenues dans leur fein, qu'il pourroit y avoir quelque bon filon de plomb dans l'intérieur, M. *des Commandaires*, Seigneur de ce lieu, fongea férieufement à faire attaquer cette mine. Ce coteau eft entiérement féparé des autres, avec lefquels il ne s'unit que par fa bafe ; il s'élève d'un bas-fond, en pain de fucre, au milieu d'eux. La pierre de roche de la mine eft un quartz pénétré de fpath fufible. On employa la poudre & le pic pour pratiquer dans fon fein une galerie horizontale. Un Négociant de Marfeille fit les premières avances, fur l'efpoir que lui donnerent les apparences de cette mine, & le rapport qu'on lui en fit. Il vint lui-même préfider aux travaux, & les fit continuer pendant quelques temps fous fes yeux. Le plomb fe préfentoit d'abord en blocs détachés ou en rognons, comme cela arrive au commencement de l'exploitation de pareilles mines ; il étoit enveloppé de fpath fu-

fible ou quartz laiteux , & la pierre intermédiaire n'offroit pas une grande réfiftance. Ce
plomb étoit à lames plates , & faifoit efpérer
qu'on pourroit en retirer quelque peu d'argent
en le coupellant. Les mineurs ramafferent quelques blocs de plomb fans aller jufqu'au filon ,
ils fe contenterent de le laver pour en détacher les terres & la pierre adhérentes au métal ; aufli les Fabricans en Poterie n'en furent
pas contens. Cette faufle manœuvre décrédita
bientôt ce nouveau plomb, & dégoûta les Entrepreneurs de la mine d'en poufler les travaux jufqu'au filon , ils l'abandonnerent bien
vîte : ce qui arrivera toujours, lorfque ces entreprifes ne feront pas concertées comme il
faut. J'ai quelques morceaux de ce minéral
qui me furent donnés fur les lieux , les apparences n'en font pas équivoques. Le voifinage d'une petite riviere , qui va fe jetter dans
la *Bléoune* , les bois qui font communs dans
tous les environs , & le peu de diftance des
Villes circonvoifines , auroient facilité les
travaux de cette mine. La galerie qui a été
poufflée à quelques toifes dans la roche, fe voit
à découvert. Les Entrepreneurs s'engagent facilement dans des travaux dont ils ne connoiffent pas la difficulté , & les abandonnent de
même. Telle eft l'hiftoire de notre Métallurgie.

Il nous fut dit à Sifteron qu'on avoit trouvé de l'ambre (*) , ou fuccin jaune , dans un

_____

(*) Cette découverte date depuis plus de 40 ans.
Il en eft fait mention dans les Mémoires de l'Académie des Sciences de l'année 1745. Le fuccin dont je

coteau à l'Eſt de cette mine ; nous ne pouſſâmes pas nos recherches juſques-là , mais nous trouvâmes au bas d'un vallon fort profond , attenant à la petite rivière qui va ſe jetter dans la *Bleoune* , une ſource imprégnée d'un vrai foie de ſoufre & un peu ſalante , où les Payſans des environs viennent ſe purger toutes les fois qu'ils croient en avoir beſoin. Les avenues en ſont fort ſcabreuſes. On ramaſſe quelquefois des morceaux de ſoufre ſur ſes bords , & en creuſant un peu la terre , on en détache de fort gros , mêlés avec des matières gypſeuſes. Quelque peu de ce ſoufre eſt diſſous dans l'eau de la ſource ſous forme d'*hépar*, au moyen d'une terre alkaline , & lui donne une vertu purgative qui cauſe la diarrhée à ceux qui en boivent trop. Sa température eſt toujours égale en hiver comme en été. Lorſqu'il a plu abondamment, l'eau devient jaune, par la quantité de terre qui s'y mêle.

Il eſt à préſumer que ce ſoufre a brûlé autrefois ; cela paroît démontré par le grand nombre de petites pierres ſoufflées qui préſentent autant de morceaux de lave enfermés dans la terre. Les teintes jaunâtres des environs indiquent le fer , qui contribue le plus à la déflagration du ſoufre , quand il ſe trouve mêlé avec ce dernier en aſſez grande quantité dans le ſein de la terre.

Nous traverſâmes les campagnes riantes de

---

vis quelques morceaux à Siſteron , eſt moins pur & moins tranſparent que celui que M. Verdet a trouvé dans le terroir de Lardiers ; auſſi je ne ſache pas qu'il ait encore été mis en uſage.

St. Giniais. Les faules, les amandiers, lès noyers, la viorne, le troêfne, l'églantier, le
grofeillier épineux en bordoient les avenues.
Le terrein change bientôt, & le pays n'offre plus que des coteaux couverts de fchiftès,
dont les diverfes couches amincies, molles &
friables, inclinées en divers fens à l'horizon, paroiffent avoir fouffert un ébranlement total &
une décompofition par les eaux des torrens &
des ravins qui en ont entraîné une grande partie dans le vallon ; ce qui a formé une terre
noirâtre qui couvre le revers des montagnes &
les précipices qu'on ne voit qu'avec horreur. Le peuple donne le nom de *Roubino*
à cette terre ftérile par fa nature. Elle
contient, ainfi que j'ai dit, quantité de fucs
aigres & froids, & une huile bitumineufe
qui la font regarder comme incapable d'être
fertilifée. Je ne fuis pas furpris qu'on ait retiré
autrefois du charbon de pierre de ces montagnes, car leurs couches fchifteufes & de couleur ardoifée annoncent de toute part ce bitume, jufqu'à *Ollon*. Il feroit facile de s'en pourvoir abondamment en ouvrant des mines. Nous
trouvâmes des étalons dans ce Village. La Province les y entretient pour favorifer le commerce.

Les contrées qu'il nous fallut parcourir pour
venir à Barles & à Verdaches, afin d'y reconnoître les mines dont les Orithologiftes ont
fait mention, font très-froides, attendu leur fituation dans les Alpes. Il n'y a plus fur les coteaux que des champs à bled & des prairies
dans les vallées, tout le refte n'eft que montagnes incultes. Les unes forment une chaîne
à part, & les autres fe lient aux Alpes. Leur

partie méridionale a été défrichée, mais avec si peu de précaution, que les eaux pluviales en ont emporté les terres, & les ont tellement pêlées, que rien ne sauroit modérer l'impétuosité des lavanches ; elles tombent rapidement dans les vallées, déracinent les arbres, entraînent les pierres, & écrasent même les maisons sous leurs poids (*).

La vallée de Feichau, dans le Diocèse de Gap, à trois lieues de Sisteron, est exposée quelquefois à ces sortes d'accidens ; d'ailleurs les habitans, & sur-tout les enfans, jouissent d'une bonne santé. Il ne règne presque point de maladies dans ce climat âpre & rude. On ne rencontre plus autant de coquilles pétrifiées quand on commence à prendre la chaîne des montagnes alpines ; ce n'est proprement qu'aux sous-alpines, où elles sont encore en quantité ; mais aussi-tôt que l'on a joint les Alpes, il n'en est plus question. Un rocher qui se détacha d'un coteau près de Dromont au commencement des Alpes, mit à découvert beaucoup de coquilles pétrifiées, qui furent envoyées de tous côtés pour les cabinets des amateurs. Les curieux des antiquités trouveront une inscription gravée sur un rocher que le peuple nomme *peiro escricho*. Les caractères semblent avoir grossi dans la suite des temps. C'est un monument des Romains, dont les Historiens de Provence ont parlé, & auxquels je renvoie (*t*).

(*) Tant qu'on ne soutiendra pas par de bons murs les terres que l'on défriche sur les coteaux & les lieux escarpés, on verra bientôt ces terres ravagées par les eaux pluviales, & à la fin tous ces coteaux dépouillés & entiérement nuds.

(*t*) Ce lieu situé dans le Diocèse de Gap, se nomme

La pratique de l'agriculture est relative à la nature & à la situation de ce terroir inégal. Les fonds maigres & graveleux ont besoin de fréquens labours. Les coteaux pierreux exigent les mêmes attentions ; on les engraisse autant qu'on peut par les fumiers des litières. Rien de plus simple que la charrue dont les cultivateurs se servent pour semer les coteaux. C'est l'*aratrum* des Romains, l'*araire*, espèce de charrue sans oreille , qui n'a aucun train. Elle est plus petite encore que celle qui est en usage pour les terres fortes. Le buis qui croît par-tout indifféremment dans ces montagnes, leur sert également à faire du fumier. Les paysans vont l'arracher l'hiver, le hâchent menu sur des billots de bois , & le font pourrir devant leurs portes. Ce fumier chargé de sels volatils est si actif, qu'il frappe de loin l'odorat, pour peu qu'on le remue. Il y en a qui se contentent d'enterrer dans les terres les troncs & les feuilles du buis, qui se pourrissent bien & les fertilisent merveilleusement.

Le buis est un arbrisseau qui porte ses etamines & ses pistils sur des pieds différens. Il est sudorifique quand on prend la décoction de ses feuilles intérieurement. Ses vertus se rapprochent de celles du Gayac. Le peuple dans ces

---

indifféremment *Dromont* ou *Théoux*, à cause de la Ville de Théopolis anciennement bâtie sur un roc, & dont il ne reste plus que quelques ruines. L'inscription est à l'honneur d'un nommé Dardanus, qui fit tracer un chemin entre deux montagnes pour aller à Sisteron. Il fit couper un gros rocher pour établir cette communication. La pierre où l'inscription est gravée , est quarrée ; elle est posée sur de grands blocs.

montagnes s'en fert aux mêmes ufages. Voyez
le premier vol. art. d'Eiguines.

On feme du méteil dans ces terres maigres.
C'eft un mêlange de blé & de feigle. Si l'un
ne réuffit pas, l'autre profite ordinairement. Les
neiges qui couvrent les terres en hiver & les
engrais, font profpérer tantôt l'un, tantôt l'autre. Le pain fait des grains provenus de ce mêlange eft moins indigefte & moins pefant que
celui de feigle ; beaucoup de monde s'en nourrit. Les terres fortes & argileufes font deftinées
pour y femer du bon blé. Ce pays change
d'un jour à l'autre par les défrichemens qu'on
y pratique, & le cultivateur y recueille déja
le fruit de fes travaux. La manière la plus commune de pratiquer ces défrichemens, confifte
à faire un abatis d'arbres, de les brûler, quand
ils font fecs, & d'en répandre les cendres fur
les terres au moyen du labour. Elles en font fi bien
fertilifées, qu'elles produifent les plus belles récoltes, pendant plufieurs années. J'aurois trop à
dire, fi je voulois expofer ici la meilleure manière de mettre en valeur ces terreins ftériles.
Plufieurs perfonnes intelligentes s'en font déja
occupées. J'ajouterai feulement, que ces défrichemens procurent, à la vérité, de grands avantages ; mais à quels inconvéniens n'expofent-ils
pas, quand ils font pratiqués fans intelligence,
fans choix, & fans avoir égard à la nature des
lieux ? Je parlerai dans la fuite des ravages qu'ils
ont caufés dans la plupart des montagnes alpines. Il eft à fouhaiter que MM. les Adminif-
trateurs de la Province mettent un frein à l'a-
vidité de ces laboureurs qui, pour un profit momentané, pour quelques bonnes récoltes, caufent les plus grands défaftres. Auffi obferve-t-on

dans toutes ces contrées, que les vallées s'ex=
hauffent à vue d'œil, tandis que la cime des
montagnes s'abaiffe (*).

Les Agricoles intelligens fe plaignent de ce
qu'on néglige dans tout ce pays, les prairies
artificielles qui pourroient nourrir une grande
quantité de beftiaux, le vrai foutien de l'agriculture. Pourquoi ne pas couvrir de gazon la
plus grande partie de ces côteaux, plutôt que
de les défricher? On préviendroit par ce moyen
les inconvéniens que je viens d'expofer. Cela
n'arrive point dans les Alpes & aux Pyrenées,
parce que la cime & le penchant de ces montagnes font couverts de gazons, qui ont tellement pris racine, que les eaux pluviales n'y font
aucun dommage. Là, parmi ces peloufes antiques & ces gazons touffus, l'induftrie du cultivateur éclairé brille de tous côtés, fa main
patiente & laborieufe a mis un frein à l'impétuofité des eaux. Par-tout on voit de petits ruiffeaux d'une eau claire & fraîche, qui ferpentent parmi l'émail des fleurs, & fertilifent ces
vaftes prairies. Les terres argileufes font toujours les meilleures. Les marnes font fort abondantes dans ces contrées. Les cultivateurs les
mêlent avec les terres maigres & ftériles, &
en fertilifent les *Roubinos* dont j'ai déja parlé,
en les mêlant avec celles-ci, en les labourant
plufieurs fois, & en les dépouillant fur-tout
des fucs acides & bitumineux dont elles font
imprégnées. Celles qui fe préfentent en couches
arides & friables, qui font dénuées de toute

_____

(*) La Société d'Agriculture de la Ville d'Aix a
nommé des Commiffaires pour veiller aux défrichemens des terres incultes de la Provence. Nous attendons
avec impatience le réfultat de leurs travaux.

eſpèce d'humidité, & dont les molécules déſu-
nies, comme celles du ſable, s'échappent entre
les doigts pour peu qu'on les preſſe, ſe boni-
fieroient également bien par le mêlange de ces marnes ou des argiles ; mais l'induſtrie du cultivateur ne va pas juſques-là (a).

Il ne ſera pas inutile de dire encore que ces
terres ſtériles nommées *Roubinos* ſe trouvent
particuliérement dans les bas-fonds, au revers
des montagnes & des vallons expoſés au Nord,
où les ſchiſtes calcaires ſont abondans. Par-tout
où il y a du grais, où les ſables ſont les terres dominantes, il ne ſe rencontre point de
Roubinos. Les débris des végétaux, les parties
huileuſes & bitumineuſes qu'ils dépoſent entre
les lames fragiles des ſchiſtes, les eaux bour-
beuſes & vitrioliques (*) dont ces terres ſont
pénétrées, s'oppoſent fortement à la végétation
& les rendent ſtériles.

La Chimie fournit les moyens de connoître
la nature de ces terres, qui ne peuvent devenir fertiles qu'en les dépouillant de l'acide ſura-
bondant, & des corps hétérogènes qui s'oppoſent à la végétation. J'ai connu des particuliers qui, après avoir fait deſſécher au ſoleil une
grande quantité de *Roubine*, l'ont rendue fertile l'année d'après, en la mêlant avec de la
marne. On fait de la bonne poterie, des tui-

(a) Les marnes ſont fort abondantes dans ces contrées ;
on les trouve communément en longs bancs ſous les ſchiſtes & à la baſe des montagnes.

(*) Ces terres ſont couvertes en pluſieurs endroits de
ſels alumineux, de vitriol de mars, & même de ſel de
glauber, que l'obſervateur y découvre facilement. Il eſt
aiſé de ramaſſer ces eſpèces de ſels ſur les *Roubines* ſe-
ches, ils y tombent en effloreſcence au grand ſoleil.

les & des carreaux avec cette *Roubine*, lorſqu'elle eſt argileuſe; l'action du feu qui vola-
tiliſe les ſucs hétérogènes dont elle eſt péné-
trée, la fait vitrifier avec le ſable, auſſi-bien
qu'une vraie argile.

CHAPITRE IX.

Diocèſe de Digne.

LE Diocèſe de Digne contient environ trente
Paroiſſes; il eſt borné au Levant par celui
de Senés, au Midi, par le Diocèſe de Riez,
au Couchant par celui de Siſteron, & au Nord
par les Diocèſes de Gap & d'Embrun. Une
partie de ce Diocèſe eſt renfermée dans les
montagnes ſous-alpines. Le reſte, qui tient à
l'extrêmité de la partie moyenne de la Provence, eſt coupé par des coteaux & des montagnes; le terrein eſt fort inégal. On paſſe la
Durance ſur le bac de la Brillane pour aller de
Manoſque à Digne. Cette rivière couvre, dans
ſes fréquens débordemens, les campagnes d'O-
raiſon & des Mées, de graviers & de cailloux
roulés. Les maiſons de ces lieux ſont conſtrui-
tes de ces pierres. J'ai parlé de la bonté des
vins des Mées au premier volume.

On ſuit, au ſortir des Mées, un beau chemin,
en cotoyant la rivière de Bleoune, qui va ſe
jetter dans la Durance. Les vallées s'élargiſſent
de diſtance en diſtance, & offrent des
champs bien cultivés. On voit à l'entour des
Villages quantité de jardins remplis d'arbres
fruitiers. Les Villages de Mirabeau & de Gaubert
ſitués

fitués fur des coteaux, forment un coup d'œil pittorefque. Celui de Maligeai eft bâti fur les bords de la rivière, que l'on paffe fur un très-beau pont.

Le chemin qui conduit de Maligeai à Digne, eft très-bien entretenu ; & quoiqu'il foit adoffé à la pente des coteaux, les voitures y paffent commodément. La plupart des Villages qui compofent ce Diocèfe, ont peu d'habitans, & font prefque tous dans une expofition peu favorable. On y fait un petit commerce des productions de la terre, telles que prunes & autres fruits fecs. Il y a beaucoup de variolites dans le lit de la rivière. Cette circonftance eft à remarquer. Voyez le premier vol. art. de la Crau.

Le terroir de Mirabeau, ou Mirabelet, récèle beaucoup de bois foffile ou pétrifié. Les curieux ont dû en voir à Aix quelques morceaux qui y furent apportés en 1782. Ces tronçons étoient enduits d'une couche calcaire, blanchâtre, caffante & fonore. Tout l'intérieur ne préfentoit que des cercles concentriques, où les fibres ligneufes étoient très-fenfibles. C'eft ce qui a fait confondre fouvent les bois foffiles avec le charbon minéral. Mais les connoiffeurs ne s'y trompent jamais. Voyez le premier volume.

Le bois foffile doit fon exiftence à des arbres engloutis dans le fein de la terre, par l'éboulement des montagnes. Leurs branches & leurs troncs pénétrés peu-à-peu par les fubftances bitumineufes, & les fucs lapidifiques qui circulent dans la terre, acquièrent infenfiblement cette dureté. Lorfque la matière bitumineufe eft abondante, ils reffemblent au charbon minéral. Le bois foffile de Mirabeau a une apparence de charbon de terre ; mais la croûte lapidifique

qui enduit l'écorce des branches & des tronçons, l'en fait diftinguer aifément. Le bois foffile fe trouve toujours à la pente des montagnes
qui ont fouffert quelqu'ébranlement dans leur
organifation intérieure, au bord des ruiffeaux
où les eaux pluviales les mettent à découvert,
en emportant les terres qui les enveloppent. Il
n'eft jamais difpofé en couches entre les pierres calcaires, comme le charbon minéral, qui
eft abondant dans ce Diocèfe.

La Ville de Digne eft fituée entre deux montagnes fur le confluent de deux rivières ; la
première eft la Bleoune ; elle vient du Village
de *Pras*, dans les Alpes, & reçoit quantité de
torrens & de ruiffeaux qui groffiffent fes eaux,
& va fe jetter dans la Durance au-deffous des
Mées. La feconde eft la rivière des bains de
Digne, qu'on nomme *aiguos caoudos* ; elle fe
jette dans la Bleoune immédiatement au-deffous
de la Ville. Cette petite rivière refferrée entre
des montagnes eft à craindre par fes débordemens, lorfque la fonte des neiges furvient, ou
que les pluies d'automne font abondantes (*).
Digne exiftoit long-temps avant Pline ; fa fituation dans les montagnes mettoit fes habitans en
état d'en défendre les approches, & de fe tenir à l'abri des invafions ; auffi les traitoit-on
de barbares ; mais ce qu'en a dit Céfar, ne
doit point être pris au pied de la lettre. La
population de cette ville eft d'environ trois mille

(*) Il y a encore un gros ruiffeau nommé *Mardaris*
qui fe joint à la Bleoune, au-deffous du pont qui eft à
deux pas de la Ville. Il fait aller les moulins, & ar-
rofe quantité de jardins & de prairies. Les eaux font
très-abondantes dans tous ces environs.

cinq cents ames. Elle n'y diminue point depuis long-temps. En Général, il y régne très-peu de maladies, excepté quelques fièvres putrides en été, son climat étant froid en hiver, & les chaleurs de l'été n'y durant pas si long-temps que dans la partie moyenne de la Province dont elle fait les limites. Ses foires, son commerce en bestiaux & mulets, ses fruits, y attirent beaucoup de monde. Cette Ville est bâtie en amphitéatre ; la Bleoune coule tout près des maisons, vers le Nord ; ses rues sont en général fort mal-propres, & ne sont pas l'éloge de la police ; encore moins cette quantité de chanvre (*) que l'on fait rouillir dans la rivière des bains, & dont les émanations putrides sont si à craindre en certaines années. Leur odeur malfaisante annonce de loin un travail souvent funeste à ceux qui y sont employés. Heureusement un petit coteau met la Ville à couvert de ces exhalaisons pernicieuses ; mais ce n'est pas assez pour l'en garantir totalement. Il seroit facile de faire rouillir plus loin ce chanvre, qui forme une petite branche de commerce, & sert à fabriquer des toiles grossières.

Les montagnes qui environnent la Ville de Digne, sont toutes de nature calcaire ; les pierres à bâtir qu'on en retire, reçoivent très-bien le poli. Je n'y ai point vu du marbre, mais je sais qu'elles n'en sont pas totalement dépourvues ; il y a également quantité de carrières de gypse. La montagne de St. Vincent, qui est en face de la Ville, vers le Nord, contient beaucoup

_____

(*) L'eau qui est abondante dans ce pays, ainsi que j'ai dit, favorise la culture du chanvre.

d'aftroïtes, foit en groupes, foit défunies; elles fe trouvent fur la fuperficie du terrein. Les coquilles pétrifiées y font communes; le peuple donne à ces aftroïtes une origine bizarre. Ces aftroïtes font de vraies arteries, efpèces de vertèbres, ou articulation du palmier marin, dont l'analogie vivant a été vu dans le Cabinet de Madame de Bois-Jourdain, à Paris.

Le terroir de Digne eft mêlé de fable & de gravier que les rivières y dépofent. Celui des coteaux voifins a plus de confiftance; les vallées, les bas-fonds préfentent un vrai terreau bonifié continuellement par les engrais & la culture. Ses récoltes confiftent en vin, huile, bled, & fruits excellens. Le climat de ces vallons, plus tempéré que celui des Diocèfes inférieurs, permet d'y cultiver plufieurs efpèces de poiriers & de pommiers, dont les fruits font d'un très-bon goût. Ces arbres profpèrent fort bien dans ces pays de montagnes, & leurs fruits flattent d'avantage le goût que ceux des régions inférieures.

La récolte des prunes eft un objet très-confidérable dans le terroir de Digne, & dans plufieurs lieux attenans; elle rend, année commune, environ vingt-cinq mille livres. On diftingue ce fruit dans la vente fous trois dénominations différentes. La première, qui eft la plus eftimée, eft la prune piftole; la feconde, la prune pêlée, qui contient encore fon noyaux; la troifième eft revêtue de fa peau, & fe nomme pruneau. Quand ce dernier eft bien deffeché, & qu'il conferve fa fleur, on le met en réferve. Lorfqu'il n'a pas toutes ces qualités, il n'eft bon que pour la Pharmacie. La préparation des prunes piftoles confifte à les pêler, à les embro-

cher avec des brins d'ofier , & à les faire fécher au foleil , pour leur conferver la tranfparence & l'éclat qu'elles perdroient fans ces
précautions. Les femmes qui s'occupent à cet
ouvrage , en ôtent les noyaux , les applatiffent
les unes contre les autres , & achèvent de les
faire fecher au foleil fur des claies. Si on ne
les garantiffoit pas de l'humidité & du mauvais
air , elles noirciroient facilement. Ces prunes
ont beaucoup de réputation ; on en tranfporte
aux Colonies de l'Amérique. Pendant l'hiver ,
elles font fervies fur les meilleures tables , ar-
rangées en de petits paquets , dans du papier ,
ou dans des boîtes. Pour leur donner encore
plus de célébrité , on a l'adreffe d'y mettre par-
deffus les armes de la Ville de Brignoles , en
découpures ; car on fait que les prunes prépa-
rées dans cette Ville tiennent le premier rang.
Voyez le premier volume : je parlerai des pruneaux à l'article de Caftelanne.

CHAPITRE X.

Eaux Minérales de Digne.

ON connoît depuis long-temps la réputation
des eaux minérales de Digne. Le Roi y a
établi un Hôpital , pour y traiter les Officiers
& les Soldats qui ont befoin d'un pareil fecours.
Ces eaux fourdent à demi-lieue loin de Digne ,
au bas d'un rocher , qui tient à une montagne
un peu élevée , expofée au midi , & dont la
partie fupérieure eft cultivée. La pierre calcaire ,
qui fait la principale organifation de cette mon-

tagne, eſt diſpoſée en couches inclinées à l'horizon qui s'étendent du Levant au Couchant ; la
pierre quartzeuſe en interrompt la continuité en
quelques endroits.

Lorſque je viſitai les eaux minérales de Digne en 1778, je ne trouvai qu'un petit pont
ſur lequel on paſſoit la rivière qui vient du côté des bains. Il falloit enſuite marcher plus d'une
demi-heure dans le lit de cette rivière couvert
de cailloux, ce qui étoit fort incommode. Je
viens d'apprendre avec plaiſir qu'on a conſtruit
depuis peu un fort beau chemin le long de la
rivière, & que les voyageurs arrivent aux
bains avec la plus grande facilité. Il eſt à ſouhaiter que MM. les Adminiſtrateurs faſſent continuer ce chemin juſqu'à la ſortie de l'étroit
vallon où coule la rivière ; ils préviendront par
ce moyen les malheurs que les orages & les
grandes averſes cauſent ſouvent. Des voyageurs
ont été ſurpris plus d'une fois au milieu de la
rivière par ces crues ſubites, & y ont péri. Les
eaux viennent alors ſe briſer contre le bâtiment
des bains, & ſemblent le menacer ; mais il n'y
eſt jamais arrivé de déſaſtre, & les malades
peuvent être tranquilles à cet égard. Les montagnes qui ſont en oppoſition avec celles des
bains, ſont couvertes d'arbriſſeaux, tels que thé-
rebinthes, cytiſes, émerus, eſpèce de baguenau-
dier ſiliqueux, chênes blancs, buis, &c.

J'ai dit que le bâtiment des bains étoit preſque adoſſé contre la montagne d'où ſourdent
les eaux. Il n'en eſt ſéparé que par une petite
cour, où ſe trouve la fontaine dont les malades
prennent les eaux en boiſſon. Une femme aſſiſe
ſur ſes bords en remplit des verres dans la ſource & les préſente. La montagne eſt preſque tail-

lée à pic. Son expofition au Midi & la chaleur des eaux minérales y attirent en hiver une
quantité de ferpens du genre des couleuvres.
Ils fe cachent dans les fentes des rochers, d'où
naiffent quelques arbuftes , & paffent cette faifon rigoureufe dans cet afyle tempéré. J'ai vu
de ces ferpens en grand nombre aux eaux bonnes de la Vallée d'Offau en Béarn , & à Bareges.

Les ferpens des bains de Digne font affez
gros , mais point venimeux. Ils ont de petites
dents comme les couleuvres, & ne peuvent faire
que de légères bleffures. Lorfqu'ils font en amour
au printemps & en été , qu'ils s'ébattent entr'eux , & que les mâles pourfuivent les femelles , ils tombent fouvent entortillés enfemble
dans la cour, dans la fontaine minérale , d'où
ils s'échappent auffi-tôt à travers les fentes des
rochers , en fuivant le cours de l'eau jufques
dans les bains , & ne caufent pas peu d'effroi
à ceux qui s'y trouvent. Les foldats les mangent fans crainte , & aucun jufqu'à préfent n'en
a été incommodé. On a parlé diverfement de
ces fortes de reptiles , mais ce que je viens d'en
dire , eft avéré.

L'eau minérale de la fontaine s'échappe à
travers les fentes des rochers, & va fe jetter
à gauche dans une concavité pratiquée par la
nature dans cette montagne. Elle jaillit dans un
baffin de deux ou trois toifes de circonférence.
La voûte qui le couvre , a au moins 40 pieds
de long fur 6 à 7 de haut & 12 de large ; ce
font les étuves des bains. Il y a des bancs de
chaque côté , fur lefquels les malades s'affeyent
tous nuds. Ils y font bientôt pris d'une fueur
générale. La chaleur de l'eau du baffin, qui eft
au bord intérieur de la voute , eft au 39ᵉ. ou

40e. degré du thermomètre de Reaumur, &
l'atmosphère de cette grotte, qui est toujours
remplie de la vapeur de l'acide sulfureux volatil, n'est pas moins chaude ; aussi les malades
ne peuvent y rester qu'une demi-heure. La pierre de la voûte est de nature argileuse & réfractaire. C'est une espèce de quartz qui ne fait point
effervescence avec les acides minéraux, & ne
scintille pas sous le briquet ; il s'y trouve quantité de concrétions salines, suivant la nature des
bases que l'acide a saturées. Ces concrétions sont
plus nombreuses aux voûtes des bains. Je dirai
bientôt quelle est leur nature.

Le bain de St. Jean est à côté des étuves. Il
est de figure triangulaire, pavé de grandes pierres quarrées ; c'est la même eau minérale que
celle des étuves ; elle s'y rend par une ouverture pratiquée naturellement dans le roc ; sa
chaleur est au 36e. degré du même thermomètre. Ce bain est éclairé par un faux jour que
lui procure une fenêtre ouverte sur la porte
d'entrée ; il est presque toujours rempli d'eau
qui va se rendre dans le bain de la douche, situé un peu plus bas. Ce dernier est quarré &
construit avec les mêmes pierres que celui de
St. Jean ; il est voûté & suffisamment éclairé par
un soupirail. Deux tuyaux élevés de plus de
huit pieds au-dessus du sol, versent une quantité suffisante d'eau minérale sur les parties affectées. La chaleur de cette eau est au 35e. degré. On reçoit commodément ces douches dans
l'attitude que l'on veut. Un troisième tuyau d'un
moindre calibre, placé deux ou trois pieds plus
haut, est destiné à laisser tomber l'eau sur la
nuque des paralytiques. Rien de mieux imaginé
que la distribution de l'eau minérale dans ces

douches, où la main de l'homme a concouru avec la nature pour lui faciliter un libre écoulement, tandis que dans tous les autres, elle s'y montre encore brute & aggreste.

Le bain de St. Gilles, autrement le bain des pauvres, est à-peu-près dans le même goût que l'étuve; sa voûte est purement l'ouvrage de la nature, elle est assez élevée à son entrée, & va en s'abbaissant vers le fond jusques à la source de l'eau minérale qui vient par la fente d'un rocher. Ce bain est vaste, plusieurs personnes peuvent le prendre à la fois sans se gêner, il est toujours plein. L'eau s'écoule, ainsi que celle des autres bains, par une fuite qu'elle trouve, lorsqu'elle est parvenue à une certaine hauteur. Sa chaleur est au 35e. degré. Il est éclairé par un petit soupirail qui donne dans *le bain des vertus*; c'est le nom d'un autre bain auquel on attribuoit des effets surprenans; il avoit été fermé depuis quelques années; on vient de le r'ouvrir. Il est voûté naturellement par le roc, comme les autres. Sebastien Richard, qui a écrit sur les bains de Digne dans le siècle dernier, donne sept sources au bain des vertus, parmi lesquelles il y en avoit une d'eau froide, phénomène qui lui paroissoit merveilleux; mais il n'en existe plus aujourd'hui qu'une thermale assez abondante; elle tombe dans le bain par un large tuyau; sa chaleur est de 35 degrés. Tous les autres filets d'eau minérale qui viennent des bains contigus, sont fort peu de chose.

Le bain de Notre-Dame, autrement dit le bain de propreté, est moins chaud que les précédens, à cause du moindre volume d'eau minérale qu'il reçoit, & du voisinage d'une ample fontaine qui va fe jetter dans la rivière ; d'ailleurs ce bain eft fpacieux , fa chaleur n'eft que de 31 degrés. Il convient aux malades d'un tempérament délicat.

On eft dans l'ufage, avant de fe baigner, de boire pendant trois jours confécutifs de l'eau de la fontaine fituée dans la cour. Toutes ces eaux vont fe jetter dans un foffé qui communique avec la rivière ; elles répandent une vapeur fulfureufe qui fait plus d'impreffion fur les métaux blancs , & les noircit plutôt que ne font les eaux elles-mêmes , lorfqu'on les y plonge. Elles dépofent un fédiment qui contient un foie de foufre terreux , & une efpèce de glaire blanchâtre , ou favon bitumineux mêlé avec une terre calcaire.

Tous ceux qui ont écrit fur les eaux de Digne , ont affuré qu'elles ne contiennent pas un atome de foufre. Il eft certain que l'analyfe que Duclos , de l'Académie des Sciences , & autres ont faites de ces eaux minérales tranfportées , n'a jamais donné du foufre par l'évaporation ; mais en les analyfant fur les lieux , indépendamment de l'acide fulfureux volatil dont elles font fortement imprégnées , le foufre en nature fe manifefte dans les canaux des bains attaché contre la pierre. Il brûle très-bien lorfqu'il eft fec. Ce foffile eft beaucoup plus vifible en hiver , où les vapeurs font plus condenfées. M. Ricavi, Docteur en Médecine, m'en a montré des morceaux criftallifés, qu'il avoit détaché de la voûte des bains. Le bitume qui paroît le principe dominant des eaux thermales de Digne, eft un compofé d'acide vitriolique , de phlogiftique , & de la partie huileufe des végétaux. Ces principes , fuivant leurs différentes combinaifons , for-

ment diverſes ſubſtances ; tantôt l'acide vitriolique , combiné avec le phlogiſtique , forme le
ſoufre brûlant ; tantôt il donne des ſels de diverſes nature ; tantôt un foie de ſoufre terreux alkalin , duquel l'eau minérale tire ſon
goût un peu amer , & ſon odeur d'œufs couvés.

Le bitume étant décompoſé, ſe réduit en une
eſpèce de limon gras & ſavoneux qui eſt très-
propre à décraſſer la peau , & à donner de la
ſoupleſſe aux chairs. Il eſt en petite quantité, &
la terre boueuſe qui l'accompagne , n'eſt point
miſe en uſage comme celle de quelques eaux
thermales ; on pourroit pourtant l'employer.

Il n'y a aucun acide ni alkali nud dans ces
eaux ; elles ne font aucune impreſſion ſur le
ſirop violat, & ne font point efferveſcence avec
aucun acide. Elles donnent par l'évaporation 40
grains d'un ſel marin qui ſe criſtalliſe en cube,
dix grains de ſel ſéléniteux , & quatre d'une
terre abſorbante , ce qui fait en tout 54 grains
de réſidu ſur une livre d'eau minérale. Tels ſont
les réſultats que j'ai obtenu des eaux de ces différens bains. Celles des étuves m'ont paru un
peu plus chargées de ſels.

J'ai retiré , par l'analyſe , des concrétions qui
ſe forment à la voûte des bains, beaucoup de
ſélénite , de la terre abſorbante , un peu d'alun,
& un tiers de ſel de glauber. L'acide ſulfureux
volatil qui s'exhale de ces eaux , combiné avec
la baſe du ſel marin diſſeminé dans les pierres
& les terres des voûtes, forme du ſel de glauber ; lorſque c'eſt avec une terre vitreſcible, il
en réſulte de l'alun , & des ſélénites , quand il
ſe mêle avec des terres abſorbantes & calcaires.
Ces concrétions ſont ſi abondantes , qu'on pour-

roit tirer quelque profit du fel de glauber qui s'y trouve.

Les eaux minérales de Digne doivent donc être regardées comme hépatiques, (*) falines, pourvues d'un degré de chaleur qui les rend efficaces dans plufieurs maladies, quand elles font appliquées avec connoiffance de caufe, ainfi que le prouve une longue expérience. Elles font plus chargées de fels que les eaux thermales des Pyrenées, & ne leur doivent rien du côté de la partie bitumineufe.

La chaleur des bains de Digne eft plus forte que celle des bains de Bareges. Celui de St. Jean à Digne eft au 39e. degré, tandis que celui de Poulard, qui eft le plus chaud, à Bareges, n'eft qu'au 35e. La douche royale de Bareges, qui réunit toutes les eaux des autres fources, donne à la vérité un tuyau d'eau minérale, dont la chaleur eft au 40e. degré; la douche de Digne n'a pas tout-à-fait la même chaleur, mais le volume d'eau, la hauteur des tuyaux d'où elle tombe fur les parties affectées, & leur plus grand nombre, en tiennent lieu. Tous ces avantages opèrent des cures furprenantes, dont les Médecins de l'Hôpital Militaire de Digne envoient de temps en temps le détail à la correfpondance de ces Hôpitaux.

Le bitume que les eaux falines décompofent dans le fein de la terre, paroît être plus fin & plus atténué que celui du charbon minéral. Ce

(*) Je les nomme hépatiques, attendu le foie de foufre dont elles font imprégnées. C'eft ainfi que les Chymiftes modernes nomment les eaux thermales bitumineufes. Voyez les opufcules de Bergmann.

foffile fe manifefte aux environs des bains , tant par des fchiftes ardoifés & noirâtres , que par des morceaux détachés & roulés qui en indiquent les veines. Ces eaux font déterfives & confolidantes pour les plaies ; après la guerre de Corfe, beaucoup d'Officiers & de Soldats y furent promptement guéris de leurs bleffures.

M. le Médecin Ricavi a trouvé fouvent , aux environs des bains , le bitume des eaux qui découloient des fentes des rochers , fous forme liquide , comme le pétrole ; il y a découvert encore des pyrites fulfureufes attachées aux rochers. C'eft ici le lieu de détruire un préjugé qui fe foutient parmi le peuple , & qui pourroit porter coup à la réputation des eaux de Digne.

On dit par-tout que les eaux thermales , furtout celles de Digne, font contraires aux maux vénériens ; que malheur à ceux qui viennent les prendre avec un pareil vice dans le fang. Rien n'eft plus faux que cette affertion. On guérit tous les jours à Digne des Soldats atteints de rhumatifmes , de maladies cutanées , de vieilles bleffures , de diarrhées, quoique ces maladies fe trouvent fouvent compliquées avec le mal vénérien , fans que les eaux faffent empirer ce dernier. Combien de maladies vénériennes n'aije pas vu traiter avec fuccès aux eaux de Bareges? Pourquoi n'y réuffiroit-on pas de même à Digne , en prenant les précautions convenables & relatives aux divers tempéramens ? Il eft arrivé fouvent que ces eaux ftimulantes ont développé le virus vénérien caché dans les replis des glandes & les mailles du tiffu cellulaire ; voilà fans doute ce qui a donné lieu à ce préjugé : mais n'eft-ce pas plutôt un bien ? Ces eaux font , pour ainfi dire , une pierre de touche qui fert

à manifester une maladie cachée, dont les fuites auroient immanquablement été fâcheuses ;
c'est ce que l'expérience m'a confirmé par-tout
où j'ai été à portée de faire de pareilles obser-
vations. Qu'il me soit permis maintenant de faire
quelques réflexions que le patriotisme m'inspire.

Puisque la Ville de Digne possède des fources d'eau thermale si abondantes & si salutaires, ne doit-on pas être surpris qu'on ait jusqu'aujourd'hui laissé ces bains, tels que la nature les a pratiqués, dans des concavités étroites ; qu'on ait négligé de procurer aux malades
toutes les commodités qui peuvent leur rendre
le séjour des eaux agréable, & qui en attire-
roient, à coup sûr, un plus grand nombre ; ce
qui répandroit beaucoup plus d'argent dans le
pays ? Pourquoi ne pas construire un bâtiment
vaste & spacieux, distribuer les eaux avec plus
d'ordre & d'économie, les renfermer à l'entrée
de chaque bain, dans des réservoirs, pour les
faire couler à la volonté des malades ; au lieu
qu'on se plonge dans une eau qui peut-être
vient d'être infectée par les ulcères d'un lépreux,
par le corps d'un homme couvert de croûtes
& d'ordures ? On a beau dire que l'eau des bains
n'est point stagnante, qu'elle s'écoule continuellement au dehors & n'est pas susceptible de se
corrompre. Mais n'est-il pas essentiel de soustrai-
re à la vue des malades ces objets dégoûtans,
de ménager la délicatesse, sur-tout, de ce sexe,
dont l'opinion a tant d'empire sur les hommes,
& dont la répugnance est capable de décréditer
ces bains ? On me pardonnera ces réflexions en
faveur de l'importance de l'objet : qu'elle différence des bains des Pyrénées ! Les endroits
d'où les eaux sourdent, sont encore plus âpres

& plus hériffés de rochers que ceux de Digne.
On ne parvenoit autrefois dans ces vallées étroites qu'en fe faifant porter fur le dos des hommes, à travers les précipices. Ces lieux défolés,
où la nature femble être enchaînée parmi les rochers, ont changé totalement de face. Une induftrie éclairée a triomphé de tous ces obftacles.
De grands chemins bien entretenus conduifent
aux eaux minérales. Le commerce, l'aifance
ont pénétré dans ces contrées. Un peuple actif
fe confacre au fervice des malades. On y trouve
des maifons vaftes & commodes, où l'on jouit
de toutes les commodités. Les revenus que les
propriétaires en tirent, les dédommagent am-
plement des avances qu'ils ont faites pour leur
conftruction. Dans les faifons des eaux tout eft
animé, & l'on contemple avec plaifir le tableau
de la vigilante induftrie dans ces lieux agreftes
& fauvages.

Je fais que nos Souverains ont étendu leurs
faveurs jufques fur ces lieux, que les chemins,
que les poftes qui y conduifent, font l'ouvrage d'un Gouvernement attentif, qui veille à la
fanté des Citoyens, & des Militaires fur-tout,
qui répandent généreufement leur fang pour le
fervice de l'Etat. Ces eaux avoient déja acquis
de la célébrité; les particuliers des Villes circonvoifines avoient déja commencé à bâtir à
l'entour; les Etats de la Province avoient concouru à ces dépenfes; les Communautés des
Vallées s'étoient cottifées pour conftruire les
chemins & les bains même. Elles continuent de
veiller fur des ouvrages qui font tant d'honneur au patriotifme. Que n'imitons-nous un fi
bel exemple ? Les obftacles font ici plus faciles
à furmonter que ceux dont on a triomphé à Ba-

reges. Le pays en tout n'eſt pas d'un accès diſ-
ficile ; les chemins qui conduiſent aux bains ne
ſont pas impraticables; le climat eſt plus tempéré, & pour le moins auſſi agréable que celui des Pyrenées. Le voiſinage de la Ville de
Digne, pourvue de tout le comeſtible néceſſaire, ſes fruits, ſon commerce, qui y attirent
beaucoup de monde, augmenteroient la réputation de ſes eaux, ſi l'on donnoit une nouvelle forme aux bains, ſi l'on procuroit toutes
les reſſources convenables aux malades, en bâ-
tiſſant à l'entour des maiſons toujours prêtes à
les recevoir. Puiſſe le Souverain qui nous gouverne, favoriſer les ſoins des Adminiſtrateurs de
la Province, & exaucer les vœux de la Communauté de Digne. Elle ne demande que d'ê-
tre encouragée ; & bientôt on verra les malades accourir à ces eaux, dont l'efficacité en at-
tirera toujours plus à chaque ſaiſon (*).

Je dois à Mrs. les Docteurs Ricavi & Jour-
dan, la connoiſſance d'une montagne ſituée à
une demi-lieue des bains, au Nord. Il paroît qu'il
y a quelques bons filons de fer, attendu la quantité de marcaſſites & de blocs d'une terre martiale qu'elle contient, dans leſquels on voit
le fer criſtalliſé, à-peu-près comme dans les mines d'Elbe. Toute cette montagne eſt de nature
calcaire. Il y a des criſtalliſations ſpathiques dans
la pierre, mais les marcaſſites ferrugineuſes
ſont entourées d'une terre vitreſcible & martiale

(*) Les bains de Digne ne produiſent à la Communauté que 800 liv. de rente, ſomme qui étoit autrefois de quelque valeur, mais très-modique pour le
temps actuel.

de

de la chaux de fer qui les fépare entiérement du calcaire, comme l'indiquent les échantillons que ces Meſſieurs m'ont envoyés (*a*). Il ne paroît pas qu'on ait fait des fouilles dans cette montagne, mais je fuis perfuadé que les filons qui s'y trouvent, donneroient quelque profit.

J'ai dit que le charbon minéral doit être fort abondant dans les montagnes qui avoiſinent les bains, s'il faut en juger par les indices qui fe préfentent aux yeux en parcourant la rivière des eaux chaudes. En effet, on ne voit que des fchiſtes noirâtres, un peu bitumineux tout le long des coteaux, en allant du Levant au couchant jufqu'au vallon d'Entrages (*). Elles fe prolongent au-delà de Chaudon. Les fels dont elles font imprégnées paroiſſent à leur fuperficie en été. Il y a quantité de pétrifications aux environs, comme peignes, cames & aſtroïtes.

(*a*) Le fer eſt beaucoup répandu dans le Diocèſe de Digne; dans la pierre, dans les argiles, en un mot, par-tout où il y a des roubines noirâtres, on trouve facilement les marcaſſites & l'ochre. Ce métal minéralife jufques aux teſtacées. La tradition ne porte pas qu'on ait exploité aucune de ces mines.

(*) Il y a près de ce Village un rocher fort élevé, nommé *lei pouertos*, à cauſe d'une ouverture qu'on y a pratiquée, pour donner iſſue au chemin qui conduit de Colmars dans la Baſſe-Provence. Un fuc lapidifique qui fuinte des fentes de ce rocher, femble avoir augmenté le volume des trois chiffres 169 gravés fur la pierre; il n'y a rien de bien remarquable dans cet endroit, qu'un écho qui répète jufqu'à fix fois les cris que l'on fait, ce qui provient des concavités que la nature a creufé dans cette montagne. Quantité d'oifeaux de proie noturnes fe retirent pendant le jour dans ces efpèces d'antres, & pouſſent, à l'entrée de la nuit, des cris lugubres qui effrayent les paſſans.

Les cornes d'ammon y font minéralifées avec le fer; la chaux de fer eft répandue de tous côtés. Les cornes d'ammon font fort communes dans les montagnes fous-alpines, on en trouve de pétrifiées jufqu'à leur cime. Il y en a depuis une ligne de diamètre jufqu'à un pied. J'en ai vu qui étoient couvertes de plufieurs couches pyriteufes formées par les fels & les bitumes, dont les terres qui les entourent, font empreintes, ce qui leur donne le brillant du cuivre.

CHAPITRE XI.

Suite du Diocèfe de Digne.

TOus les Villages du Diocèfe de Digne font renfermés dans les montagnes fous-alpines, qui commencent précifément au fortir de cette Ville, & font fitués dans des vallées ou fur des coteaux. Ces montagnes ont une étendue de plus de trente lieues du Couchant au Levant, & de dix à douze du Midi au Nord, fuivant leurs différentes pofitions. Elles fervent de limites à la partie moyenne de la Provence, fe lient avec les montagnes du Dauphiné vers Sifteron, & vont fe joindre à quatre lieues de la mer, à celles du Comté de Nice, qui font une dépendance des Alpes maritimes. Le climat change totalement dans ce long efpace; il n'y a que deux ou trois petites Villes; les Villages font prefque déferts dans le cours de l'hiver; la plupart tombent en ruine; l'air de mifere & de vetufté qu'ils préfentent, a de quoi furprendre le voyageur qui vient de quitter les contrées riantes de la Provence méridionale : on voit pourtant dans ce long espace, des lieux fertiles, quantité de prairies couvertes de gazon, des champs à bled bien cultivés, tous les revers des montagnes ombragés par des forêts ; mais tout cela ne vaut point le climat agréable, où la vigne & l'olivier végètent à l'envi.

Les argiles font plus abondantes qu'on ne pense dans ces contrées ; les marnes ne s'y trouvent gueres qu'au bas des coteaux schisteux, au pied des montagnes calcaires. Tout le reste ne contient qu'un terrein maigre, graveleux & stérile ; on rencontre quelquefois dans les coteaux inférieurs, des indices de mines de houille qui n'ont pas été exploitées jusqu'aujourd'hui. Il me fut dit près de Digne qu'on avoit essayé d'attaquer une de ces mines, mais sans succès. Le bois devient tous les jours plus rare dans ces contrées, par la consommation inconsidérée qu'il s'y en fait, & le peu de soin qu'on a eu jusqu'à présent de le renouveller ; les défrichemens en détruisent une grande partie. Quel avantage ne résulteroit-il pas pour les habitans de ces montagnes d'y avoir quelque mine de houille en valeur ?

La lithologie est assez uniforme dans les monts fous-alpins, le genre calcaire y domine, la plupart font couverts à leurs cimes d'une large couche de pierre blanche, dure & entiérement nue au Midi ; il n'y a de cultivé que leur penchant & les vallées qui font auprès des Villages, où l'on rencontre beaucoup de prairies & d'arbres fruitiers. Les troupeaux y font nombreux & dépaissent les pâturages pendant la belle saison ; mais après les premières gêlées, la terre ne produifant plus rien, les bergers les conduifent dans les régions moyennes & maritimes de la Provence, où ils reftent jufqu'au printemps.

Le terroir de *Champourcin* renferme des cailloux *filicés* dans le calcaire, en forme de géodes à noyaux attachés, tandis que le fpath fe préfente fous plufieurs formes au terroir d'*Arnail*, Village à deux lieues de Digne (1). La roubine y eft parfemée d'aftroïtes ; ces objets font, il eft vrai, de peu de conféquence, mais ils tendent au moins à nous faire connoître les limites des pétrifications des teftacées, qui s'étendent jufqu'aux montagnes fous-alpines. On n'en voit prefque point fur les alpines, dans ces maffes primitives & calcaires qui ont

_____

(1) Le lieu de Chantercier, à deux lieues de Digne, eft la patrie de Gaffendi. Ce Savant eft plus eftimable par fes connoiffances en Mathématiques, Aftronomie & Hiftoire Naturelle, que par les vains efforts qu'il fit pour rajeunir les atomes de la vieille philofophie d'Epicure, & les oppofer à la matière fubtile du roman philofophique de Defcartes. Gaffendi étoit l'ami de Peyrefc, dont il a écrit la vie. Quoiqu'il vécût dans un temps où l'on brûloit encore les prétendus forciers, & où l'on fit fubir ce fupplice cruel à un méchanicien ingénieux que le célèbre Vaucanfon a imité de nos jours, il fe mit au-deffus de fon fiècle, & fes connoiffances le préfervèrent de ce préjugé. Il reconnut que les prétendus forciers ne fe croient tels qu'enfuite d'un dérangement dans leur cerveau. Il conclud par dire, qu'il y a dans la nature quantité de plantes affoupiffantes dont le fuc venimeux eft capable de jetter l'homme dans le plus grand défordre, & de lui caufer un délire qui doit plutôt lui attirer la commifération, que ces fupplices affreux auxquels une ignorance barbare le condamnoit.

été créées pour fervir de contrepoids au globe terreftre. Je n'ai trouvé aucune coquille en parcourant la vafte chaîne des Pyrenées, quoique de même nature.

Le fel marin foffile eft abondant dans les terroirs des Communautés de Lambert & d'Aymar, qui font attenantes. Les curieux peuvent en ramaffer des morceaux criftallifés dans les vallons. Les eaux pluviales les y entraînent. Les fchiftes des coteaux en s'éboulant les mettent fouvent à découvert. Les habitans de ces lieux, profitant du bénéfice que la nature leur offroit fi libéralement, leffivoient ces terres falées pour en extraire, par l'évaporation, le fel, qu'ils employoient à leurs befoins ; mais on priva bientôt ces pauvres gens de ce petit fecours. Les Gardes établis en ces lieux empêchent qu'ils ne profitent de ce foible avantage. Ne devroit-il pas au moins être permis aux habitans de s'en fervir pour leur ufage ? Ce n'eft pas l'intention des Souverains de les en priver ; mais la voix du patriotifme, de la juftice & de l'humanité n'eft pas affez hardie pour s'élever jufqu'à eux, & ils ignorent le plus fouvent ces abus qu'on commet en leur nom. Les citoyens de Moriés & de Tartone jouiffent du privilège accordé par les Comtes de Provence, d'employer le fel de leurs fontaines falantes à leur ufage domeftique ; pourquoi ceux de Lambert & d'Aymar ne l'auroient-ils pas ? Qu'on leur contefte ce droit tant qu'on voudra, la nature réclamera toujours en leur faveur. Je n'ai garde de développer les moyens ingénieux dont ils fe fervent pour tromper ces miférables argus (*).

_____

(*) Les horribles fcènes qu'on a vues quelquefois

K 3

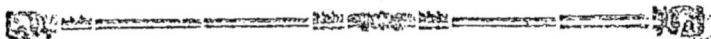

CHAPITRE XII.

Barles, Verdache, le Vernet, & Seine.

LE petit Village de *Feichau*, situé dans le Dio-cèse de Gap, à quelques lieues de Digne, se trouve dans une vallée où de nombreux troupeaux viennent dépaître pendant l'été : ces lieux se ressentent déja de l'âpreté du climat des Alpes voisines ; les neiges qui couvrent les montagnes en hiver, empêchent les habitans de franchir la vallée où le Village est situé ; il y tombe des lavanches (1) qui ferment entiére-ment les chemins ; c'est toujours dans les dé-gels des mois d'Avril & de Mai. Les terres y font très-fertiles ; les habitans vont vendre leur bled aux marchés de Digne & ailleurs. Les femmes & les enfans y font un peu sauvages ; ils s'enfuirent en nous voyant, à l'exemple de leur Curé qui tricotoit des bas comme les Moi-nes de la Thébaïde, & qui du plus loin qu'il nous apperçut, fut se cacher dans un grenier à foin. Nous passâmes la nuit dans ce miséra-ble endroit, d'où nous arrivâmes le lendemain *à Barles*, après avoir traversé des chemins dé-testables, gravi contre plusieurs montagnes, & franchi des vallons scabreux & hérissés de pier-

---

aux bords de l'étang de Valduc, (Voyez le premier vol.) où le sang humain a été versé pour une poignée de sel, ont été renouvellées assez souvent dans ces cantons.

(1) Voyez le mot lavanche à l'article Barcelonete.

res pointues qui nous arrêtoient à chaque pas.
notre guide ne defcendit jamais de fon mulet,
même aux endroits entourés de précipices, où
nous conduifions nos chevaux par la bride ; il
rioit de nos craintes ; la tête ne lui tournoit
point dans ces lieux efcarpés , tandis que nous
tremblions à chaque pas ; il nous quitta dans
un chemin plus difficile encore, au pied d'une
montagne ifolée & élevée en pain de fucre ,
au milieu de plufieurs autres , dont la fuperficie étoit couverte de fchiftes ferrugineux , ainfi
que le fol de la vallée périlleufe qu'il nous ref-
toit à parcourir. Nous ne vîmes que des pierres dures , de vraies marcaffites ferrugineufes,
qui avoient été détachées des montagnes fupérieures , quoique le calcaire y parût la partie
dominante. Tout cela joint aux ruiffeaux rapides que nous rencontrions fréquemment , ren-
doit le chemin tellement difficile & gliffant , que
nous avions de la peine à nous foutenir. Les
pâturages ne manquent pas aux approches de
Barles , où il y a des étalons.

Les Orithologiftes , qui ont parlé des foffiles
de la Provence , ont défigné des minéraux précieux à *Barles*. Je fuis très-convaincu qu'aucun
d'eux ne s'eft donné la peine d'en vifiter le local ; il y a toute apparence qu'ils fe font co-
piés les uns les autres , fans faire de plus grandes recherches. Nous parvînmes au terroir de
Barles par une gorge entre deux montagnes
couvertes de fchiftes jufqu'à leur partie moyenne ; ces fchiftes entraînés par les eaux pluviales avec quantité de pierres détachées de leur
cime , étoient tellement amoncelés le long du
chemin , qu'ils empêchoient nos chevaux de le
franchir. Ils font de nature calcaire , ainfi que

les autres pierres ; ils approchent de l'ardoise
par leur couleur , sans être d'un tissu aussi serré & aussi compacte. Les pierres sont bleuâtres
& parsemées de bandes spathiques & blanchâtres ; la partie septentrionale de ces montagnes
est gazonnée. Nous ne vîmes dans ces vallons
que des groseilliers épineux & autres semblables arbustes ; cette vallée est si froide , que nous
ne fûmes point surpris d'y trouver l'aconit à
fleurs bleues (*) , qui ne vient qu'aux montagnes alpines. Tous les vallons depuis *Feichau*
jusqu'à *Barles* en sont garnis. Cette espèce d'a-
conit naît entre les pierres comme sur le gazon , c'est le *napel* des anciens ; il s'élève jusqu'à trois pieds de haut ; ses feuilles sont découpées , ses fleurs irrégulières , à cinq pétales ,
ayant leur partie supérieure taillée en capu-
chon , & renfermant un grand nombre d'etamines avec cinq pistils , qui deviennent un fruit
composé de graines membraneuses disposées en
forme de tête , où sont contenues des semences anguleuses & ridées. Ces fleurs sont disposées en manière d'épis serrés ; la pointe du casque est racourcie ; chacune d'elles est portée
sur un pétiole ; la racine est en forme de navet.
L'aconit a quelques variétés qui ont été très-
bien décrites par M. de Haller. Elles naissent
communément les unes auprès des autres. Presque tous les modernes attribuent à cette plante une vertu délétère & venimeuse , sans en
excepter même l'espèce que M. Stork a mis
en usage contre quelques maladies ; & qui est
différente du napel bleu vulgaire , suivant la

(*) Aconitum , napellus, Linn.

remarque de M. de Haller, & la figure que le Professeur de Vienne nous en a donnée; c'est à l'expérience à décider de ses vertus médicinales. Les gens du pays sont tellement persuadés que les aconits à fleurs jaunes (1) & à fleurs bleues sont venimeux, sur-tout au bétail, qui l'empêchent d'y toucher; les vieux moutons avertis par leur instinct n'ont garde de les brouter, mais les jeunes agneaux que l'on conduit nouvellement aux montagnes en mangent par fois, ce qui les fait enfler & mourir.

Le peuple de ces contrées est encore persuadé que l'*aconitum salutiferum* ou *anthora* (2) est le contrepoison du napel, & que la nature l'a placé tout auprès de l'autre pour servir dans le besoin. Les feuilles de l'*anthora* sont petites, profondément découpées en trois. On le trouve sur les montagnes de l'Arche; il ne s'élève qu'à un pied de haut, ayant une ou deux fleurs en bouquet sur chaque pétiole; elles ressemblent à celles du napel & sont d'un jaune verdâtre, pâle & un peu velues. J'ai cultivé cette plante quelque temps dans le jardin de Botanique. Sa racine est âcre & un peu amère, avec une odeur agréable. Cet aconit ne cause aucun mal aux animaux qui en mangent; les paysans dans la vallée de Barcelonete s'en servent dans les coliques venteuses. Gesner avoit déja éprouvé sur lui-même qu'il n'avoit aucune qualité malfaisante; l'expérience nous apprendra si l'anthore est le contrepoison du

(1) Aconitum lycoctonum, luteum, Linn. Aconit à fleurs jaunes.

(2) Aconitum anthora, Linn. l'Anthore.

napel & de l'aconit à fleurs jaunes. Cependant
malgré le témoignage de Geoffroi, il eſt ſuſ-
peĉt, & je ne conſeille à aucun payſan de ces
montagnes d'en faire uſage, à moins de commencer par de très-petites doſes ; car il purge
violemment quand on en prend au-delà d'un
ſcrupule.

Le Village de *Barles* eſt ſitué à l'Eſt dans une
vallée, au bord d'une petite rivière qui vient
du côté de *Seine*, coule auprès des montagnes,
& va ſe jetter plus bas dans celle de *Bleoune.*
Elle eſt fort reſſerrée dans des gorges étroites :
une de ces montagnes s'éboula en partie dans
le lit de la rivière au commencement de ce ſiècle ; ſes débris fermèrent entiérement le paſſage aux eaux, qui furent obligées de refluer ſur
elles-mêmes, d'où il ſe forma un lac fort étendu, qui devint abondant en truites. Trois ans
après, les eaux de cette rivière, qui ſe filtroient
à travers les terres, s'ouvrirent un paſſage &
reprirent leur ancien cours ; mais le ſol de la
vallée en fut tellement exhauſſé, que la plupart
des maiſons de *Barles* reſterent enſevelies à moitié dans la terre, & le premier étage devint
le rez-de-chauſſée, ainſi qu'on nous le fit remarquer.

Quoique les Orithologiſtes, ainſi que j'ai dit,
aient indiqué des minéraux précieux dans le
terroir de *Barles*, la mémoire s'en étoit perdue
entiérement parmi ſes habitans : les anciens n'en
ſavoient rien, & les jeunes encore moins. Il
n'y eut qu'un vieillard oĉtogénaire qui nous
apprit qu'il avoit ouï dire à ſes ayeux, que des
ouvriers étrangers avoient travaillé quelque temps
à percer une roche dont il nous indiqua le
quartier, & qu'après avoir extrait quelques mi-

néraux ils s'enfuirent précipitamment crainte d'ê-
tre surpris ; voilà tous les éclaircissemens que
nous en tirâmes. On voit par-là combien il
faut être en garde contre de pareilles tradi-
tions, auxquelles on ajoute toujours des circonf-
tances, le plus souvent fausses ; nous ne nous
en tînmes pas à des affertions auffi vagues,
nous voulûmes visiter par nous-mêmes le local
qui devoit receler de pareils minéraux ; nous
choisîmes un guide intelligent, qui nous conduisit à l'endroit de la mine ; c'étoit un Dimanche
après-midi, tout le peuple accourut pour nous
voir passer (1) ; les garçons & les filles s'em-
pressoient de nous suivre sur le bord de la rivière ; les uns nous prenoient pour des Mineurs
instruits, qui alloient retirer l'or de leurs montagnes pour le répandre avec profusion dans
ces lieux chétifs, & en bannir la misere ; les
autres pour des Marchands, à nos porte-man-
teaux volumineux ; mais la plupart nous
croyoient bonnement fous, ou de véritables
forciers qui vouloient deviner les secrets de la
nature ; cette aventure me rappella l'étonnement
des Prêtres Grecs qui ne pouvoient se laffer
d'admirer le célèbre Tournefort, notre Com-
patriote. Le voyant gravir contre les montagnes les plus hautes, & pénétrer dans les plus
fombres cavernes, ils le prenoient pour un Né-
gromancien, où tout au moins pour un homme avide & curieux, qui alloit chercher de
l'or & de l'argent dans ces lieux prefqu'inac-
ceffibles.

_____

(1) J'étois accompagné de M. Gavot, Docteur en
Médecine, & de M. Bourret d'Arles, dont j'ai parlé
dans le premier volume.

Les habitans de ce Village, qui demeurent la moitié de l'année sous la neige & la glace, nous regardoient avec admiration remonter la rivière. Quelques-uns faisoient des signes de croix sur nous, tant la crédulité & la superstition régnent encore dans ces montagnes.

Le terrein change à la droite, à un quart de lieue de *Barles*, au sortir de la rivière ; nous traversâmes un coteau de pierres vitrescibles, rougeâtres, couvert de pins ; après avoir descendu quelque temps par un chemin étroit & pierreux, & franchi des ravins, nous joignîmes le lit de la rivière. Le guide nous fit laisser nos chevaux sous des saules pour la descendre plus facilement. Nous nous trouvâmes dans une gorge rétrecie par deux montagnes opposées, dont les bords ne font guères praticables qu'en été, les glaces & les crues d'eau devant en occuper tout l'espace en hiver ; on avoit construit quelques digues dans la rivière, afin d'y prendre plus facilement les truites qui suivent son cours. Le guide nous portoit souvent sur ses épaules pour nous faire passer l'eau, mais cette attitude nous devenant incommode, & quelques-uns de nous étant blessés sous les bras & sur la poitrine par des gros boutons qu'il avoit à sa veste, accoutrement du siècle passé, nous nous jettâmes en bottes dans l'eau ; & l'ayant guayée à plusieurs reprises, nous parvînmes enfin à l'ouverture de la mine avec autant de peine que de danger.

La rivière forme un petit bassin dans cet espace. Les montagnes qui font au Nord-Ouest font toutes calcaires, celles à l'opposite nous parurent de nature argileuse, entremêlée de grès. C'est précisément au bas d'une roche sauvage & de couleur rougeâtre que le guide nous montra un trou qui pénétroit profondément dans son intérieur ; il nous le donna pour l'ouverture de la mine que nous cherchions ; des blocs de pierre entaſſées tout à l'entour, & d'autres qui en bouchoient imparfaitement l'ouverture, nous parurent de nature ferrugineuſe : après en avoir écarté quelques-uns, autant que nos forces nous le permirent, & déblayé un peu les décombres de l'intérieur de la mine, nous trouvâmes des morceaux d'une autre pierre griſâtre vitrifiable, dans laquelle on découvroit de petites mouches d'un métal brillant qui nous ſembloit de l'argent natif, comme on en voit dans les mines d'*Ongles*, à cela près, que la pierre d'*Ongles* eſt de nature calcaire, & que celle de Barles eſt d'un grès quartzeux. C'eſt peut-être aux apparences de ce métal qu'on ſe décida à attaquer cette mine; & ſans doute que ſa ſituation ſcabreuſe, entre des rochers, au bord de la rivière, dont les eaux accrues devoient pénétrer facilement dans l'intérieur de la mine pour ſe filtrer à travers le lit de pierre, joint au peu de profit qu'on en retira, la firent bientôt abandonner.

Toutes les perquiſitions que nous fimes à ce ſujet, ne nous en apprirent pas d'avantage; envain nous parcourûmes cette gorge étroite, nous n'y trouvâmes aucune trace des travaux & des ouvrages conſtruits à l'uſage des mines; ſi l'on en doit juger par les apparences, le fer domine dans toutes ces montagnes, dont la chaîne ſe lie bientôt, en remontant la rivière au Nord, avec celle de *Verdaches*. Le fer ſe montre ici ſous des apparences plus ſenſibles, & l'on y apperçoit la tête des filons, en parcourant la crête des montagnes. Il pourroit y avoir quelqu'autre mine précieufe cachée dans ces cantons ; mais l'exploitation en feroit fi difficile, qu'il y auroit de la témérité à l'entreprendre. Le pays eft fi hériffé, fi fcabreux, qu'on auroit de la peine à s'y établir pendant quelques mois de l'année, étant fous les glaces tout le refte du temps ; d'ailleurs le peu de bois qu'on trouve dans ces cantons, la difficulté de pénétrer dans ces gorges étroites, & plufieurs autres obftacles éloigneront toujours ceux qui donneront dans de pareilles entreprifes. Nous trouvâmes quelques belles plantes à l'ombre des arbuftes au Nord, au pied de la montagne, telles que la grande cataire. Cette efpèce eft moins commune que la cataire à feuilles étroites ; la fauge des forêts (1), efpèce d'ormin à fleurs jaunes, dont les payfans fe fervent pour panfer les ulcères des jambes, fes feuilles étant velues & déterfives ; le raifin de renard (2) ; la grande digitale (3) ; la fpirée à barbe de chêvre (4) ; la grande meliffe à larges fleurs (5) ; le grand calament (6), dont la vertu eft connue pour l'afthme humide.

Après avoir quitté le Diocèfe de Digne, on entre dans celui d'Ambrun par le Vernet. Ce Diocèfe a quantité de Paroiffes en Provence, & principalement toutes celles de la vallée de

---

(1) *Salvia nemorum*, Linn. La fauge des bois.
(2) *Paris quadrifolia*, Linn.
(3) *Digitalis lutea*, Linn.
(4) *Spiræa aruncus*, Linn. La barbe de chêvre.
(5) *Meliffa grandiflora*, Linn.
(6) *Meliffa calamintha*, Linn.

Barcelonete. Les chemins qui conduisent à la petite Ville de Seine, située dans les montagnes, sont assez larges, bien entretenus. Cette Ville étoit limitrophe de la Provence, avant que la vallée de Barcelonete y fût annexée par la paix d'Utrech en 1713 ; il y a encore une petite citadelle qui en défend les approches au sortir des gorges. Sa population est d'environ 2000 ames ; elle jouit d'un commerce considérable en bestiaux, mulets & haras, pour lesquels les Etats de la Province lui ont accordé une rétribution convenable. *Seine* est située sur une petite élévation, entourée de hautes montagnes à l'Est & au Nord ; la partie de l'Ouest & du Sud est beaucoup plus ouverte, parce que les montagnes sont plus éloignées & moins élevées. Tout cet espace est parsemé de petits coteaux, de prairies & de champs fertiles, traversé de quantité de ruisseaux & de torrens. Parmi les pierres qu'ils détachent des montagnes attenantes, & que l'on voit accumulées dans les petits murs de clôture, l'on trouve quelquefois du grès, des morceaux de serpentine, des pierres de roche cornée, du quartz, des schistes argileux, mais le plus souvent la pierre calcaire compacte, spathique ; ils indiquent l'organisation des montagnes supérieures. C'est proprement ici la région des Alpes, & où commencent ces masses primitives dont la chaîne se propage fort au loin.

Le baromètre nous donna à Seine 500 toises d'élévation au-dessus du niveau de la mer. Les habitans nous y parurent jouir d'une très-bonne santé ; les enfans, les femmes, avoient les couleurs les plus vives ; il y régne très-peu de maladies ; les changemens des saisons, les vicissitudes de temps, qui ne sont pas si brusques ici que dans la Provence méridionale ; ne causent aucune altération dans les humeurs ; & si ce n'étoient les fièvres putrides, que l'excès du travail occasionne en été, on y vivroit plus long-temps. La vie moyenne des hommes va au moins à quarante ans. Le climat de ces contrées est naturellement fort rude en hiver ; le printemps ne s'y annonce qu'au mois de mai, & les plus hautes montagnes sont encore couvertes de neige à la fin de Juin ; les matinées & soirées d'été y sont très-fraîches ; ce n'est que pendant quelques heures du jour que le chaud s'y fait sentir, mais d'une façon modérée. Les automnes y sont courtes, & l'hiver commence avant la fin d'Octobre. Le bétail qui multiplie beaucoup dans ces contrées, est conduit en partie dans la Basse-Provence pour y passer l'hiver, à cause du défaut de fourrages, qui ne sont pas suffisans dans cette saison pour les nourrir. Quantité de cultivateurs vont à sa suite pour travailler nos terres ; telle est la conduite de presque tous les paysans de nos montagnes sous-alpines.

Mines d'Ubaye & de la Breoule.

Le Village d'Ubaye est situé au-delà de la rivière qui lui donne son nom, & au bas des montagnes qui séparent son terroir du Dauphiné & de la vallée de Barcelonete. Il est compris dans la Viguerie de Seine, entre la Paroisse de St. Vincent au Midi, & celle de Pontis vers le Nord. La rivière d'Ubaye n'est en été

qu'un

qu'un gros torrent qui defcend de la montagne de l'Arche, ainfi que je le dirai ci-deffous ;
la réunion de plufieurs ruiffeaux groffiffent tellement fes eaux lors de la fonte des neiges,
fur-tout, qu'elle devient très-profonde. Elle va
fe jetter dans la Durance, au bas du terroir
de *Sauzé*. Le pont conftruit fur cette rivière,
pour aller en Dauphiné, appartient à M. de
Monclar ; tout le terroir d'Ubaye jufqu'à la
montagne du Morgon, ne préfente qu'un affemblage de petits coteaux dénués de gazon,
dont la pierre eft prefque à nud par les pluies
d'orage, & les ravins qui y font beaucoup de
mal ; la plaine fournit du bled & du vin qui
paffe pour être fort bon. Les raifins y acquièrent affez de maturité, à caufe des chaleurs de
l'été qu'on éprouve dans cette vallée ; elle donne également quelque peu de foin & de fruits,
ce qui fuffit pour foutenir quarante cinq habitans, dont une moitié occupe le chef-lieu, &
l'autre des maifons de campagne. Ils font tous
pauvres en général, fans induftrie, fans commerce, n'ayant qu'un peu de bétail qui leur eft
d'un grand fecours.

Ce petit Village paroît dater d'affez loin,
& avoir été bâti avant la fondation de Barcelonete, attendu le paffage des limites de Provence en Dauphiné. (Voyez les Hiftoriens qui
en ont parlé.) Nous favons par tradition qu'il
y avoit autrefois le double d'habitans, & que
le terrein en étoit plus cultivé & plus fertile.
Il ne s'y trouve maintenant que des bois de
chêne, de hêtre & de pins, dont on fe fert
pour le chauffage. Le Mont Morgon qui eft
en face de la montagne de St. Vincent, fa-
meufe par fes bois de méleze & de fapins, eft

L

couvert de très-bon pâturages que les troupeaux d'Arles viennent dépaître en été. Ce
Mont eſt dépendant par ſon étendue de pluſieurs
Communautés ſituées en Dauphiné & en Provence ; il paſſe , ainſi que celui de Moriés qui
lui eſt attenant, pour être un des plus élevés
& des plus remarquables des Alpes ; on y
chaſſe beaucoup au chamois, & le gibier y eſt
aſſez abondant.

Ces montagnes ſont riches en minéraux. Les
anciens ont parlé de mines d'argent contenues
au bas du Mont Morgon , & les Orithologiſtes modernes les ont déſignées dans ces contrées ; la pierre vitrifiable , le quartz de pluſieurs eſpèces , & la roche dure & calcaire qui
forment la principale organiſation de ces maſſes élevées, préſentent des indices de l'argent
& du cuivre qu'elles récelent dans leur ſein ;
on croit que la mine de Morgon , dont les
vieillards ont connoiſſance, & à laquelle ils ont
vu travailler , contient non-ſeulement de l'argent, mais encore de l'or , du cuivre & du
fer. M. *Bonafoux*, Curé de cette Paroiſſe, a
bien voulu me garantir ce fait par des informations qu'il a priſes d'eux à ce ſujet. L'or y
eſt en très-petite quantité , quoique des Mineurs
Italiens , à ce que diſent ces bonnes gens, en
retirerent aſſez dans leur épreuve pour devenir riches. Les fourneaux , qu'ils avoient conſtruits à l'entrée de la mine , ont exiſté long-
temps.

Quoique les proportions de l'argent minéraliſé avec les pierres ne leur ſoient pas bien connues , ils aſſurent encore que ce métal s'y
trouve en grande quantité. Les vieillards qui
ont donné ces notices, prétendent que quatre

onces de minérai qu'on envoya à Turin., produifirent 24 fols d'argent ; ce qui donneroit environ 500 l. pour un quintal de minérai, proportion qui indique une mine très-riche, fi le fait eft vrai. Le bois, les eaux ne manquant point dans ces cantons, il eft furprenant que cette mine n'ait point été exploitée comme il faut jufqu'à aujourd'hui ; il eft vrai que ces vieillards ajoutent que le filon du métal n'eft pas auffi riche par-tout ; ils y ont travaillé eux-mêmes, il y a environ 25 ans, avec une quinzaine de leurs voifins, fous la direction d'un Entrepreneur qui ne paroiffoit pas fort entendu ; auffi il n'y réuffit point, foit parce que le minérai impregné de beaucoup de foufre fe confomma en grande partie dans le feu, foit parce qu'ils employerent le mercure, à ce qu'on dit, pour l'extraire. Une pareille tentative ne réuffit pas mieux à cinq particuliers de *Seyne*, qui étoient venus travailler trois ans auparavant à cette mine, avec un Entrepreneur auffi peu expérimenté que le premier.

J'aurois bien voulu que M. le Curé d'Ubaye m'eût envoyé quelques échantillons de ce minérai, mais ayant cru que je voulois en parler plus en Métallurgifte qu'en Hiftorien, & que je fondois quelqu'entreprife la-deffus, il m'a mandé que l'excavation de cette mine, qui a plus de vingt toifes de profondeur, eft entiérement comblée, non-feulement par les pierres qui fe font détachées des toit de la mine, mais par quantité d'autres qui en bouchent l'ouverture ; il faudroit beaucoup de temps & de dépenfes pour parvenir jufqu'au minérai, & fi l'on avoit intention de l'exploiter de nouveau, il conviendroit de conftruire auparavant un bâtiment en état d'y loger les travailleurs, & de contenir les ufines néceffaires à la mine. Tout ce qu'il m'en a dit, eft au pied de la lettre : comme j'avois appris que des particuliers d'*U-baye* avoient ramaffé en divers temps dans les torrens, & au pied de la montagne, des morceaux de minérai, qu'ils avoient été vendre à Gap, j'en ai demandé des échantillons de tout côté ; mais je n'ai pu m'en procurer : il y a également des filons de cuivre & de fer dans ces montagnes ; quelques connoiffeurs en ont diftingué les têtes, en les vifitant foigneufement. Quant aux mines d'argent & de cuivre de la Breoule, il n'en exifte point dans ces lieux, malgré ce que les Oriftologiftes de bonne foi en ont dit ; toutes les informations que j'ai prifes à ce fujet ont abouti à m'apprendre qu'ils ont confondu la mine d'argent du Mont Morgon dans le terroir d'*Ubaye*, avec les prétendues mines de la Breoule. Il y a encore des particuliers à Seine qui entreprirent une fouille dans la mine d'*Ubaye*, mais ils l'abandonnerent, n'y ayant point trouvé le profit qu'ils en attendoient ; ils font en état d'inftruire ceux qui voudront en favoir d'avantage.

CHAPITRE XIII.

Nature des Montagnes Sous-Alpines & Alpines de Provence ; conſtitution de l'Homme Originaire de ces Contrées.

LEs montagnes qui ſéparent la partie méridionale de la Provence d'avec la ſeptentrionale, forment une chaîne qui s'étend depuis la Méditerranée juſqu'aux frontières du Dauphiné. Toutes ces montagnes paroiſſent être d'origine primitive, ſi l'on conſidère leur organiſation intérieure, leurs ſommets élevés, dont quelques-uns ſont taillés à pic & ſéparés les uns des autres : en voyant ces maſſes pierreuſes, ces blocs énormes ſans couches régulières, quoique la plupart de nature calcaire, on ne peut diſconvenir que ces montagnes n'aient été créées originairement avec le globe. Semblables aux oſſemens qui forment la charpente du corps humain, elles ſont à la terre ce que ceux-ci ſont à l'économie animale. Ces montagnes different totalement de celles qu'on nomme ſecondaires, & qui ſe ſont formées peuà-peu par la retraite des eaux de la mer, leur dépôt ſucceſſif, leur alluvion &c., comme il conſte par leurs couches paralleles ou inclinées à l'horizon, par le débris des corps marins & les teſtacées qu'on trouve dans l'intérieur de leur organiſation. Si elles contiennent des minéraux, des lits immenſes de bitume, des couches de ſel foſſile &c., c'eſt à l'écroulement des montagnes primitives qu'elles en font redevables : en effet, l'état métallique des montagnes fecondaires eft prefque toujours irrégulier & informe, il ne préfente jamais cet ordre & cette continuité qu'on obferve dans les primitives.

Les montagnes fous-alpines de la Provence ne dèvoient faire autrefois qu'une chaîne bien marquée avec les alpines, quoiqu'elles foient interrompues par des coteaux de nouvelle formation ; ceux-ci font couverts de plantes aromatiques jufqu'au pied des Alpes, ainfi que les montagnes de la partie moyenne de la Province ; leur couches font pofées différemment les unes fur les autres, & on y trouve fouvent des coquilles pétrifiées ; toutes les montagnes qui les entourent, font très-élevées & tiennent à la chaîne générale des Alpes, tant par leur organifation intérieure, que par les plantes qui y naiffent & les divers foffiles qu'elles contiennent ; telles font les montagnes de Sifteron, de Digne, de Norante, de la Palud, d'Eiguines, de Triguance, de Thorame, de Bargeme, de l'Achen, de Seranon, de Cheiron &c. Lorfque ces montagnes ont des parties fchifteufes, & que la pierre eft feuilletée en quelques endroits, comme à Bargeme, à Cheiron & ailleurs, c'eft toujours à leur bafe, ou dans des endroits nuds, expofés à l'action de l'air, à l'impétuofité des vents, à la rapidité des eaux d'orage, & à la chaleur du foleil ; car c'eft à ces caufes que ces irrégularités de la pierre calcaire font dues ; les marbres, les gypfes, les terres marneufes, les argiles, les ochres ne fe trouvent que dans les coteaux formés par des dépôts fucceffifs.

Les terres comprifes dans l'efpace des montagnes fous-alpines, quoique fort étendues , ne font point affez fertiles pour nourrir leurs habitans ; les coteaux commencent à être pelés, le terrein eft emporté par les averfes dans les ruiffeaux inférieurs ; les défrichemens qu'on y a pratiqués de tout côté fans cette fage prévoyance , qui fait éviter les inconvéniens , l'ont rendu fi mobile, qu'il s'y forme par-tout des ravins qui en fillonent la fuperficie : le fol des vallons s'exhauffe , tandis que la cime des coteaux s'écroule & entraîne les arbuftes qui les couvroient auparavant, ainfi que je l'ai dit ailleurs ; il n'y a que les parties feptentrionales des montagnes qui foient à l'abri de pareils événemens, par les forêts antiques que la coignée du bucheron n'a point encore attaquées. On ne. feme que du méteil dans la plupart des terres en valeur ; ce n'eft que dans certains quartiers abondans en marnes que le froment vient très-bien ; auffi font-ils regardés comme le grenier de quelques parties méridionales de la Provence : les prairies font en petit nombre dans ces contrées ; le bétail y eft affez rare ; le climat diffère peu de celui des montagnes alpines ; les froids y font auffi piquants & les gelées prefqu'auffi fortes en hiver. La neige qui couvre ces montagnes dès le mois de Novembre , y fond plutôt, fur-tout fur leur partie méridionale ; car leur partie feptentrionale eft long-temps expofée aux rigueurs des frimats. Les chaleurs de l'été y font fort douces ; plufieurs habitans des parties méridionales viennent paffer l'été dans ces lieux, où ils font à même de fe procurer toutes les commodités de la vie : beaucoup de malades y trouvent du foulagement ; il n'eft pas rare de voir des phtifiques s'y remettre entiérement lorfqu'ils y viennent de bonne heure ; cette maladie n'eft prefque pas connue dans ces contrées.

Il eft à préfumer que ce pays étoit beaucoup plus habité autrefois qu'il ne l'eft aujourd'hui, que les terres y étoient mieux cultivées, & que les habitans ne les abandonnoient pas l'hiver, comme ils font à préfent. Quantité de Villages font tombés en ruine, & les Châteaux entiérement détruits ; cela peut être dû aux guerres civiles ; mais toujours eft-il certain qu'un pays qui ne peut nourrir fes habitans, doit en manquer tôt ou tard. Les récoltes font affez médiocres dans les montagnes fous-alpines ; prefque tous les cultivateurs, une partie des femmes & des enfans même, font obligés de venir paffer l'hiver dans les pays tempérés de la Province, où ils amaffent, par leur travail & leur induftrie, de quoi retourner chez eux à la fin du printemps. Il ne refte dans ces montagnes que les vieillards les plus aifés, & quelques femmes qui s'occupent à couper du buis pendant l'hiver pour en faire du fumier.

Le féjour que les Montagnards font dans la Baffe-Provence, les alimens dont ils s'y nourriffent, commencent à les rapprocher infenfiblement des habitans de ces contrées ; ils en prennent peu-à-peu les mœurs, & quittent leurs habits groffiers pour en porter de plus fins ; les filles recherchent la parure, & tachent d'imiter, dans leur Village, les danfes & les divertiffemens ufités dans la Baffe-Provence. Ce n'eft point parmi ces gens-là qu'on doit rechercher les traits faillants & caractériftiques du véritable Montagnard ; ils ne lui reffemblent qu'im-

parfaitement ; le féjour du pays-bas leur devient fouvent contagieux , ils y contractent
les maladies qui défolent l'efpèce humaine ,
fur-tout s'ils habitent inconfidérement les lieux
marécageux & aquatiques , les bords des
rivières , où le bétail eft atteint de pourriture tous les hivers. J'ai remarqué que le vin
eft devenu une liqueur néceffaire aux habitans
des montagnes ; ils ne connoiffoient pas cette
boiffon autrefois ; lorfque quelqu'un étoit ma-
lade dans ces contrées , on avoit recours au
Curé de la paroiffe pour en obtenir quelques
verres , il leur fervoit de puiffant cordial ,
& en avoit tiré plus d'un des bras de la
mort.

Depuis qu'il s'eft planté beaucoup de vignes
dans la partie inférieure de la Provence , qu'il
s'y récolte du vin en abondance , on en a
tant voituré dans ces régions froides, que le
peuple ne peut plus fe paffer de cette liqueur.
Il ne fe fait aucun commerce, aucun pacte,
aucun échange , aucune vente , où le vin
n'entre pour quelque chofe ; d'ailleurs il fe
bonifie dans les montagnes où il n'eft point
fujet à s'aigrir , ni moins encore à fe tourner,
attendu la fraîcheur du climat en été. Il n'y
eft point non plus altéré par les variations
promptes du chaud & du froid qu'on éprouve
dans le pays-bas. Pour peu que le vin foit
vieux , & qu'on l'ait fait avec foin , il y devient excellent. C'eft ce qui entretient une
correfpondance intime entre les diverfes parties de la Province qui fe partagent récipro-
quement leurs productions ; les grains que l'on
récolte, foit dans les montagnes où la marne
& la glaife font abondantes , foit fur les co-

teaux les mieux expofés, & dont les terres ne
font point fujettes à être emportées par les
averfes, ainfi que les bétail & les laines, font
le principal commerce de ces contrées.

On cultive la pomme de terre (*) avec
tout le fuccès poffible dans nos montagnes.
C'eft une puiffante reffource pour le peuple qui
s'en nourrit pendant l'hiver fans le moindre
inconvénient; les enfans, les femmes fur-tout,
mangent avec plaifir cette racine bulbeufe cuite fous la cendre, ou bouillie fimplement avec
l'huile & le fel; on la multiplie beaucoup par
bouture, ou en plantant les tronçons de la
racine en terre, ce qui fe pratique en printemps pour l'arracher en automne. La pomme
de terre eft cultivée également depuis peu dans
quelques parties méridionales de la Province;
la pulpe farineufe qu'elle contient, eft très-
nourriffante, & l'on pourroit en faire en temps
de difette un pain que l'eftomac digère très-
bien. On en tire de l'amidon dans les pays
feptentrionaux; fon utilité doit encourager de
plus en plus à la cultiver.

Les fruits à pepin font excellens aux montagnes, tous les vergers & les jardins font
remplis de pommiers & de poiriers des plus
belles efpèces. Les pépinieres que l'on multiplie, fourniffent continuellement de nouveaux
plants, dont la greffe, la culture & le terrein

(*) *Solanum tuberofum efculentum*, Linn. la pomme
de Terre, *la Truffo*. Cette plante eft originaire du chili
en Amérique. Les Efpagnols, les Irlandais la culti-
vèrent les premiers en Europe, d'où elle eft parvenue
jufqu'à nous. Elle fe plaît dans les régions froides &
dans un terrein bien ameubli.

perfectionnent les productions. Les fruits à noyaux n'y font pas moins beaux , fur-tout les prunes ; elles forment encore une autre branche de commerce pour les villes inférieures. Le gibier y eft excellent ; on chaffe pendant le temps des neiges aux perdrix rouges & grifes & aux lièvres.

Les montagnes alpines fe diftinguent facilement, de celles qui leur font inférieures, par leur élévation & leur enchaînement ; tandis que celles-ci paroiffent comme ifolées , & ne tenir , pour ainfi dire , à la chaîne des alpes que par de petites montagnes intermédiaires, les alpines portent leur cime plus haut , s'étendent bien loin , forment des gorges étroites , des valées plus fpacieufes , & influent autant fur l'athmofphère qui les environne , que fur la conftitution des habitans de ces contrées. Leur difpofition intérieure eft en gros blocs entaffés les uns fur les autres, fans couches intermédiaires. (1) Le quartz, le granit , la pierre cornée & les fchiftes concourent à leur formation ; la pierre calcaire s'y trouve plus abondamment , mais elle eft toujours plus ferrée &

---

(1) On ne trouve plus de coquilles pétrifiées , ni de traces de teftacées dans ces grandes maffes calcaires d'origine primitive ; ce n'eft que dans les montagnes fecondaires que l'on obferve les diverfes couches & les dépôts fucceffifs que les eaux de la mer ont laiffé en fe retirant. Si l'on y voit des fchiftes, des pierres feuilletées , c'eft prefque toujours à leur bafe & dans des lieux expofés à l'action de l'air , des vents & des eaux ; d'ailleurs ces fchiftes ne font plus fi fragiles, ils tiennent un peu de la pierre ; l'argile , la terre vitrefcible en font la bafe , ils font caffants , fonores , & fe rapprochent de l'ardoife.

plus denfe que dans les montagnes inférieures. Les métaux font renfermés dans leur fein, non pas en blocs défunis & féparés, comme nous l'avons vu ci-deffus, mais bien en filons, en longues veines, qui ferpentent, s'enfoncent profondément dans les vallées, pour venir fe montrer dans la même direction du côté oppofé. C'eft dans l'intérieur de ces hautes montagnes que font de vaftes concavités, de grands réfervoirs d'où fourdent tant d'eaux claires & limpides, des ruiffeaux, des rivières & des fleuves même. Quoique la végétation des plantes qui naiffent dans ces lieux, ait beaucoup de rapport avec celles des montagnes fous-alpines, lorfqu'elles font au même dégré d'élévation, les Naturaliftes obferveront une grande différence par les gazons perpétuels dont leurs fommets font couverts, & par de nouveaux fimples qu'ils trouveront à chaque pas. Les arbres réfineux fe multiplient beaucoup mieux dans les montagnes alpines; tandis qu'il n'y a guères aux fous-alpines que de petits chênes, des érables, des hêtres, & rarement des fapins & des ifs.

La chaîne de nos alpes commence à *Seine*; elle s'étend, comme on a déja vu, par la vallée de Barcelonete, du levant au couchant, pour fe joindre aux alpes maritimes du Piémont & du comté de *Nice*; elle forme des vallées & des gorges fort étendues, telles que les vallées *d'Afture*, *de St. Efteve*, *d'Entraunes* & de *Colmars*. Cette chaîne va fe lier avec les montagnes de *Gap* & *d'Embrun*, du nord à l'Eft: il feroit trop long de la fuivre jufqu'aux montagnes de Savoie & de la Suiffe; je vais parler de la conftitution des habitans de nos alpes.

Les habitans des vallées de *Barcelonete*,

d'Allos, de *Colmars* & *d'Antraunes*, y paffent
l'hiver, ainfi que leurs troupeaux. S'il en eft
quelques-uns que la douceur & la température de nos climats méridionaux attirent chez
nous, ce ne font point des cultivateurs aifés,
des fabricans d'étoffes, des particuliers riches
en bétail & en poffeffions, ni moins encore
les femmes qui jouiffent des commodités de la
vie. On voit arriver au commencement de l'hiver à Barcelonete une quantité de gens, hommes, femmes, enfans, qui viennent des vallées
de *St. Efteve*; les uns portent des marmottes
qu'ils font danfer pour gagner leur pain; les
autres montrent la lanterne magique; les femmes & les filles jouent de la vielle, & courent la Province; ce n'eft pas de ces individus
que j'entends parler, mais des habitans qui, n'a-
bandonnant pas leur patrie, confervent les caractères qui les diftinguent des habitans des
contrées plus tempérées.

La conftitution de l'homme originaire des
montagnes doit être relative au climat qu'il
habite, à l'air pur qu'il refpire, aux eaux claires & fraîches qu'il boit, tout comme à fa
nourriture & au genre de travail qui l'occupe. L'atmofphère des hautes montagnes eft toujours plus pure que celle des pays-bas; l'air
y eft moins chargé de vapeurs, beaucoup plus
léger & plus fubtil, fur-tout au fommet; on
fait avec combien de peine les habitans des
pays-bas graviffent contre les rochers un peu
confidérables, tandis que les montagnards, toujours plus leftes & plus agiles, atteignent avec
une facilité étonnante les cimes les plus élevées,
les defcendent avec encore plus d'agilité & fans
le moindre inconvénient; les premiers au con-

traire chancelent à chaque pas, ont des vertiges, & la respiration tellement offensée, que
plusieurs ont craché le sang sans pouvoir aller
plus avant ; les Physiologistes en connoissent la
cause. L'air des montagnes donne plus de force & d'élasticité aux fibres de ceux qui y vivent, fortifie leur tempérament dès l'enfance,
& dispose peu-à-peu leur corps à braver l'in-
tempérie des saisons ; les montagnards sont laborieux, ils travaillent du matin au soir ;
s'ils étoient un peu plus sobres, ils ne seroient
presque jamais malades ; ils ne sont guères attaqués que d'inflammation à la poitrine dans le
cours de leur vie.

La stature des habitans des montagnes alpines
est communément un peu au dessous de la moyenne, leur visage est toujours haut en couleur ; on
ne sauroit l'attribuer au vin, car ils n'en boivent que le Dimanche ; les femmes & les filles
ont leurs joues colorées d'un rouge vermeil,
quelques-unes sont d'une forme très-agréable ;
en général elles ont un teint rembruni, des
traits mâles & peu réguliers, & une taille
grosse & trapue, ce qui dépend sans doute de
la vivacité de l'air & de l'âpreté des lieux
qu'elles habitent. J'ai dit dans le 1er. volume,
que ce n'est que dans les grandes Villes situées
en plaine, dans ces lieux agréables, éloignés
des montagnes, où l'on voit ces traits rians,
ces tailles fines & déliées qui sont l'appanage
des graces ; j'ai même tâché d'en donner la
raison ; l'on ne doit point s'attendre à trouver
dans les alpes ces dons précieux de la nature ;
mais si le corps de nos montagnards paroît
un peu rude & grossier, leur esprit ne se res-
sent point de cette organisation ; ils ont de la

fineſſe, de l'aſtuce même, & ſont propres au commerce ; ſi on leur donne de l'éducation, ils font des progrès rapides dans les ſciences ; c'eſt ce qui a donné lieu à ce proverbe : *lei gavouets n'an de grouſſié qué la raoubo.*

Les hivers ſont rudes & de longue durée dans ces contrées ſeptentrionales ; la liqueur du thermomètre deſcend le plus ſouvent juſqu'à dix & même douze degrés au-deſſous de la congélation, ainſi qu'on l'a obſervé ces années dernieres à Jozier. Il fait beaucoup moins de froid dans les montagnes ſous-alpines ; cela n'empêche pas les habitans de ces vallées de s'expoſer aux plus rudes frimats, de travailler, de voyager même à travers ces montagnes glacées, & dans les endroits les plus périlleux. Plus attentifs pendant le dégel, ils s'expoſent moins, parce qu'ils en connoiſſent tout le danger. Voilà ſans doute ce qui les rend ſi robuſtes ; les maladies cauſées par le froid ne ſont jamais ſi violentes que celles produites par les grandes chaleurs, à moins que le froid n'ait été extrême, & n'ait interrompu le mouvement des liqueurs ; c'eſt alors qu'on à vu des perſonnes qui voyageant pendant la nuit, ont eu les extrêmités du corps entiérement gelées & prêtes à tomber en gangrene. On eſt pris ordinairement d'une forte envie de dormir, ce qui eſt cauſé par le ralantiſſement de la circulation du ſang dans les vaiſſeaux de la tête ; ſi l'on a le malheur de céder à cette envie, & que l'on s'aſſoupiſſe ſous quelque arbre, comme cela faillit à m'arriver une fois en traverſant les montagnes de Savoie au mois de Décembre, (1)

_____

(1) Voyez dans le premier voyage du Capitaine

l'on ne s'éveille plus : il faut bien se garder de mettre les gens affectés d'une pareille maladie, auprès du feu, de les échauffer avec du linge, de les frotter avec des liqueurs spiritueuses pour rétablir le cours du sang dans les membres frappés de stupeur & d'engourdissement, ou bien de couvrir les parties gelées avec du fumier chaud qui fermente encore, comme on l'éprouva sur moi à *Lanebourg*, au pied du mont *Senis*, n'ayant qu'un simple engourdissement dans les jambes; les douleurs & les tiraillemens de nerfs, ne font pas seulement les suites fâcheuses d'un pareil traitement, le sang raréfié par la chaleur rompt les vaisseaux qui le renferment; de là, des ulcères putrides, & la gangrene même qu'on cherche à éviter. Le meilleur remède en cette occasion est de frotter tout de suite les parties gelées avec de la glace ou de la neige qui ait un peu de consistance, jusqu'à ce que les humeurs engourdies commencent à reprendre leurs cours & qu'on s'apperçoive d'un mouvement de chaleur & d'un peu de rougeur sur la peau. Des boissons diaphorétiques, de légeres frictions achevent de rendre au sang sa premiere fluidité, & aux fibres engourdies, l'élasticité qu'elles avoient perdues. Les Moscovites qui font exposés à avoir leurs membres gelés pendant les voyages qu'ils font sur les glaces en hiver, ne connoissent pas d'autres remèdes, & ils leur réussissent toujours.

Cook ce qui arriva à M. M. *Bank* & *Solander* en herborisant au mois de Décembre dans les montagnes du détroit de Magellan, où ayant été surpris la nuit dans les forêts, ils faillirent à y périr de froid & à succomber à l'assoupissement dont ils étoient atteints.

Comment

Comment l'application de la glace, ou de l'eau froide fur les membres gelés redonne-t-elle aux liqueurs, le mouvement qu'elles ont perdu, & diffipe la ftupeur des fibres mufculeufes ? Cette queftion eft affez curieufe pour mériter l'attention des Phyficiens. Le froid eft-il un corps qui agiffe immédiatement fur tous les autres corps fublunaires, comme le feu, ou bien n'eft-il que la privation de cet élément ? On pourroit imaginer dans le premier cas, une attraction mutuelle entre les divers corps frigorifiques ; j'ai obfervé que l'eau froide dont on fe fervoit pour y tremper les membres gelés & les dégager de l'engourdiffement dont ils étoient pris, fe couvroit en peu de temps de petits glaçons, qui flottoient à fa fuperficie, & que la chaleur fe faifoit fentir dans la partie affectée, après l'avoir effuyée.

Les montagnards s'accoutument dès l'enfance à braver le froid dans les Alpes ; vêtus fort légérement, ils patinent fur la glace avec des fouliers ferrés qui les foutiennent beaucoup mieux que les fabots dont on fe fert ailleurs. Quelquefois affis fur de petites planches, & ne foutenant leur corps qu'à l'aide d'une ficelle, ils fe laiffent gliffer du haut des montagnes couvertes de glace, & fans fe troubler, ni vaciller, ils defcendent en un clin d'œil au bas des vallées. Ils ne font fujets ni aux rhumes, ni aux douleurs de rhumatifme, auxquelles les habitans des climats plus tempérés font fort expofés par les variations brufques de l'atmofphère ; ils fe plaignent rarement du froid dans nos contrées méridionales pendant les hivers les plus rudes ; ils ne peuvent s'accoutumer aux chaleurs que nous y effuyons en

Tome II.   M

été. Le foleil beaucoup plus élevé fur l'horizon pendant cette faifon, fe fait fentir quelques heures du jour dans leurs montagnes; mais le vent y rafraîchit tellement l'atmofphère, qu'on eft fouvent obligé de fe chauffer le matin & le foir. Cette fraîcheur augmente toujours plus en approchant du fommet. Je me fuis chauffé à l'Arche avec beaucoup de plaifir le foir & le matin au mois de Juillet, quoique le foleil fût affez fort dans le jour.

Cette température fraîche pendant l'été, eft fi favorable à la fanté, par le peu de déperdition de fubftances qu'elle occafionne, que l'appétit & les forces du corps y font en très-bon état pendant cette faifon, & augmentent en hiver. Auffi les hommes vivent-ils plus long-temps dans les pays froids que dans les régions méridionales. Il n'eft pas rare de voir des perfonnes octogénaires qui n'ont point la décrépitude des vieillards, travailler toute la journée. Je remarquai un homme prefque centenaire, qui faifoit tous les Dimanches une lieue à pied, defcendant une haute montagne pour venir entendre la Meffe, & la remontant deux heures après.

La defcription que je viens de faire du climat de ces lieux, nous indique les caufes qui concourent à rendre l'efpèce humaine auffi vigoureufe, & à y prolonger la durée de la vie. La fobriété n'y contribue pas moins; le luxe n'a point encore pénétré dans la claffe des laboureurs & des ouvriers, ils font vêtus groffiérement, & n'imitent pas ceux qui viennent hiverner dans le pays-bas. C'eft parmi eux que la population augmente. Il y a beaucoup de familles penfionnées du Roi, fui-

vant l'Ordonnance, à caufe du nombre d'enfans. Mais les biens & les maux, felon l'ex-
preffion d'un Philofophe, font compenfés dans
la vie ; fi les avantages trouvent à côté leur
défagrément, que le féjour des montagnes eft
trifte en hiver ! quel tableau ces lieux affreux
préfentent à un habitant du pays-bas, qui ne
connoiffant pas ces contrées, y féjourne par
hafard dans cette faifon ! quel climat ! quel
fol ! le court efpace d'un jour, d'une nuit, fuffit
pour changer la face de ce pays. Les pins,
les mélezes, les fapins font couverts de glaçons ; les vallées & les montagnes n'étalent
plus qu'un amas de neige, qui fe mêlant aux
eaux des ruiffeaux, en arrête le cours & gêle
jufqu'aux rivières les plus rapides. Le foleil
eft fans force, fes rayons tombant oblique-
ment fur les glaces dont la terre eft hériffée,
projettent au loin les ombres des montagnes.
Les vallées font d'une obfcurité effrayante pendant le jour, & claires la nuit par la blancheur & l'éclat de la neige. Plus de bêtes
fauves, plus de gibier qui attire le chaffeur,
le timide lièvre quitte rarement fon gîte ; les
oifeaux reftent cachés fous les arbuftes chargés
de neige, l'on n'entend plus leurs ramages. Le
grand duc, le chât - huant pouffent pendant
la nuit des cris lugubres auxquels fe mêlent
les hurlemens des loups. Les habitans fe renferment dans les écuries où ils s'échauffent à
l'haleine des troupeaux. Un pareil tableau peut-
il ne pas attrifter l'étranger, qui eft obligé de
paffer l'hiver dans ces contrées ?

Le printemps eft déja bien avancé dans les
parties méridionales de la Provence, qu'à peine fes douces influences commencent à fe faire

fentir aux Alpes. La terre ne fe couvre de verdure que lorfque les neiges ont fondu. Les vents d'Eſt & de Sud hâtent ce moment defiré. Les montagnards qui paſſent l'hiver dans le pays-bas, connoiſſent ſi bien cet inſtant, qu'ils s'empreſſent d'arriver avant le dégel. Un jour de nuages & de vent de mer fait plus, que le temps le plus ſerein & le plus beau ſoleil. *La moutaſſino*, diſent-ils proverbialement, *lou levan, lou marin foundoun la neou*; la neige ſe liquefie. Lorſque la pente des montagnes n'eſt pas rapide, cette fonte eſt avantageuſe, elle abreuve le ſol, le pénètre, nourrit les racines des plantes, ranime la ſeve, engourdit & favoriſe la végétation naiſſante; mais quand la pente eſt rapide, & que le terrein eſt pierreux, dénué d'arbuſtes & de plantes, qu'on l'a défriché, fans le ſoutenir par de petits murs, que les terres remuées de frais ſont faciles à être entraînées, cette fonte cauſe des ravages, les eaux ſe précipitent du haut des monts, groſſiſſent à vue d'œil, & aquérant plus de vélocité par leur chûte, entraînent tout avec elles, dépouillent les terres, roulent les pierres, & forment des torrens & des ravins profonds.

L'agriculture de ces contrées montueuſes eſt relative à la qualité du ſol & aux diverſes expoſitions des vallées. Rien n'eſt plus fertile que les terres marneuſes; par-tout où les plaines & les coteaux ſont enrichis de ces ſortes de fonds, les moiſſons y ſont très-abondantes. Il y a des pays où les champs à bled ne ſont jamais en jachère; les roubines, dont j'ai parlé ci-deſſus, étant dans une expoſition froide & preſque toujours au nord, au bas des vallées, ont befoin d'être labourées plufieurs fois & fournies d'engrais pour devenir fertiles. Le gravier, les pierres, le fable dont quelques coteaux font couverts, ne peuvent porter que du feigle, qui fe reflent de leur mauvaife qualité. On fe fert communément des mulets & des bœufs pour labourer les terres, & l'on ferre ces derniers, qui auroient de la peine à fe foutenir fans cette précaution fur un terrein auffi rude. Il n'y a point d'oliviers dans les montagnes fous-alpines, & très-peu de vignes; ce n'eft pas qu'il n'y ait des cantons aflez tempérés pour cultiver celles-ci avec le plus grand fuccès, ainfi qu'on le pratiquoit autrefois; mais depuis que la population y a diminué, que la plupart des habitans quittent le pays en hiver, le peu de vignes qui reftent, produifent des raifins qui n'acquiérent jamais toute leur maturité, & dont le vin eft fort petit. Les défrichemens des coteaux ftériles ont toujours procuré de bonnes récoltes; malheureufement qu'elles ne fe foutiennent pas faute de précautions.

Je ferois volontiers un parallèle des Pyrénées qui féparent la France de l'Efpagne, avec les montagnes alpines de Provence, du Dauphiné & de la Savoye, qui fervent de bornes au Piémont & à l'Italie; mais cette digreffion me meneroit trop loin. Il faudroit plus d'un volume pour donner une hiftoire fuivie de tout ce que la nature a raffemblé de curieux & d'intéreffant dans ce vafte efpace (1), ne m'é-

---

(1) Les Monts Pyrénées m'ont paru divifés en maffes ou larges bandes calcaires, graniteufes, & fchifteufes, pofées quelquefois alternativement les unes fur

tant proposé de parler ici que de ce qui concerne la Provence ; je ne saurois m'étendre plus loin sans aller au-delà de mon objet. Je suis toujours bien assuré que l'organisation des Pyrénées ne diffère pas essentiellement de nos Alpes, qu'on trouve dans ces différentes montagnes les mêmes fossiles, les mêmes animaux, & que les règnes minéral & végétal s'y montrent sous les mêmes rapports. Les Peuples qui habitent ces contrées, leurs mœurs, leur langage même se rapprochent tellement dans certains endroits, que j'étois surpris d'entendre parler les habitans des vallées de *Bloure*, du Comté de Nice, *d'Entraunes* &c. de la même manière que ceux des vallées de *Mon-*

---

les autres, dont la direction principale va de l'Est à l'Ouest, avec une inclinaison marquée à l'horizon. Nos montagnes alpines se présentent souvent sous la même forme, les lits de pierre calcaire sont très-élevés ; les granits sont disposés en quelques endroits en masses irrégulières ; les lits d'ardoise, de schistes, d'argile, se trouvent par-dessous ; il n'est pas rare de rencontrer de grands amas de galet dans ces larges bandes de substances différentes ; les marbres paroissent plus communs aux Pyrénées, que dans nos montagnes alpines, parce que la population y est plus nombreuse & qu'on les y travaille mieux. On n'y a point découvert de Volcans éteints, ainsi que dans nos Alpes ; elles abondent en eaux minérales ; & les minéraux, dont on n'a pas tiré beaucoup de profit jusqu'aujourd'hui, excepté le fer, y sont à-peu-près dans les mêmes enveloppes qu'aux Alpes, comme les rochers de corne, le spath fusible, le quartz &c. Voyez le discours de M. Darcet sur l'état actuel des Pyrénées, la minéralogie de M. l'Abbé Palassou, & la plupart des Naturalistes qui nous ont donné là-dessus leurs hypothèses ; M. de Gensanne a trouvé la même organisation dans les montagnes du Vivarais. Histoire Naturelle du Languedoc.

trejau & de *Bannières* , au bas des Pyrénées.
Je dirai encore que la partie des Alpes de la
Provence , depuis la mer jufqu'aux frontières
du Dauphiné , a beaucoup plus de reffemblance avec celle des Pyrénées , dont l'expofition
eft au midi , dans les Provinces *d'Arragon* &
de Catalogne , qu'avec les Pyrénées feptentrionales , qui dépendent de la France. Nos Alpes
font auffi arides & dépouillées d'arbres que les
montagnes d'Efpagne ; la vigne & l'olivier végétent immédiatement à leur pied & fur des
coteaux qui en font une dépendance. Les rivières qui en découlent , ne font confidérables
qu'après les fontes des neiges , ou les pluyes
d'automne ; tous les ravins , les ruiffeaux s'enflent alors & vont fe précipiter tumultueufe-
ment dans ces rivières. Les montagnes , qui
font couvertes de bois & de gazon , ont prefque toujours leur expofition principale au Nord ;
c'eft ainfi que les Pyrénées du Bigorre & du
Couferan attirent tous les étés les troupeaux
immenfes d'Arragon & de Catalogne , qui viennent brouter les herbes fucculentes qui naiffent dans ces régions élevées. Mais tandis que
dans nos montagnes on fe reffent par-tout de
l'âpreté du fol & de la rigueur du climat ,
que les fous-alpines font prefque défertes , que
les routes qui y conduifent font bordées de précipices , qu'on ne trouve de tout côté que des fen-
tiers mal affurés , que les montagnes s'éboulent ,
que les rivières débordées écornent continuellement leurs bafes , caufent les plus grands défordres ,
couvrent de terre & de gravier les champs les plus
fertiles & menacent de tout engloutir , l'induftrie ,
qui a pénétré dans les Pyrénées françoifes , en a
fait un pays des plus agréables & des plus fains

que je connoisse. Les grandes routes toujours bien
entretenues conduisent au pied des montagnes, où
il y a des vallées considérables avec de petites villes & des villages. Les habitans n'y ont point cette
âpreté, cette rudesse qui caractérisent nos montagnards ; le commerce, l'abondance des productions, l'aisance les rapprochent des habitans des Provinces méridionales ; les eaux minérales des vallées du *Béarn* & du *Bigorre*,
qui attirent une quantité d'étrangers pendant
l'été, les foires, les marchés de toutes les villes voisines, le commerce des bestiaux, des
laines, le transport des grains &c. animent ce
pays, & l'on jouit aux Pyrénées de toutes
les commodités de la vie, qu'on trouveroit
difficilement dans nos montagnes ; tant l'indus-
trie, l'éducation, la nourriture & le luxe même peuvent changer l'espèce humaine, qui se
présente ici sous un aspect plus riant que dans
nos Alpes, sur-tout parmi les femmes.

CHAPITRE XIV.

De la Vallée de Barcelonette.

LA Vallée de Barcelonette est comprise dans
le Diocèse d'Ambrun. Le terrein que nous
traversâmes en quittant *Seine* pour venir à
Barcelonette, nous parut fort inégal, parsemé
de coteaux & de vallons ; nous laissâmes le
village de St. Vincent à droite en tirant vers
l'Est pour enfiler la gorge de cette vallée. Il
y a un Fort sur la montagne de *St. Vincent*,

gardé par une Compagnie d'Invalides. Tout cet
espace , dont l'exposition est au Nord , est
couvert d'arbre résineux , de mélezes d'une
vetusté remarquable , & dont les troncs & les
branches ont plusieurs coudées de circonférence ; quelques-uns de ces arbres , ayant été
renversés & ensevelis dans les terres par l'é-
boulement des montagnes , ont acquis dans la
suite un tel état de pétrification , que les fibres
ligneuses pénétrées du suc lapidifiques sont cas-
santes comme l'ardoise. Les *epiceas* (1) , les
sapins , les génevriers sont répandus fort au
loin sur le revers de cette montagne , d'où ,
après les avoir coupés , on les traîne jusqu'au
bord de la rivière d'*Ubaye* pour les y assem-
bler en radeaux , & les flotter dans la Durance & dans le Rhône ; ils servent à la construction des vaisseaux.

La rivière d'Ubaye coule au-dessous du
Lauzet ; on y pêche de bonnes truites , des
meuniers & des barbots ; les loutres , qui sont
les ennemis de ces poissons , remontent la rivière jusqu'à sa source , & y sont très-abon-
dans. Voyez ce que j'en dis dans le premier
volume. On a planté des vignes de l'autre côté de la rivière au pied des montagnes , dont
l'exposition est au midi ; les chaleurs qui se
concentrent en été dans cette vallée , font vé-
géter les ceps & mûrir les raisins ; le vin
en est assez bon , ainsi que j'ai dit.

Le chemin qui conduit de St. Vincent au
petit Village du *Lauzet* , par une gorge fort
étroite , est détestable en certains endroits ; il

(1) *Lou Cerinthe.*

faut mener foi-même les chevaux par la bride, pour éviter les précipices ; on court de plus grands rifques dans le temps des glaces & du dégel ; les neiges fermeroient même cet efpace étroit, fi les muletiers qui portent le vin dans la vallée, ne les précipitoient fous le chemin. Quelques perfonnes y ont péri. Il feroit bien temps de pourvoir à la fûreté des voyageurs qui traverfent ces contrées dans la faifon rigoureufe, en conftruifant un chemin folide, qui faciliteroit en même temps le commerce de ce pays : quel ouvrage plus utile & plus digne d'éloges, que celui qui tendroit à la confervation de l'efpèce humaine !

On rencontre le petit Village du *Lauzet* bientôt après avoir franchi ce mauvais paffage ; les eaux pluviales & celles d'une fource qui j'aillit d'un rocher, à la droite du chemin, ont formé tout auprès de ce Village un petit lac (2), où l'on pêche de très-belles carpes. Quelqu'un ayant donné le deffin d'en dériver les eaux dans la rivière d'Ubaye qui lui eft inférieure, pour prévenir les maladies qu'il peut occafionner en été par une trop grande évaporation, eut la mal-adreffe de s'en charger : il pratiqua une profonde faignée au lac, dont les eaux l'emportèrent dans la rivière, & l'on n'a plus entendu parler de lui : cette cataftrophe a tellement découragé les habitans du *Lauzet*, qu'ils n'ont plus hafardé une pareille en-

----

(2) Les eaux de ce lac font fi pétrifiantes, qu'elles forment du tuf fur fes bords. Les feuilles des plantes & des arbuftes qui y tombent, font bientôt couvertes d'une croute prierreufe ; il s'y trouve quantité d'herbinites.

treprife. Ces bonnes gens ont la réputation d'aimer leur aife, & de fuir le travail; ils attendent le temps des neiges & des frimats pour faire leur provifion de bois, n'ayant pas le foin d'y pourvoir en été; ils font continuellement enveloppés d'un tourbillon de fumée en brûlant le bois vert; c'eft ce qui les fait nommer les *parfumés*, quand ils viennent à Barcelonette, à caufe de l'odeur du pin, que leurs corps & leurs vêtemens exhalent d'affez loin. Mais s'ils ne font pas laborieux, ils font fort adroits à la chaffe du gibier de paffage. Les groffes grives qui nichent aux Alpes en été, arrivent en troupe dans ce pays vers le mois de Septembre, & s'y nourriffent de baies de genièvre; c'eft alors que ces montagnards leur tendent des pieges & en prennent confidérablement.

Une montagne fort haute, d'environ trois lieues d'étendue & couverte de fapins, de mélezes & de plufieurs arbuftes, fe voit au midi du Lauzet; elle empêche dans certains mois le foleil de pénétrer dans la vallée. Les lièvres blancs y font fort communs en hiver; on y chaffe aux *coqs de bruyere*, aux gelinotes, &c. Les merles & les grives y abordent en automne : l'efpace qui fe trouve entre les deux fommets de la montagne, eft tellement gazonné, qu'il nourrit une quantité confidérable de troupeaux que les bergers d'Arles y amenent. Toute la vallée de Barcelonette eft fréquentée par beaucoup de loups communs, de loups cerviers, de renards, de blaireaux, d'écureuils blancs & noirs; ces derniers s'apprivoifent aifément. La rivière d'Ubaye, qui traverfe cette vallée d'un bout à l'autre, caufe de grands dommages aux terres attenantes par ſes débordemens ; auſſi ne trouve-t-on que des cailloux roulés , que les pluies ont détachés des montagnes , & que la rivière entraîne de tous côtés ; ce qui fait que le terrein eſt ſtérile & pierreux , depuis *Lauzet* juſqu'au‑delà de Miolan.

Le Village de la *Verc* eſt ſitué ſur une montagne , où l'on arrive , après avoir laiſſé celui de *St. Barthelemi* , en deux heures de temps ; le terrein de cette contrée eſt ſi fertile , qu'il n'eſt jamais en jachère. Les habitans y ſont très-laborieux ; ils vont au printemps acheter à Arles des troupeaux qu'ils gardent pendant dix-huit mois ; après quoi ils les tondent & les vendent. La laine de ces troupeaux ſe file dans le pays , & l'on en fait de gros draps. Les terres engraiſſées continuellement par les fumiers produiſent du beau chanvre & du lin.

Il y a de St. Barthelemi à la Verc des montagnes à droite & à gauche ; leur pente eſt couverte de bois de ſapins , de mélezes , de terres labourables & de bons pâturages. Les chamois , ou chevres ſauvages , ainſi que le petit gibier , abondent dans ces endroits.

Le Village de la Verc , quoique fort élevé & preſque à niveau de l'Arche , eſt dominé par une montagne nommée *Ciolane* , où la neige reſte une partie de l'année ; des Religieux Bénédictins s'y étant retirés autrefois , avoient défriché ces lieux déſerts , & y avoient attiré des habitans ; mais des circonſtances fâcheuſes les obligerent de s'en exiler eux-mêmes dans la ſuite ; il y a pluſieurs moulins à ſcie , où l'on prépare beaucoup de planches , que l'on tranſporte à Barcelonette , à Seine , à Digne ,

&c. Les bois des environs sont fréquentés par les mêmes animaux dont je viens de parler ; quantité de sources qui viennent des montagnes, y fournissent de l'eau en abondance.

Après avoir traversé une vallée aride & pierreuse qui sépare de hautes montagnes, nous fûmes agréablement surpris de trouver à peu de distance de *Miolan* un riant enclos, divisé par de longues allées, avec un grand réservoir où l'on pêche de fort belles truites ; les arbres taillés en espalier y produisent des fruits excellents. Le terroir de Miolan nous parut fort stérile, à cause de sa situation qui lui dérobe les rayons du soleil une partie de l'année ; les habitans y sont fort pauvres. L'*Ubac de Miolan* sert de retraite aux bêtes fauves ; les arbres de hautes futayes semés çà & là, sur le penchant de la montagne, modèrent la chûte des *Lavanches* (3), que le dégel précipite du sommet. Par une sage Ordonnance de la Police de ces lieux, la hâche du bucheron respecte depuis long-temps ces mélezes & ces sapins ; la chûte des neiges glacées est quelquefois si impétueuse, elles s'accumulent si rapidement les unes sur les autres, qu'elles entraînent les rochers, arrachent les arbres, renversent, abîment tout ce qu'elles rencontrent, avec un bruit égal à celui du tonnerre, & viennent enfin se jetter dans la rivière. Les voyageurs en sont saisis d'effroi, quelques-uns même ont eu le malheur d'en être engloutis. La vallée s'élargit en approchant de Barcelo-

---

(3) Voyez le Dictionaire Encyclopédique, au mot *Lavanches*.

nette. La forêt de *Gonete* abonde en pâturages ; les bergers y amenent annuellement trois mille brebis , & ne la quittent qu'au moment où les neiges s'annoncent.

On arrive à Barcelonette par la gorge dont je viens de parler. Le terroir de cette Ville est très-fertile en froment , en pâturages & en fruit ; le bétail y prospére. Elle est bâtie sur le bord de *l'Ubaye* , dont on n'a point encore cherché à arrêter les débordemens par de bonnes digues. Tant que les bords en sont glacés , que les neiges couvrent la surface de la terre , il n'y a pas à craindre qu'elle porte ses eaux jusques dans la Ville ; mais quand le dégel est arrivé , elle grossit tellement , que ses eaux pénétrent à travers les terres, dans les caves & les rez-de-chaussée ; ces lieux presque toujours humides, se remplissent d'exhalaisons malfaisantes , qui altèrent souvent la santé des habitans, sans qu'ils le soupçonnent. Les pierres & les graviers entraînés du haut des montagnes par la fonte des neiges & les eaux pluviales, ont si fort exhaussé le lit de la rivière , que le sol de Barcelonette est au-dessous de son niveau : aussi les eaux en se retirant , laissent beaucoup de fange , & se filtrent même pendant l'été dans les terres. Pourquoi les habitans ne sont-ils pas encore à l'abri d'un pareil inconvénient ? Il faudroit opposer des digues solides à la rivière, & lui creuser un lit profond où les eaux pussent couler sans obstacle ; leur sort doit intéresser les ames sensibles & bienfaisantes qui ont part à l'administration de la Province. Je sais qu'ils ont obtenu une petite somme d'argent ; mais cela ne suffit point, car toute cette vallée jusqu'à *Josier* , est mena-

cée d'une inondation générale , si l'on n'y pour-
voit

La Ville de Barcelonette contient 2106 ames ;
ses rues sont bien alignées ; on y a construit
des portiques & des auvents pour faciliter pendant le temps des neiges la communication d'une
maison à l'autre , ce qui seroit impossible sans
cette précaution. C'est un jour de fête pour les
habitans , lorsqu'au printems ils peuvent faire
passer les eaux des moulins à travers les rues ,
pour emporter les glaces amoncelées devant
leurs maisons. La vie moyenne des hommes
est au moins de 40 ans , & l'on compte beaucoup de vieillards dans cette ville. Les épidémies n'y sont point connues ; à peine la pleu-
résie & les fièvres putrides causées par l'excès
du travail y régnent quelquefois en été ; aucun
n'est oisif pendant cette saison jusqu'à l'automne-
ne , que l'on enferme le bétail , aux premieres
neiges , dans les bergeries , où il est nourri
tout l'hiver avec du foin. Elles sont situées au
rez-de-chaussée & assez vastes pour contenir non-
seulement les troupeaux que l'on place dans
le fond , mais encore les habitans qui se tiennent à l'entrée pendant le jour & une partie
de la nuit , afin de se garantir du froid. On a
soin de nettoyer cet espace tous les matins ,&
de le couvrir de paille fraîche ; là se rassem-
blent tous ceux qui travaillent à la laine &
quantité de particuliers oisifs , des femmes , des
filles , & beaucoup de jeunes gens. Les danses,
les jeux & les ris , président à ces assemblées
nombreuses ; ce qui rend le peuple beaucoup
plus sociable qu'il ne le seroit sans cela , dans
un climat si propre à engourdir les facultés
animales pendant la saison des glaces.

On pourroit demander si l'air de ces étables où l'on tient le bétail si long-tems resserré, est salubre ? si tant d'exhalaisons méphitiques, dont il doit être infecté par l'haleine des animaux, ne peuvent pas être dangereuses à l'espèce humaine ? S'il falloit en croire quelques novateurs qui veulent diriger la nature au gré de leurs idées, l'air qu'on respire dans ces étables est un spécifique dans la phthisie ; mais l'expérience est contre eux ; & quoique le séjour des étables auprès des troupeaux en hiver, soit moins dangereux aux habitans des Alpes, qu'il ne le seroit à ceux du pays-bas, s'ils avoient une pareille coutume, à cause que le froid de ces contrées est capable d'amortir l'action de ces gas méphitiques & d'en purifier l'air, ils ne sont pas cependant exempts de tout danger. L'on se plaint déja à Barcelonette de quelques maladies qui étoient peu fréquentes jusqu'à aujourd'hui. Son commerce de laines & de bestiaux est fort considérable : il s'y vend chaque année plus de soixante mille brebis, ou agneaux; on y fabrique beaucoup de draps que l'on exporte en Bourgogne & dans la rivière de Gênes ; l'entrée en est prohibée en Piémont. L'aisance qui résulte de ce trafic procure dans ce pays toutes les commodités de la vie, & il n'est pas douteux qu'elle ne contribue bientôt a y énerver l'espèce humaine, comme partout ailleurs ; elle commence même à y dégénérer.

Les gens riches viennent recevoir l'éducation parmi nous, prennent nos mœurs, & s'accoutument à nos usages ; l'exemple est contagieux à Barcelonette, & les personnes aisées ne tardent pas à les imiter. Le vin étoit autrefois

trefois un cordial pour le peuple ; mais il en boit tant aujourd'hui , qu'il ne lui fait plus rien ; c'est au café qu'il a recours pour se soulager dans ses maux ; les femmes en prennent des écuelles entières à la moindre incommodité. Auroit-on cru que la liqueur spiritueuse de cette feve arabique , que la Providence a fait naître presque dans la région des tropiques , pour redonner la force & l'élasticité aux fibres des habitans énervés par la trop grande chaleur , figureroit un jour dans les écuries de Barcelonette , où les hommes forts & robustes pourroient se passer de cette liqueur ? Voilà l'effet d'un commerce trop étendu qui nuit souvent à l'espèce humaine. De là peut-être viennent les apoplexies qui ont paru depuis quelques années à Barcelonette. Loisiveté , la bonne chere , les passions les rendent si communes dans les Villes ! pourquoi se propagent-elles jusqu'aux Alpes , d'où la forte constitution des habitans & la nature du climat devroient les exclure ?

La Ville de Barcelonette est la capitale de toute la vallée , qui est composée de dix Communautés , en y comprenant celle d'Alos ; la population de toute cette vallée est d'environ 16500 ames , suivant le dénombrement qu'on en fit en 1764. Elle paroît avoir augmenté au moins d'un quart depuis le commencement du siècle jusqu'à aujourd'hui , ainsi qu'il conste par le dépouillement des registres de la paroisse de Barcelonette , que le Révérend Pere Fabre, Dominicain, & M. Gastinel, Curé *de St. Pons* , ont eu la bonté de faire , à ma priere. Je vais en donner le résultat.

Il est né depuis le commencement du siècle

jufqu'à aujourd'hui premier Février 1782, 6080 enfans, dont 3175 mâles, & 2905 femelles; il a furvécu 2040 perfonnes. La population paroît avoir doublé depuis ce temps-là, ce qui eft arrivé proportionnellement dans les autres endroits. Il s'eft fait dans cet intervalle 1256 mariages. Il naît chaque année depuis quelque-temps à Barcelonette environ 59 enfans mâles & 35 femelles; favoir, 24 mâles de plus, comme il arrive par-tout ailleurs. Il y meurt plus de mâles que de femelles, parce qu'ils font plus expofés aux viciffitudes des faifons, & que la plupart s'excèdent de travail. Il s'y fait, année commune, 15 ou 16 mariages, dans l'été fur-tout. Le printemps & le commencement de l'hiver font plus féconds en naiffances. La nature eft plus vivifiante dans ces régions froides pendant le cours de l'été, que dans tout autre faifon.

Les années où il eft né le plus de monde à Barcelonette, font 1720, 32, 36, 40, 56, 64 & 70. Celles où il s'eft fait le plus de mariages, font 1701, 9, (*) 46, 49, 51, 77 & 81. On voit par ce petit tableau, que la population doit augmenter un peu plus dans les régions froides, que dans les tempérées, fur-tout fi les productions de la terre font fuffifantes pour nourrir aifément leurs habitans.

Cette population feroit beaucoup plus con-

(*) La nature ne perd jamais rien de fes droits. C'eft prefque toujours après les grandes calamités & les épidémies que les mariages font plus nombreux, ainfi qu'on l'a obfervé après l'hiver de 1709 & après la pefte de Marfeille de 1720. En effet, les mariages font le moyen le plus efficace de réparer ces pertes.

fidérable, fi tous ceux qui font obligés de s'expatrier pour gagner leur vie, revenoient conftamment dans leur patrie ; mais de cinq à fix
cent perfonnes qui quittent la vallée tous les
ans, il y en a toujours la quatrieme partie qui
ne retourne point.

Les fièvres intermittentes font très-rares dans
cette vallée. Les maladies qui y règnent le plus
communément, font les fièvres putrides & malignes, lefquelles font quelquefois épidémiques,
les fluxions de poitrine, les pleurefies, les hy-
dropifies, parmi les femmes fur-tout ; j'en ai
affigné pour caufe, la vie fédentaire & le long
féjour que les habitans font obligés de faire
dans les écuries près de leurs beftiaux, pour
fe garantir du froid. Les accidens d'apoplexie
y font affez fréquens depuis nombre d'années.
Les obftructions, les maladies des glandes, comme les écrouelles &c. y règnent auffi ; les
habitans attribuent ces dernières à la boiffon
des eaux provenues de la fonte des neiges, &
à l'habitude qu'ils ont de manger leurs alimens à
moitié cruds. Ces caufes peuvent effectivement
contribuer à l'épaiffiffement des humeurs ; mais
l'âpreté du climat, l'humidité, les vents froids,
ainfi que les alimens farineux dont ils fe nourriffent, occafionnent encore plus ces fortes de
maux. Ils font robuftes, induftrieux, intelligens, mais un peu têtus. Les eaux font pures
& falubres. Le climat eft très-froid. Le thermomètre a baiffé dans quelques hivers dix ou
douze degrés au deffous de la congélation, tandis qu'il ne monte guères qu'au quinze ou feize
dans les plus grandes chaleurs. Sans le fouffle
des vents du midi, les bleds ne pourroient y
atteindre le degré de maturité néceffaire pour
la moiffon.   N 2

Le terrein de la Vallée eſt aſſez fertile ; mais il exige beaucoup de ſoins & d'engrais. Il eſt argilleux à ſa partie méridionale & un peu ſablonneux à la ſeptentrionale ; le bled qu'on y recueille, eſt de très-bonne qualité, ainſi que l'orge, le ſeigle & l'avoine. Le gazon des vallées, les pâturages & les prairies où dépaiſſent quantité de troupeaux, ſont excellens. Le fruit y eſt d'un goût exquis, comme les poires, les pommes, ſur-tout celles qu'on nomme pommes *Calvillos*, la poire *Bon-Chrétien* & *Doyéné*. Le Gibier eſt encore de très-bon goût & y abonde en certaines années. Le bétail y eſt en grande quantité ; il dégrade tellement les montagnes, que cela joint au défrichement mal entendu & à la coupe peu ménagée des bois de toute eſpèce, occaſionne des ravins & des torrens qui font beaucoup de mal dans le pays. Les arbres des plaines ſont des ormeaux, des peuplier, des frênes, des ſaules, &c.

Les montagnes des environs de Barcelonette ſont en général de nature calcaire (1) ; il y a pourtant des rochers de grais & de quartz & d'autres pierres vitrifiables entremêlés. *La Forêt des Allemands*, ſituée au deſſus de la ville vers le midi, contient un gros rocher de nature vitrifiable, qui eſt une dépendance de la montagne ſupérieure ; on en arrache des pyrites cuivreuſes en cubes, que le peuple ap-

---

(1) Il y a dans ces montagnes des marbres veinés, rouges & blancs, dont les carrières n'ont point encore été exploitées, comme il paroît par les blocs roulés qui ſont dans les ravins. On fait avec la pierre de grais de bonnes pierres meulières.

pelle *Carrelets* : ces pyrites expofées long-temps
à l'air & à l'humidité ne tombent point en efflorefcence ; réduites en poudre, elles préfentent
quelques molécules d'un métal cuivreux avec
très-peu de foufre ; toutes les tentatives qu'on
a faites pour en tirer quelque chofe de plus,
n'ont abouti à rien. Les pyrites donnent communément fort peu de métal, à moins que le
foufre n'y foit abondant ; il n'eft pas poffible
d'en retirer des vitriols. Il ne s'eft point fait
d'excavation confidérable dans ces quartiers
jufqu'à aujourd'hui. Les montagnes voifines
fourniffent des ardoifes qui fervent à couvrir
les habitations ; elles tiennent encore un peu
du calcaire ; & quoiqu'elles foient fonores,
caffantes & feuilletées, elles ne font par tout-
à-fait argilleufes : c'eft une reffource pour tous
ces endroits, elles rendent les toîts plus folides,
& réfiftent beaucoup mieux au poids des neiges, que les planches dont on les couvre ailleurs.

La vallée de Barcelonette s'étend encore plus
de quatre lieues au levant, par une gorge qui
fe rétrécit de plus en plus en allant à la montagne de *l'Arche*. Les villages de *Faucon, Jaufier, Chatellards & Meyronnés*, font fitués fur
le chemin ; Jaufier, comme plus voifin de la rivière *d'Ubaye*, fe reffent d'avantage de fes débordemens ; fes caves, fes jardins demeurent
fous l'eau une partie de l'année, tant le lit de
cette rivière s'eft exhauffé, ce qui fait dépérir
les arbres, qui ne portent prefque plus de fruits.
Tout cela ne peut que nuire à la fanté des
habitans. Nous trouvâmes à *Jaufier* un moulin
à foie que l'on met en œuvre pendant toute la
belle faifon. Quantité d'hommes & de femmes

travaillent aux filatures ; ils font venir la soie de Lyon ou de Turin : on planta quelques mûriers (*), dans cette vallée, pour essayer si les vers à soie y réussiroient, ce qui arriva effectivement. Jaufier est un des villages le plus considérable de ces cantons ; ses habitans font industrieux & font un petit commerce pendant l'hiver ; les uns vont de ville en ville en jouant de la *Vielle*, les autres en faisant danser la *Marmotte* ; plusieurs enfin vont vendre la soie qu'ils ont filée pendant l'été. (2) M. le Médecin *Donneau* fils, qui nous reçut fort gracieusement à *Jaufier*, voulut bien nous accompagner à la montagne de l'Arche & se prêter à nos recherches.

(*) Les Mûriers que les Etats de Provence firent planter dans la région des montagnes sous-alpines, réussirent très-bien ; mais les habitans des villages attenants les ont laissés dépérir. Il seroit très - possible d'élever des vers à soie aux montagnes pendant l'Eté, quoique la température y soit moins chaude que dans les pays-bas ; mais la stérilité de la plupart de ces lieux, & les travaux qui occupent les habitans pendant cette saison, font cause qu'ils n'ont pas profité des avantages que l'administration leur offroit.

(2) Les autres habitans de la vallée de Barcelonette, font également portés à s'expatrier : à peine ont-ils atteints l'âge de 14 ans, qu'il en part une quantité toutes les années pour se répandre en plusieurs endroits de l'Europe, sans quoi la population y augmenteroit à un tel point, que les production du pays ne seroient pas suffisantes pour les nourrir. On trouve par-tout des Négocians originaires de Barcelonette ; ce pays, quoiqu'isolé, pour ainsi dire, & entouré de hautes montagnes, a été habité long-temps avant l'ère Chrétienne ; les offemens des Celtes & des Gaulois entourés d'anneaux de fer aux bras & aux jambes, qu'on trouve ensevelis dans le sein de la terre & posés verticalement, en font foi.

CHAPITRE XV.

Suite de la Vallée de Barcelonette & de la Montagne de l'Arche.

LE Village de St. Paul eſt ſitué entre trois montagnes, à deux lieues de Jauſier en tirant à gauche ; ce pays eſt fort ſcabreux. Il ſort du bas d'une de ces montagnes une ſource d'eau minérale qui va ſe jetter dans une branche de l'*Ubaye* ; elle eſt légèrement bitumineuſe, ſaline, & thermale ; l'Avocat *Donneau*, de Barcelonette, m'en a fait paſſer deux bouteilles, dont j'ai retiré, par l'évaporation, un peu de ſel marin & de terre abſorbante ; les habitans en boivent pour ſe purger ; la ſource en eſt mal placée, la rivière d'Ubaye la couvre preſque toujours dans ſes débordemens. L'étroite vallée où elle ſe trouve, porte le nom de *Serenes*. Les montagnes s'étendent de ce côté-là juſqu'en Piémont (1). Il s'y eſt formé un lac appellé *lou lac de Maurin*, qui abonde en belles truites ; il ſépare la vallée de Barcelonette du Piémont. Il y a un autre lac ſur la montagne de Jauſier, nommé *lou lac de Lauſé*, également pourvu de truites.

---

(1) J'ai vu des morceaux d'un jaſpe rougeâtre, qui avoient été tirés de la montagne de St. Paul ; le cuivre y eſt minéraliſé avec le quartz, autant que j'en pus juger par un échantillon que me donna le Pere Fabre. On rencontre le long de l'Ubaye des morceaux de ce minérai.

J'ai déja dit que les ardoifes font employées à la couverture des maifons : cette pierre fiffile fe trouve dans des carrières depuis *Jaufier* jufqu'au *Chatellard* ; tous les rochers qui bordent le chemin qui conduit à *Meyronnés* préfentent de l'ardoife ; le mot ardoife eft moderne. Elle fervoit de moëllons pour bâtir des murs. Nous avons des Villes en France où toutes les maifons font conftruites avec l'ardoife. Cette matière eft ordinairement tendre ; mais expofée à l'air, elle acquiert de la dureté. Ce n'eft autre chofe qu'un fchifte argilleux, qui eft d'autant plus dur, qu'il eft fitué plus profondément dans la carrière ; l'ardoife eft divifée par une fi grande quantité de fentes, que les lames en font fouvent très-minces. L'exploitation en eft quelquefois dangereufe, & des ouvriers y ont perdu la vie en voulant féparer fes lames. La bonne ardoife eft de couleur bleuâtre, grife & rouffeâtre ; celle de la vallée eft d'un bleu grifeâtre ; elle dure au moins quarante ans. Le bitume qui eft par lits & par couches dans le fein de la terre, pénètre quelquefois la fubftance de ces fchiftes argilleux ; ce qui fait que les ardoifes brûlent fouvent au feu comme le charbon de pierre ; les indices de l'ardoife font très-bien marqués au *Chatellard*, & fur-tout à *Meyronnés*.

La Paroiffe de Tournoux, célèbre dans le pays, eft à la gauche, fituée fur une efplanade élevée, où cinq à fix mille hommes retranchés, arrêtèrent, dans les temps des guerres d'Italie, l'ennemi qui étoit fort fupérieur en nombre, & l'empêchèrent, malgré tous fes efforts, de pénétrer dans la vallée. Il y avoit autrefois un lac qui couvroit tout ce baffin ; les habitans

en dérivèrent les eaux dans la rivière d'Ubaye ;
le terrein qu'il occupoit, eft devenu très-fertile, & les eaux inférieures arrofent les prairies
qui font le long de la rivière.

Il faut paffer une branche de *l'Ubaye* pour
aller à *Meyronnés*, dont le territoire eft mon-
tueux. Le hameau de *St. Ours* eft éloigné de
ce Village d'environ un quart de lieue. Il y a
une mine de Charbon de pierre affez confidérable & d'un accès très-difficile : elle eft fituée
au milieu d'une montagne, entre deux rochers
qui ont la figure d'un cône renverfé ; il faut y
defcendre par des échelles. Nous apprîmes fur
les lieux qu'elle n'avoit point été exploitée
long-temps, à caufe des difficultés de l'exploitation ; le charbon enfermé dans la roche vive, quoique d'une bonne qualité, ne dédom-
magea point des frais (2). Les habitans de
Meyronnés font d'une conftitution robufte ; quoique cette contrée foit couverte de neige pendant fix mois, ils font induftrieux & vont cher-
chèr dans le Poitou toutes les années, avec
plufieurs particuliers de Barcelonette & de l'Arche, des mulets & des mules, qu'ils nourrif-

---

(2) Il y a encore quelques mines de charbon de
pierre dans la vallée de Barcelonette : le terroir de
Fouilloufe en contient deux qui n'ont jamais été exploitées ; elles font environnées de rochers fort durs & calcaires. Il y en a une autre dans la gorge de *Gaudiffar*,
à demi-lieue de Barcelonette ; la qualité de charbon
de cette mine n'eft point connue ; celui qui en fit la
découverte, n'ayant voulu l'apprendre à perfonne. Le
charbon minéral paroît quelquefois enduit d'une fubftance graffe ; il feroit effentiel d'exploiter ces mines,
parce que le bois commence à être rare dans le pays.

fent fur les lieux pour les vendre aux foires ; ce qui leur procure une certaine aifance.

Le Baromètre nous donna conftamment 560 toifes d'élévation fur le niveau de la mer, tout le temps que nous reftâmes à Barcelonette. Cette élévation augmentoit en avançant, & nous avions près de huit cent toifes au bord de la rivière d'*Ubaye*. Nous montâmes de là à l'*Arche* par une vallée affez large, où l'on conf-truifit un très-beau chemin, lors de la guer-re de 1744, pour faciliter l'entrée du Piémont aux troupes du Roi. Nous cotoyâmes à droite une haute montagne couverte de bois de mé-leze, & à gauche de belles prairies qui n'é-toient pas encore fauchées le 22 Juillet. Les plantes curieufes, dont elles étoient couvertes, nous arrêtoient à chaque pas ; nous admirions leurs tiges élevées, la variété de leurs fleurs, la beauté de leurs couleurs ; plufieurs d'entr'el-les exhaloient une odeur des plus fuaves. Quel plaifir pour un Botanifte de parcourir ces lieux, où la nature étale avec profufion fes richeffes végétales ! Comment pourroit-il n'être pas faifi d'enthoufiafme à la vue du fpectacle enchanteur qu'offrent tant de plantes répandues fur la ter-re ? Nous defcendîmes de cheval pour les ob-ferver de plus près & en faire une collection ; la nuit nous furprit dans ce travail agréable, que nous fufpendions de temps en temps pour nous écrier avec le célèbre Linneus : *O jeova*, *quam admirabilia funt opera tua* : O Dieu de l'uni-vers, Dieu créateur des êtres fenfibles, que tes œuvres font admirables.

La montagne de l'Arche a au moins cinq lieues de long fur une de large. Son fommet, qui eft furmonté par d'autres montagnes, préfente une longue plaine couverte de prairies; il y a deux Villages. Nous nous arrêtames à celui de l'Arche. Les habitans de ces Villages paffent tout l'hiver enfermés avec leur bétail. Ils font fort robuftes & de haute taille. Ils boivent volontiers le vin, & recherchent le meilleur. Ils font fort fociables, & reçoivent les étrangers avec affabilité. Nous paffâmes deux jours dans ces lieux. Nos inftrumens météorologiques qui avoient beaucoup fouffert des fecouffes, dans cette route à travers les pierres, fe brifèrent au bord du lac de la Magdeleine, lorfque nous en prenions l'élévation fur le niveau de la mer. La matinée étoit fort fraîche, & le tube de verre s'échappa des mains de M. Bourret à mefure qu'il le rempliffoit de mercure; de forte que nous ne pûmes plus prendre la hauteur des montagnes voifines, à notre grand regret. Nous jugeâmes par le chemin que nous avions fait de Barcelonette à l'Arche, que cette montagne devoit au moins avoir 1000 toifes d'élévation fur le niveau de la mer. Je priai M. le Médecin Donneau de vérifier nos conjectures le plutôt qu'il pourroit, avec un bon Baromètre que je lui envoyai d'Aix; il m'a affuré de vive voix cette année, que j'avois deviné jufte. Il a porté ce Baromètre au bord du lac de Lauzagni, qui eft fitué à la droite de l'Arche, à 300 toifes plus haut; il a parcouru les montagnes fupérieures, même la plus élevée de toutes, qui va fe joindre à la chaîne des Alpes du Piémont d'un côté, & aux montagnes du Comté de Nice de l'autre. La colomne du mercure s'eft foutenue dans le tube du Baromètre à dix-huit pouces d'élévation, ce qui lui a donné 1560 toifes fur le niveau de la mer.

M. Donneau fut frappé d'étonnement à la vue de l'immenfité de pays que l'on découvre depuis les Alpes de la Savoye jufqu'à la mer. J'invite les curieux à monter fur les montagnes de l'Arche, de St. Dalmas le fauvage dans la vallée d'Entraunes, où le Var prend fa fource, ils ne regretteront pas leurs peines.

Le lac de la Magdeleine fe trouve au commencement de la vallée d'Afture en Piémont. Il lui fert de limite, ainfi qu'à celle de Barcelonette. Ce lac fitué dans un bas-fond n'a que 5 ou 600 pas de circonférence, & ne contient guère que des grenouilles. Il doit fon origine aux eaux pluviales & à quelques petites fources qui découlent des montagnes voifines. Ses bords font couverts de jolies plantes que nous trouvâmes en fleurs ; nous y fimes une affez longue ftation. Les Botaniftes de Turin viennent jufques dans cet endroit chercher les plantes pour le Jardin Royal de Botanique de l'Univerfité. Nous n'eûmes pas le plaifir de les y rencontrer ; ils ne viennent qu'après la fleuraifon des plantes. Il y a bien peu de véritables amateurs de Botanique dans ces montagnes, où tout invite à cultiver une fi belle fcience.

Il fort deux fources du lac de la Magdeleine. L'une forme la principale branche de l'Ubaye au couchant, & l'autre la petite rivière de la vallée d'Afture au levant.

Quoique ces deux fources ne paroiffent hors de terre qu'à un demi-quart de lieue loin du lac, leur cours & le murmure fouterrein de leurs eaux indiquent qu'elles n'ont pas d'autre origine. D'ailleurs, c'eft ici & au lac de *Lauzagni* que fe forme le point de partage des eaux de la Provence & de celles du Piémont. Les

premières coulent par la rivière d'*Ubaye* dans
la Durance & le Rhône qui fe jette dans la mer
Méditerranée au couchant ; les fecondes, ayant
formé plufieurs rivières, fe rendent au levant
dans le Pô, qui s'embouche avec la mer Adria-
tique, après avoir traverfé les plaines du Piémont & de la Lombardie.

Je vais pourfuivre mes recherches jufques à
Vinaï, à cinq lieues plus bas, dans la vallée
d'Afture en Piémont, à caufe de fes eaux minérales & de quelques autres objets auffi in-
téreffans.

CHAPITRE XVI.

Des eaux Thermales de Vinaï.

LEs eaux thermales de Vinaï font trop en
réputation dans la vallée de Barcelonette,
pour ne pas m'y arrêter un moment. Elles fe
trouvent dans la vallée d'*Afture* en Piémont, à
quatre milles du Village qui a donné fon nom
aux bains, & qui étoit autrefois du Diocèfe
de Digne. Ces bains ne font qu'à huit à neuf
lieues de Barcelonette. La vallée s'élargit peu-à-
peu en defcendant de la montagne de l'Arche.
Un chemin commode conduit aux bains, après
qu'on a paffé la rivière fur un pont que les
Princes de Piémont ont fait conftruire ; les différentes fources d'eaux minérales viennent fe
rendre du côté du Midi dans un réduit, au pied
du Mont-olive, où l'on à bâti des maifons. M.
le Docteur *Giavelli*, propriétaire de ces eaux,
les a féparées & réparties, felon leur qualité,

dans divers bains : les principales sources sont au nombre de huit ; elles portent différens noms suivant leur destination ; les eaux des *Boues anciennes* ont une chaleur de 50 à 51 degrès au thermomètre de Réaumur ; celles de la *Magdeleine* de 35 à 36 ; la source des *Nobles* de 32 à 33 ; celle des *Paysans* de 46 à 47 ; celle du *Commun*, de 51 à 52. Le bain *Tempéré* n'a qu'environ 30 degrés de chaleur ; ceux des *Militaires* & des *Nouvelles boues* en ont de 45 à 46.

Ces divers degrès de chaleur dans les eaux de *Vinaï*, les rendent propres à différentes maladies, ce qui n'arriveroit point, si toutes ces sources jouissoient du même degré de chaleur.

Les eaux thermales de *Vinaï* se prennent en boisson, en bains, en étuve & en douches ; on se sert encore des boues pour les membres affectés de douleurs rhumatismales. Ces eaux ont été accordées en propriété par le Roi de Sardaigne à M. le Médecin Giavelli, savant Naturaliste de l'Académie de Turin, qui en dirige l'application avec toute l'intelligence possible, & leur fait produire souvent des cures merveilleuses. Elles contiennent des principes salins & bitumineux, avec un foie de soufre très-actif, qui fait une forte impression sur l'argent & le noircit en peu de temps. Elles sont fort gazeuses ; en les vuidant d'un verre dans un autre, il en sort beaucoup de bulles d'air, dont quelques-unes s'attachent même aux parois du vase (1), y restent collées pendant long-

_____

(1) Ricevute in un terso bicchiere di cristallo, si veggono a risalire dal fondo del medesimo numerosissime bollicelle di aria elastica, lequali-giunte alla super-

temps , & paroiſſent ſéparées du liquide qui les enveloppoit.

Je ne ſuivrai pas l'analyſe que le Docteur *Marin* a donnée des eaux de *Vinadio*, ni ce que le Docteur *Fanton* a fait inſérer dans les Mêlanges de l'Académie de Turin, parce que ces Auteurs ayant négligé les procédés ordinaires de la Chimie , pour extraire les principes des eaux , s'en ſont tenus aux réactifs qui ne donnent que des approximations. Il réſulte ſeulement de leurs expériences, que ces eaux ſont gazeuſes , ainſi que je l'ai dit , & contiennent une quantité de fluide aëriforme, qui peut produire de bons effets dans l'économie animale. Elles ſont remaquables par leur foie de ſoufre alkalin , auquel elles doivent leur odeur & leur goût nauſéabonde ; l'acide ſulfureux volatil qui s'évapore aiſément de ce foie de ſoufre , forme ces vapeurs phlogiſtiquées , qui noirciſſent les métaux blancs & corrodent le fer ; ces eaux ne ſont pas deſtituées de ſoufre en nature , puiſqu'on en retire du ſédiment & des boues qu'elles dépoſent. Elles contiennent encore du ſel de glaubert , qui eſt un ſel neutre formé par l'acide vitriolique & la baſe du ſel marin, ou l'alkali minéral. Il abonde ſur-tout dans les ſables & les terres que ces eaux entraînent avec elles. Le vitriol de Mars s'y rencontre en petite quantité , mais il eſt remarquable par les phénomènes qui l'accompagnent.

Il faudroit , pour avoir une analyſe complette

ficie, ſi diſperdono in vapore , & raffreddandoſi l'acqua , reſtano fiſſe per lungo tempo alle pareti del vaſo. (acquæ therm. de Vinadio, pag. 23.)

de ces eaux, les foumettre à l'évaporation, afin d'en extraire les divers fels qu'elles tiennent en diffolution. La figure de leur criftaux les feroit connoître; on les fépareroit enfuite les uns des autres par les procédés connus, & l'on verroit dans quelles proportions ils font contenus dans ces eaux thermales. N'arrive-t-il pas que l'acide vitriolique & l'acide aërien, qui s'exhalent des eaux thermales, forment au dehors des fels neutres, fuivant les bafes avec lefquelles ils fe combinent? Les fels qu'on retire des bords des eaux, ainfi que des voûtes pierreufes des bains, doivent fans doute leur exiftence à ces nouvelles combinaifons; mais le fimple examen ne fuffit pas toujours pour ces fortes de recherches.

L'expérience nous apprend que ces eaux guériffent les douleurs rhumatifmales, la fciatique, la goutte même, enlèvent les obftructions de caufe froide, & diffipent les tumeurs indolentes; qu'elles font efficaces dans les paralifies, les contractions de nerfs, la foulure des tendons; qu'elles redonnent l'élafticité aux membres frappés d'inertie & d'engourdiffement. Beaucoup de malades de la vallée de Barcelonette & du Dauphiné viennent à *Vinaï* dans la belle faifon; c'eft un fecours qu'ils ont, pour ainfi dire, fous la main : j'ai cru devoir faire connoître les propriétés de ces eaux falutaires, afin que ceux qui en auront befoin, puiffent y recourir.

La vallée des bains de Vinaï fournit quelques obfervations aux Naturaliftes : les montagnes voifines font couvertes de pins, de hêtres & de fapins; au bas des coteaux fe trouvent le tilleul & le cytife, & dans les prairies & aux

bords

bords des ruiffeaux quantité de plantes médicinales, l'ellébore, le rapontic, la biftorte, la
farriette, la faxifrage, la lavande, l'orchis pal-
mé, la fanicle des Alpes, les renoncules, les
bouillons blancs odoriférans, la grande joubarbe, l'aconit ou napel, &c. &c. ainfi que d'autres plantes venimeufes. Il y a encore dans ce
canton beaucoup de *chataignes de terre*, *bunium
bulbo caftanum*, *Linn*. Cette plante eft ombellifere, fes fleurs font en rofe, compofées de plufieurs pétales avec cinq etamines & un piftil
foutenu par un calice, lequel devient dans la
fuite un fruit compofé de deux petites femences
oblongues ; fa feuille reffemble à celle du perfil, mais d'un goût plus foible ; fa tige eft rameufe ; fa racine fert d'aliment aux pauvres la
moitié de l'année ; ils la mangent cuite à l'eau
ou fous la cendre ; elle eft aftringente & propre à arrêter les hémorragies ; fa femence eft
apéritive. Le calament des montagnes, dont
l'odeur eft aromatique, y eft commun.

Je n'oublierai pas une efpèce de Creffon à
feuille ronde, *cardamine afarifolia*, que la providence a répandu avec profufion dans ces contrées froides & humides, comme une reffource
dans les maladies qui y règnent communément;
il corrige puiffamment le vice fcorbutique,
qui s'oppofe toujours à l'effet falutaire des eaux
thermales, & fait le même effet que le bouillon de l'herbe aux cuillers, *cochlearia officina-
rum*, dont on accompagne quelquefois l'ufage
des eaux de Baréges.

Les principaux foffiles de ces cantons tiennent la plupart au foufre, au mars & au vitriol. L'organifation des montagnes eft la même
que celle des Alpes; on voit fouvent dans leurs

fentes, des criftallifations fphatiques & quartzeu-
fes, de la farine foffile, *lac lunæ*, dont j'ai
parlé dans le premier volume. Les terres
ochreufes y abondent, ainfi que les incruftations
ferrugineufes, l'hématite, les pirytes fulfureufes
& les marcaffites.

Le Village de l'*Argentiere* eft fitué dans cette vallée ; on y arrive par une pente affez
douce ; les habitans qui vivent dans cette gorge, entourée de neige une partie de l'année,
font d'une conftitution forte & vigoureufe ; ils
bravent les temps les plus rudes, portent eux-
mêmes fur leur dos les charges & les bâts des
mulets, lorfque ces animaux ne fauroient franchir, fans tomber, les paffages étroits pendant
le dégel. Ils ne marchent jamais fans avoir tiré
plufieurs coups de fufil, afin que l'ébranlement
de l'air, occafionné par l'explofion de la poudre, puiffe accélérer la chûte des lavanches.

Les Villages du Sambuc & d'Eifon, fitués
dans une vallée étroite, font peu éloignés de
Vinaï ; ils font fous la neige & les glaces la
moitié de l'année. Prefque tous leurs habitans
ont le goître ; cette tumeur eft fi volumineufe
dans quelques-uns, qu'elle s'étend depuis le cou
jufqu'à la poitrine. Ils paroiffent alors difformes,
étant naturellement de baffe taille. Le goître eft
formé par l'engorgement de la glande thiroïde,
& fur-tout du thimus : la fituation des lieux,
une atmofphère froide & humide, une nourriture groffière & farineufe, la boiffon des eaux
de neige y contribuent, ainfi que l'inertie &
l'engourdiffement où vivent la moitié de l'année la plupart de ceux qui en font atteints. Il
n'eft pas commun dans les vallées & les montagnes alpines, parce qu'elles font expofées au

Midi, & que le Soleil les échauffe long-temps de ses rayons. D'ailleurs, l'aisance que procurent à leurs habitans le travail & le commerce, les bons alimens dont ils se nourrissent en font un excellent préservatif.

C'est ce que j'ai observé aux Alpes, comme aux Pyrénées. Les femmes qui portent fréquemment des fardeaux sur leur tête, contractent le goître plutôt que les hommes, soit à cause de l'attitude où elles tiennent leur cou, d'où s'ensuit une gêne dans la circulation des humeurs de cette partie, soit parce qu'elles ont la fibre moins élastique. Le mal est connu, mais où est le remede? La poudre que vante *Dehaen*, & dont les habitans du Tyrol & de la Carinthie se servent, ne me paroît pas avoir assez de vertu pour résoudre cette tumeur lymphatique, ni moins encore la plupart des recettes consignées dans les Auteurs.

Le lac de *Lauzagni*, situé au bout de la montagne de l'Arche, est à deux cent toises plus haut que celui de la *Magdeleine*. Nous traversâmes, pour y parvenir, de belles prairies situées dans une gorge; les plantes y étoient en fleurs; la classe des ombelliferes est ici la plus répandue; les impératoires, les livèches, les angéliques s'élevoient au-dessus des *orchis*, des pédiculaires, des *meums* (1), & formoient un tapis de verdure riant & émaillé des plus riches couleurs. Le lac, qui est supérieur aux prairies, a au moins un quart de lieue de circonférence; il est surmonté par d'autres mon-

_____

(1) *Athamanta meum*, Linn. Fenouil des Alpes, *lou liflré*.

tagnes, dont quelques-unes nous parurent couvertes de fchiftes, parmi lefquels les calcaires dominent. Nous trouvâmes fur fes bords quantité de graffettes rampantes, de rapontics qui s'élevoient fort haut ; cette dernière plante eft une efpèce de patience (2), fa racine reffemble à celle de la rhubarbe ; donnée à une dofe double, elle purge en comprimant ; le peuple des environs s'en fert pour les diarrhées & les diffenteries, elle eft connue fur les lieux fous le nom de *Rhubarbe des Moines*, elle vient très-bien dans nos jardins, & s'y élève fort haut.

Les truites qu'on pêche dans le lac de *Lauzagni*, ont la peau ferme & parfemée de petites taches noires. Elles nagent avec une rapidité étonnante ; cependant on les prend avec des filets en forme de napes, comme les fardines & les anchois ; ce lac fournit un ruiffeau qui traverfe des concavités pierreufes, & va fe jetter dans la branche de l'*Ubaye* qui fort du lac de la *Magdeleine*. Les ruiffeaux qui font au Levant de la montagne du *Lauzagni*, prennent une route oppofée & vont fe jetter dans les vallées du Piémont.

Ce feroit ici le lieu de dire un mot fur l'origine la plus commune de tant de lacs placés dans une fituation fi élevée ; mais je renvoie cette queftion à l'article où je parlerai de celui d'*Alos*, dans le Diocèfe de Senez.

Nous paffâmes le lendemain la rivière d'Ubaye fur un pont de bois, en quittant Barcelonette, pour aller au *Vernet*, Village où il y a un moulin à foie, qui occupe plus de deux

---

(2) *Rumex alpinus*, Linn.

cent perfonnes. Ce moulin nè difcontinue jamais, l'eau qui le fait aller, ne gelant point
dans les plus rudes hivers; elle fort d'un rocher & forme le ruiffeau de *Bachelar* qui abonde en bonnes truites; cette eau eft beaucoup
plus légère que toutes celles du voifinage ; les
Généraux des armées françoifes en envoyoient
chercher de bien loin pour leur boiffon, dans
le temps des guerres paffées : ce ruiffeau eft
tellement rempli de rochers, que quelques perfonnes y ont péri en le paffant fans précautions
après la fonte des neiges; on y a conftruit un
pont tout près du *Vernet*; il va fe jetter dans
l'*Ubaye*, & difparoît dans quelques endroits en
coulant à travers les rochers, tellement que
ceux qui vont à la pêche des truites, ne fauroient le fuivre par-tout.

Le vallon de *Fours*, fitué à la droite du *Vernet*, mérite quelque attention; il eft fort étroit
dans une étendue d'environ quatre lieues. La
Paroiffe de cette contrée a autour d'elle une
douzaine de petits hameaux ; les habitans emploient les vaches & les bourriques à la culture des terres; ceux qui ne s'occupent point à
ce genre de travail, font Marchands ou Bergers;
les premiers s'en vont à l'entrée de l'hiver en
Bourgogne, en Flandres & en Hollande, &
reviennent en printemps; les feconds conduifent
leurs troupeaux dans les vaftes champs de la
Camargue & de la *Crau* où ils paffent l'hiver,
& les ramenent enfuite brouter en été les gazons de leurs montagnes : la force, le courage & l'activité diftinguent les habitans de ces
cantons ; les femmes fur-tout y font fort robuftes; elles traverfent la montagne dans les
plus grandes rigueurs de l'hiver, & viennent

toutes les femaines à Barcelonette portant un fardeau de plus de foixante livres fur leurs dos, en gliffant, pour ainfi dire, fur les glaces. La nommée Lieutaud *Farinaffo* eft célèbre dans cette contrée par fa force, qui furpaffe celle des hommes les plus vigoureux ; c'eft une fille homaffe, âgée d'environ 40 ans, une efpèce de coloffe femelle, dont les pieds & les mains font proportionnés au refte du corps ; tous fes membres font forts & nerveux ; elle, avale une bouteille de vin d'un feul trait, & mange en un clin-d'œil deux livres de pain & autant de viande ; fes quatres freres font chaux-fourniers, elle fait autant de travail qu'eux tous. Lorfqu'il eft queftion de quelque groffe pierre à chaux, par exemple, du poids de 7 à 8 quintaux, que fes freres ont eu beaucoup de peine à ébranler, elle la foulève & la porte fur fon dos, en la foutenant avec fes mains, jufqu'à mille pas. Qu'elle force prodigieufe dans une perfonne de ce fexe !

Nous nous fîmes conduire par un guide à une mine de plomb qui eft à demi-lieue du *Vernet* en montant à *Alos*, & peu éloignée du chemin. La montagne qui renferme ce minéral, eft de nature calcaire & fituée au-delà d'un petit ruiffeau. Après avoir un peu fouillé, on voit bientôt le fpath fufible qui fert de gangue au minéral. Une ouverture étroite de quelques toifes de profondeur, pratiquée dans la roche vive, indique que cette mine a été exploitée ; j'en ai vu des échantillons à Barcelonette & au Vernet ; le plomb eft à lames plattes, mais les mineurs n'ayant pas pénétré jufqu'au filon, ne le trouvèrent qu'en rognons ; les travaux étoient interrompus lorfque nous y paffâmes. Le plomb en est de bonne qualité ; c'est un *Archifoux* , dont quelques Potiers se sont servis avec succès. Les environs de la mine sont entiérement nuds & stériles ; mais les bois, dont les montagnes attenantes sont couvertes, & l'eau qui coule à leur pied , faciliteroient la construction des bâtimens convenables à l'exploitation : je suis persuadé que l'on trouveroit bientôt le vrai filon qui est en pendage , & s'étend de l'autre côté de la *Malune* jusqu'à la montagne opposée , où l'on en trouve des indices bien marquées , malgré le ruisseau profond qui les sépare. Il faudroit des ouvriers intelligens & des connoisseurs pour exécuter avec fruit une pareille entreprise ; d'ailleurs cette mine ne pourroit être exploitée que quatre ou cinq mois de l'année.

La *Malune* est un chétif Village perché sur une montagne, dont l'abord est périlleux en allant à *Alos* ; quelques gardes-fous élevés sur les bords du chemin rassurent à peine les voyageurs. Les jeunes filles d'*Alos* gravissoient avec une légéreté étonnante contre cette montagne, & rioient de notre embarras. Nous arrivâmes enfin avec beaucoup de peine aux limites de la vallée de Barcelonette , après quelques heures de chemin & un violent orage qui rafraîchit tout-à-coup l'atmosphère ; nous nous trouvâmes sur une haute montagne couverte de gazon , où les troupeaux d'Arles dépaissoient ; les chiens veilloient à leur sûreté en rodant tout autour ; & les Bergers assis sur une éminence, étoient à portée de voir ce qui se passoit au loin ; nous n'eûmes pas plutôt avancé quelques pas dans ces montagnes, que les Bergers voyant le soleil prêt à finir sa course, rappellèrent leurs troupeaux errants par des coups de fifflets. Les chiens chafferent devant eux les agneaux, la timide brebis les fuivit en bêlant, & tout cet efpace parut défert en peu de temps. Il eft rare qu'on enferme la nuit les troupeaux dans les Bergeries, à moins qu'il ne faffe un mauvais temps; on les tient feulement plus refferrés, pour fe tenir en garde contre les loups.

CHAPITRE XVII.

Des Plantes principales qu'on trouve dans les Montagnes de Barcelonette, de l'Arche & d'Alos.

POur ne pas trop groffir ce volume, je me bornerai à décrire quelques-unes de ces plantes, fuivant la nomenclature du célèbre Linneus.

(1) L'Abfinthe des Alpes, ou genipit. M. Allioni l'a faite graver dans fon Traité des plantes alpines; elle eft fort eftimée dans la vallée de Barcelonette, comme fébrifuge, ftomachique, & fortifiante. Sa décoction eft très-utile dans les coliques venteufes provenant de caufe froide; elle eft encore un bon vermifuge. On en ufe de la même manière que des autres efpèces d'abfinthe. Elle eft un peu plus odorante; elle croît fur le fommet des montagnes de l'Arche. Les habitans des Alpes la regardent comme une panacée.

_____

(1) Artemifia glacialis. Linn.

(2) *L'Actée à épis* , ou *l'herbe de St. Chrif-*
tophle , ou *la Chriftophorienne* , *l'Angélique.*

(3) *La Sanicle des montagnes* , eſpèce d'*El-*
lébore noir ; c'eſt un très-bon vulnéraire.

(4) *Le Fenouil des montagnes à feuilles d'A-*
net ; plante aromatique qui vient d'elle - même
dans les prairies de l'*Arche*. Elle eſt vivace ;
ſes feuilles ſont beaucoup plus petites que celles du fenouil ; ſes fleurs ſont en ombelles &
diſpoſées en bouquet ; ſa racine entre dans la
thériaque & le mithridate ; elle eſt carminative ,
ſtomachique & céphalique.

(5) *Le Raiſin d'Ours* , ou *la Bouſſeròle.* On
lui donne ce dernier nom en Languedoc, à
cauſe que ſes feuilles reſſemblent à celles du
buis. C'eſt un petit arbuſte qui s'élève à deux
ou trois pieds de haut. Ses feuilles ſont attachées
à des rameaux ligneux ; ſes fleurs naiſſent en
grappe au bout des branches , auxquelles ſuccèdent des baies arrondies , molles , rougeâtres ,
garnies de cinq petits oſſelets ; cette plante naît
plus abondamment aux Pyrénées , ſur-tout du
côté de l'Eſpagne , qu'aux Alpes ; je l'ai trouvée auſſi ſur les montagnes ſous-alpines , à
Brouis , au bois de *Bargeme* , à *Taurenc* & dans
la vallée de Barcelonette. On ne lui connoiſ-
ſoit qu'une vertu aſtringente , mais depuis quelques années on s'en eſt ſervi à Montpellier
pour diſſoudre le calcul humain , à la vérité
ſans beaucoup de ſuccès. Le raiſin d'ours ne

---

(2) Actea ſpicata. Linn.

(3) Aſtrantia major. Linn.

(4) Athamanta meum. Linn.

(5) Arbutus uva urſi. Linn.

paroît pas avoir jufqu'à préfent une vertu vraiment litontriptique ; il peut tout au plus entraîner les glaires & les fables, & adoucir les
douleurs que la pierre occafionne dans les reins
& dans la veffie, foit en emouffant la fenfibi-
lité des fibres qu'il jette dans la ftupeur, foit
en écornant les afpérités de la pierre : il faut
en ufer avec un très-grand ménagement ; voyez
ce qu'en a dit *Dehaen.*

(6) *Le Pas d'Ane à tige rameufe.* On a donné ce nom à une plante qui approche beaucoup du tuffilage commun & de la pétafite,
quoique fes fleurs foient purpurines. On pourroit s'en fervir au même ufage ; elle ne fe trouve qu'aux montagnes alpines.

(7) *Le Carvi* ; plante ombellifere, dont la
racine eft un peu aromatique, carminative, &
ftomachique.

(8) *Le Sabot de Vénus* ne vient qu'aux hautes montagnes ; je l'ai pourtant trouvé dans la
vallée de Barcelonette. M. de Rignac, Com-
mandant de ces lieux, fait cultiver cette plante
dans fon jardin ; fa fleur eft printanière & femblable à celle des *orchis*, dont elle forme une
efpèce ; à peine les neiges commencent à fondre, qu'on apperçoit cette jolie fleur bleue en
forme de fabot, fur le gazon des Alpes, à côté des *fritillaires*, des narciffes, des perce-neige,
plantes qui fortent de la terre dès que le foleil échauffe un peu ces régions froides, tandis
que les *hépatiques* & les *primevéres* fleuriffent

---

(6) Cacalia alpina. Linn.
(7) Carum carvi. Linn.
(8) Cypripedium calceolus. Linn.

plus bas. Garidel à fait graver le *Sabot de Vénus* dans son Histoire des Plantes ; voyez ce qu'il en dit.

La Dentaire, jolie plante de la classe des cruciferes, dont on distingue deux espèces, comme j'ai déja dit.

(9) *Le Doronic*. On trouve deux espèces de cette plante sur les Alpes ; elles ne devroient point être en usage, malgré ce qu'en disent plusieurs Botanistes qui n'ont point l'expérience pour eux. Je ne conseille à personne de s'en servir. Gesner faillit perdre la vie pour avoir mangé un peu de la racine du doronic. Quelques Botanistes rangent *l'arnica* des Allemands, ou plutôt le *ptarmica*, parmi les doronics. On nous la donne comme un très-bon remède contre plusieurs maladies ; s'il faut en croire *Cartheuser*, elle agit puissamment sur les solides, & fait entrer les nerfs dans des contractions salutaires qui attenuent les humeurs, dissipent les engorgemens & résolvent les obstructions. Les Allemands se sont servis avec succès de *l'arnica* dans les fièvres intermittentes, que le quinquina ne peut guérir, dans la paralisie, & notamment dans la goutte sereine, que cette plante a entiérement dissipée ; mais il est permis de douter du succès des expériences qui nous viennent de si loin ; attendons pour y croire que de nouvelles tentatives confirment les propriétés qu'on à attribuées à cette plante ; elle n'a point réussi à M. *Home*, dans l'Hôpital d'Edimbourg : sa fleur radiée & sa racine sont un peu aromatique.

_____

(9) Doronicum plantiginis folio. Linn.

(10) *La grande Conife à fleurs bleues* ; les payfans fe fervent de la décoction des fleurs de cette plante pour déterger les ulcères.

(11) *Le Pied de Chat* vient non-feulement aux Alpes, mais encore plus bas, comme à *Colmars*, à l'*Achen*, &c. Sa fleur entre dans les vulnéraires de Suiffe ; elle eft en ufage contre la phitifie, la toux opiniâtre & le crachement de fang, &c. ; elle eft également aftringente & balfamique. Les Herboriftes de nos grandes Villes vont la cueillir fur ces montagnes lorfqu'elle eft en fleur ; fa feuille eft velue, & reffemble un peu à la *pilofelle* ; fa tige a à peine un pied de haut ; fes fleurs font à fleurons, d'un blanc légèrement purpurin.

(12) L'*Ellébore noir*, à *fleur verdâtre & globuleufe*, dont les feuilles font découpées & reffemblent à celles de l'*aconit*. Elle fe trouve communément fur les montagnes alpines. Voyez Gerard.

(13) L'*Ellébore blanc*. Les prairies de l'*Arche* en font remplies. Il eft remarquable par fes larges feuilles à côtes nerveufes, comme le plantain, & par fes fleurs jaunes en bouquets difpofées le long de la tige. On peut fe fervir de la racine de l'ellébore noir fans danger ; elle purge affez fortement les humeurs féreufes. Il n'en eft pas de même de celle de l'*ellébore blanc*, qui étoit le purgatif familier des anciens. On fait combien il y avoit à craindre pour les ma-

_____

(10) Conifa fquarrofa. Linn.

(11) Gnaphalium dioicum. Linn.

(12) Helleborus hiemalis. Linn.

(13) Veratrum album. Linn.

lades qui en uſoient ſans précaution ; c'eſt ce qui a fait dire au Légiſlateur de la Médecine, que les convulſions qui ſurvenoient, après avoir pris de l'ellébore, étoient mortelles : heureuſement que tous les violens purgatifs ſont tombés en déſuétude, & que les Médecins prudens ne les conſeillent jamais, malgré qu'on ait voulu les tirer de l'oubli dans ce ſiècle, où l'on ſe familiariſe un peu trop avec les poiſons. Je ne nierai pas cependant qu'on ne puiſſe les employer quelquefois avec ſuccès, ainſi qu'on a fait depuis peu de la racine de l'ellébore noir, pour quelques maladies chroniques. Voyez le Traité ſur l'hydropiſie de M. Bacher.

(14) *La Berce.* Plante ombellifere dont nous connoiſſons deux eſpèces, la berce commune, & la berce des Alpes.

(15) L'*Impératoire* eſt fort commune dans les prairies de l'*Arche.* Elle eſt remarquable par ſes feuilles diviſées en trois lobes, ſes fleurs en umbelle, & ſes graines ovales, applaties, rayées, & bordées d'une petite aîle. Sa racine eſt âcre & aromatique ; elle eſt d'uſage en Médecine, comme celle de l'angélique.

Trois eſpèces de *Laſerpitium*, plantes ombelliferes qui ne ſont point d'uſage.

(16) L'*Iveche* ; eſpèce d'angélique à feuilles d'*ache* ; ſa racine eſt aromatique.

(17) Des *Orchis* en quantité ; on nomme

(14) Heracleum ſphodilium. Linn. Heracleum alpinum. Linn.

(15) Imperatoria oſtruthium. Linn.

(16) Liguſticum leviſticum. Linn.

(17) Orchis odoratiſſima. Linn.

vulgairement l'orchis à fleur cramoifie, *Manetto*, parce que fa racine bulbeufe eft divifée en cinq petits doigts ; les fleurs ont un parfum de vanille ; les Bergers en font des bouquets, qu'ils portent à leurs chapeaux. Sa tige a un pied de haut.

(18) L'*Orobe*. Plante légumineufe.

(19) La *Double Feuille* ne vient qu'aux montagnes alpines.

(20) La *Jacobée des Montagnes*.

(21) Le *Raifin de Renard*.

(22) La grande efpèce de *Quinte-Feuille*. Toute la plante eft aftringente, fébrifuge & vulnéraire.

(23) Le *Rhododendron ferrugineux*. Petit arbufte qui s'élève à deux ou trois pieds de haut, & ne vient que fur les hautes montagnes ; il ne réuffit point dans les pays inférieurs. Il eft toujours verd comme le buis ; fes fleurs purpurines ont un joli coup-d'œil. Les payfans prennent quelquefois la décoction de fes feuilles pour les coliques venteufes.

(24) Le *Nerprun*. Voyez les plantes de la montagne de *Lurre*.

(25) La *Graffette* fe trouve au bord du lac de *Lauzagni*.

———————————————

(18) Orobus fylvaticus. Linn.

(19) Ophris ovata. Linn.

(20) Senecio incanus. Linn.

(21) Paris quadrifolia. Linn.

(22) Potentilla recta. Linn.

(23) Rhododendron ferrugineum. Linn.

(24) Rhamnus catharticus. Linn.

(25) Pinguicula vulgaris. Linn.

(26) L'*Églantier nain à feuilles de prinprenelle*; cet arbuste croît sur les coteaux de Barcelonette.

Plusieurs espèces de *Scandix*, parmi lesquelles se trouvent le *Cerfeuil musqué* & les plantes suspectes de ce genre, comme la *Ciguë*, &c.

(27) La *Toque*. On s'en sert aux Alpes pour les hommes & pour les chevaux. Elle est stomachique & vermifuge; son odeur est un peu aromatique comme celle de la *Cataire*.

(28) La *Saxifrage des Alpes*.

(29) Le *Persil des Montagnes*; plante ombellifere, qui vient dans les vallons & les prairies humides des montagnes. Sa graine est incisive & carminative; on s'en sert pour les coliques venteuses. Elle divise les matières gluantes & tenaces de l'estomac.

(30) Le *Sorbier des Alpes*; ses fruits sont astringens.

Quelques espèces de Thlaspi.

(31) Le *Talictron* à feuilles d'*Ancolie*.

(32) La *Valériane* sauvage des montagnes; dont la racine est antiépileptique & antispasmodique.

(33) La *Reine des Près*. Sa racine est cor-

---

(26) Rosa pinpinellivides. Linn.
(27) Scutellaria alpina. Linn.
(28) Saxifraga geum. Linn.
(29) Athamanta oreoselinum. Linn.
(30) Sorbus ancuparia. Linn.
(31) Thalictrum aquilegifolium. Linn.
(32) Valeriana officinalis. Linn.
(33) Spirea ulmaria. Linn.

diale, fudorifique & céphalique. On en prépare une eau diftillée.

(34) La *Barbe de Chévre*, *aux fleurs oblongues*. Elle a la même fructification que la précédente ,. & croît également fur ces montagnes. Je l'ai cueillie dans les fentes des rochers.

CHAPITRE XVIII.

Des principaux Animaux que l'on obferve aux Montagnes Alpines de la Provence.

ON trouve dans la vallée de Barcelonette un Mulet nommé *jumar*, & *jumerri* en Provençal, qui provient de l'accouplement de l'Aneffe & du Taureau. Quelques Naturaliftes, fondés fur la difproportion qu'il y a entre les organes de l'Aneffe & du Taureau, en doutent; ils objectent encore que les accouplements entre animaux de différente efpèce, font le plus fouvent ftériles; mais le raifonnement & l'analogie ne tiennent point contre les faits. J'ai examiné moi-même, étant à Barcelonette, le Mulet qui naît de l'Aneffe & du Taureau; il reffemble au Mulet ordinaire par les jambes, les pieds, & la queue; il n'eft qu'un peu plus petit; fes narines, fon mufeau, & fa machoire inférieure fur-tout, fe rapprochent beaucoup de celles du Bœuf. Il coupe l'herbe de côté comme celui-ci; la couleur de fon poil n'en diffère pas extrêmement. Il eft vigoureux, & d'un grand fervice; on le nourrit de peu; mais il

---

(34) Spirea aruncus. Linn.

ne fe reproduit point. Les Maîtres de ces Mulets m'affurèrent avoir été témoins de l'accouplement de l'Aneſſe & du Taureau, ce qui arrive ſouvent, lorſqu'on les laiſſe enſemble dépaître en liberté dans la campagne. Ceux qui
veulent avoir des *jumars*, enferment ce couple
dans les étables où il paſſe toute la nuit, l'A-
neſſe ne tarde pas à être couverte, & met enſuite bas cette eſpèce de Mulet, ſans qu'aucun
cheval l'ait approchée : il n'eſt donc plus permis de douter de la fécondité de cet accouplement, quoiqu'il n'en ſoit rien réſulté en d'autres occaſions, d'après les relations communiquées à M. de Buffon. Quant à l'accouplement
du Taureau avec la Jument, perſonne ne l'a vu
dans ces contrées, on y doute même de la vérité d'un tel fait; & juſqu'à ce que nous ayons
des preuves plus convaincantes, nous ſuſpen-
drons notre jugement, ainſi que ſur le *jumar*,
que l'on dit être le réſultat de l'accouplement
de l'Ane avec la Vache, quoiqu'on ajoute
qu'il faut avoir recours à l'artifice pour joindre ces deux animaux enſemble; ſavoir, en
couvrant la Vache d'une peau d'Aneſſe. Ce fait
s'eſt paſſé, à ce qu'on dit, dans l'Iſle de Cor-
ſe; c'eſt ce qui nous reſte à ſavoir d'une manière poſitive.

Le Chamois paroît être une variété de la
Chèvre domeſtique, avec laquelle il s'accouple,
lorſqu'il eſt libre, ou qu'on l'a apprivoiſé. Il
en provient de métis féconds qui produiſent
entr'eux. Les Bergers d'Arles, qui menent
paître leurs Chèvres ſur les montagnes alpines,
& les y laiſſent pluſieurs jours de ſuite en liberté, les trouvent couvertes par des Chamois,
& leur voient mettre bas de petits Chevreaux

Tome II. P

qui ont beaucoup de reſſemblance avec le Che-
veau commun. Le Chamois ne ſe trouve que
depuis Colmars, où commencent nos montagnes alpines, juſques aux plus hautes Alpes.
C'eſt en été qu'on les rencontre en petites
troupes de quatre à quatre, & quelquefois d'a-
vantage, dans les vallées de Barcelonette, d'Aſture, & aux montagnes de *l'Arche*; ils grimpent dans les endroits les plus eſcarpés, tra-
verſent les paſſages les plus dangereux, & bon-
diſſent d'un rocher à l'autre avec une agilité
ſurprenante.

Le ſaut du Chamois, *lou ſaout daou Chamoux*
eſt célèbre dans la vallée d'Aſture, entre *Vinaï* & *l'Argentiere*. C'eſt un précipice d'une hauteur effrayante & de cinq à ſix toiſes de large qu'un Chamois, pourſuivi par des Chaſ-
ſeurs, franchit d'un ſimple élan. Les petits Chamois ſont fort doux & ont les inclinations de
nos Chêvres domeſtiques. Lorſque le grand froid
les oblige à deſcendre dans les vallées, ils s'approchent des Bergeries à *Colmars* & à *Alos*,
juſqu'à ſe laiſſer prendre. On les apprivoiſe enſuite ſans beaucoup de peine; ils oublient bientôt leur état ſauvage, pour ſuivre les troupeaux
& en prendre les mœurs. J'ai vu avec beaucoup
de plaiſir, en herboriſant ſur les hautes montagnes de *Colmars* & d'*Alos*, de petites troupes
de Chamois ſuſpendus au bord des précipices,
s'arrêter d'abord à ma vue, délibérer, pour
ainſi dire, entr'eux, s'ébranler enſuite, frapper
du pied & pouſſant un petit bêlement, s'élan-
cer, bondir ſur la cime des rocs, & diſpa-
roître en un clin d'œil avec une légéreté admi-
rable. Je ne m'étendrai pas d'avantage ſur l'hiſtoire de ce quadrupède, que le grand Natura-

lifte de la France a fi bien traitée ; je rapporterai feulement ce qui eft relatif au Chamois de nos montagnes.

(1) Les vieux Chamois fe diftinguent aifément des jeunes, par une taille plus haute & par la couleur de leur poil qui varie dans les diverfes faifons de l'année. Leurs cornes font plus grandes & plus crochues ; elles fe féparent aifément du cornillon qui eft emboîté dans la corne, comme dans un étui. Les Maréchaux fe fervent de ces cornes pour faigner les chevaux & leur faire des petites incifions au palais lorfqu'ils ne peuvent manger. Quelques Chaffeurs diftinguent les vieux Chamois d'avec les Chamois communs, par deux efpèces de mamelons noirâtres en forme d'appendices qu'on obferve à leur peau derrière les cornes, & qui ne font point couvert de poil. Comme le Chamois grimpe fur les hautes montagnes, & qu'il doit forcer fa refpiration dans ce moment, ils imaginent que la nature leur a pratiqué dans le crane des ouvertures qui communiquent par ces mamelons avec les narines, & au moyen defquelles l'animal infpire une plus grande quantité d'air dans les bonds & les fauts qui le dérobent promptement à la vue ; mais ayant examiné moi-même la tête d'un vieux Chamois récemment tué, je ne reconnus dans ces appendices que les rugofités & le froncement de la peau, fuites ordinaires de la vieilleffe ; je ne pûs y introduire le ftylet le plus fin. Comme les erreurs fe propagent rapi-

_____

(1) *Rupi capra.* En vieux François, *Yfard.* En Patois, *lou Chamoux.* Au pluriel, *lous Chamouffés.*

dement, j'ai été bien aife de détruire celle-ci.
La Chair du Chamois (2) eft fort eftimée ;
elle eft tendre & plus délicate que celle du
Chevreau ; on la mange en pâté, rôtie & en
ragoût, &c. Tout le monde connoît l'ufage que
l'on fait de la peau de ces animaux. Les Chaffeurs regardent leur fang comme un bon réfo-
lutif ; ils le boivent tout chaud, dès qu'ils les
ont tué. Il eft vrai que le fang du Chamois eft
diaphorétique, & qu'il tient des vertus de celui du Bouquetin. Celui-ci quitte rarement les
hautes Alpes pour venir dans les vallées.

    Les autres quadrupèdes des montagnes Al-
pines font l'Ours brun, le Loup commun, le
Loup cervier, le Sanglier, & la Marmotte. Le
premier n'a jamais fait du mal à perfonne, &
n'attaque le Chaffeur que lorfqu'il en eft bleffé,
ou qu'on lui enlève fes petits. Il fe tient enfermé pendant l'hiver dans le tronc de quelque
vieux arbre ou dans quelque caverne antique,
où il lèche fes pattes de temps en temps, &
en exprime, par ce moyen, une liqueur laiteufe
qui apparemment l'alimente ; il fort fort maigre de fa retraite en printemps, pour chercher
fa pâture. La difette des fruits & du gland,
dont il eft friand, l'oblige quelquefois à defcendre jufqu'aux montagnes fous-alpines ; quoique
lourd & pefant, il grimpe au haut des arbres,
& fe fert adroitement de fes pattes pour cueil-

---

(2) Ce quadrupède fe nourrit des baies & des fommités des arbres, & fur-tout du *génipit* ; il écarte la
neige qui couvre cette plante en hiver, pour la brouter. Elle lui donne beaucoup de forces & d'agilité pendant cette faifon rigoureufe.

lïr les fruits. Voyez mon premier Volume. Cet animal eſt fort rare dans les montagnes de Barcelonette.

La quantité de troupeaux qui paſſent l'hiver dans les étables de cette ville & des environs (3), attirent beaucoup de Loups qui viennent rodèr à l'entour des maiſons. On en rencontre dans les rues. Les neiges, les glaces qui couvrent les bords des rivières ne les arrêtent point. Ils franchiſſent tout & les paſſent à la nage. On n'a jamais vu à Barcelonette qu'ils aient traverſé la rivière d'Ubaye ſur le pont ; ils aiment mieux ſe jetter dans l'eau que de prendre cette route. Dans la rage même, lorſqu'ils déchirent tout ce qui ſe rencontre ſur leur paſſage, ils ne balancent point de ſe jetter à la nage ; il n'y a que l'homme qui dans la rage ait horreur des liquides ; ce ſymptome, dont on voudroit ſavoir la cauſe, dépend ſans doute de l'organiſation de l'homme, différente de celle des animaux, de l'irritabilité de ſes nerfs, & de ſa grande ſenſibilité que réveille la ſeule vue de l'eau, dont la boiſſon eſt inſupportable. Les animaux attaqués de la rage ne boivent point , mais ils ne ſuyent pas les liquides ; les obſervations récentes, publiées par la Société Royale de Médecine, (vol. ſecond de ſes Mémoires,) font foi que la vapeur du vinaigre en a déterminé quelques-

---

(3) L'aſtuce du Loup, pour ſurprendre les petits Agneaux qu'on tient enfermés dans les Bergeries, eſt remarquable : il paſſe ſa queue à travers les fentes de la porte pour les attirer en dehors & les mettre en pièces ; il n'a pas moins de fineſſe pour attaquer l'homme & le ſurprendre, quand il eſt affamé.

uns à en boire, & qu'il leur a été falutaire.
J'ai parlé du Loup cervier dans mon premier
Volume ; je dirai un mot du Sanglier dans le
troifième.

La Marmotte eft un petit quadrupède de
nos montagnes alpines, dont on peut lire l'Hiftoire dans Gefner, qui a très-bien obfervé fes
mœurs & fon caractère. M. de Buffon n'a rien
oublié de tout ce que la Nature préfente de remarquable dans cet animal. Je n'en rapporterai
feulement ici, comme j'ai déja fait pour les autres efpèces, que les particularités qui ont du
rapport avec le pays qu'elle habite. On commence à trouver la Marmotte, *mus alpina,*
Linnei, dans les montagnes de Colmars. Elle
eft plus commune dans celles de Barcelonette,
du Dauphiné & dans les vallées du Piémont.
On la nomme *Mieret* à Colmars, & Marmotte
à Barcelonette. Ce quadrupède plus petit que le
Lièvre, tient un peu de la forme de l'Ours &
du Rat par fon corps. Sa queue eft courte, &
fes oreilles font tronquées ; fon mufeau eft gros
& court ; il jouit de beaucoup de force & de
foupleffe. On l'apprivoife aifément quand il eft
jeune ; il apprend à gefticuler, à fauter fur un
bâton, à danfer & à être docile à la voix de
fon maître. Les habitans des vallées alpines vont
à la chaffe des Marmottes au commencement
de l'hiver, temps auquel ils font affurés de les
trouver engourdies dans leur trou (4), dont

_____

(4) Les Marmottes ont foin de garnir leurs retrai-
tes d'une ample provifion de foin pour fe garantir du
froid. Quelques Auteurs affurent qu'elles travaillent enfemble & de concert à cette récolte ; les unes cou-

ils ont obfervé la fituation quelque temps auparavant. Ils mettent en réferve les jeunes Marmottes qu'ils apprivoifent, ayant l'attention de laiffer les vieilles pour fervir à la réprodution de l'efpèce : quelques-uns n'ont pas cette prévoyance & les mangent avec plaifir, car elles font fort graffes dans cette faifon.

La Marmotte engourdie par le ralentiffement que le froid occafionne dans la circulation du fang, ne tarde pas à revenir de fa ftupeur, lorfqu'on l'expofe à une chaleur graduée. Elle s'accoutume bientôt à fes nouveaux maîtres, mange de tout ce qu'on lui préfente, & apprend à répéter les leçons qu'on lui donne. Dès qu'elle eft en état de faire honneur à fon éducation, on l'enferme dans une petite caiffe de bois avec de la paille, & le Montagnard, portant fur fon dos ce dépôt précieux, accourt dans nos Villes principales, où il la fait danfer & en amufe les badeaux. Le rufé Montagnard raconte préliminairement quelque fait merveilleux de cet animal pour attraper fon monde ; on eft furpris de fa docilité à exécuter les divers mouvemens qu'il lui fait faire ; elle procure ainfi un gain honnête à fon maître, qui retourne dans fon pays aux approches de l'été.

---

pent les herbes, les autres les ramaffent en botte, & plufieurs les voiturent. Une Marmotte fe couche fur fon dos, étend fes pattes en haut, avec lefquelles elle embraffe le foin ; les autres la traînent, prenant garde que la voiture ne verfe. Ce fait feroit furprenant, s'il étoit vrai ; je ne le garantis point ; M. de Buffon l'a rapporté, mais en doutant ; je m'en informai fur le pays, & perfonne ne le confirma.

(5) La Marmotte ne s'engourdit point dans l'hiver, quand elle est transportée dans les Villes ; elle court, mange dans les maisons tout comme en été ; tandis que la stupeur s'empare d'elle aux montagnes, au point qu'on peut la tuer dans cet état, sans qu'elle donne aucun signe de sensibilité. Est-ce la privation du fluide igné, d'où dépend la circulation du sang, qui jette l'animal dans cet état de mort apparente, pendant lequel l'oscillation des artères & le battement de cœur paroissent détruits ? ou bien est-ce l'action coagulante du froid, qui en contractant les nerfs, suspend la circulation ? Ces deux causes peuvent également concourir à ce phénomène ; les pluies, les temps doux, les dégels réveillent les Marmottes pendant l'hiver, mais elles retombent bientôt dans leur premier état, lorsque le froid recommence.

Les Montagnards se servent beaucoup de la graisse des Marmottes pour les douleurs rhumatismales ; ils la brûlent aussi en guise d'huile, ayant soin de la faire liquefier auparavant sur le feu ; elle ne se fige plus ensuite. La graisse du blaireau est employée au même usage.

Les Lièvres blancs sont assez communs dans les montagnes alpines, ils n'y changent point de couleur ; les Lièvres gris s'arrêtent plus bas. Les Renards sont beaucoup plus gros que ceux des contrées méridionales, & ont le bout de leur poil de couleur argentée.

---

(5) Les Marmottes, ainsi que les Loirs, sont fournies de beaucoup de graisse & de parties huileuses, qui les substantent dans la disette d'alimens. Ces premières grimpent au haut des arbres, montent entre les fentes d'un rocher ; les Savoyards qui viennent ramoner nos cheminées, ont appris de ces animaux à y grimper en sûreté.

CHAPITRE XIX.

*Des Oifeaux particuliers aux Montagnes Alpines
de la Provence.*

J'Ai déja fait l'énumération des principaux Oifeaux de la partie méridionale de la Provence ; il me refte encore quelque chofe à dire de
ceux qui habitent les régions feptentrionales,
ou qui y font quelque féjour. Les Oifeaux de
paffage qui nous arrivent du Nord, ne s'y arrêtent que le temps néceffaire pour prendre
leur nourriture ; ils les quittent bientôt pour
paffer dans des pays plus tempérés. Les frimats
qui arrivent de bonne heure, les arbres qui
fe dépouillent plutôt de leurs fruits & de leurs
feuilles, les en éloignent. Les Outardes, les
Grues, &c. volent fi rapidement, qu'elles dépaffent bientôt ces régions froides. Il n'en eft
pas de même de ceux qui font du genre des
Scolopaces & des Moineaux ; ils reftent plus
long-temps à faire ce voyage, & ne viennent
dans les Pays-bas qu'au moment où les neiges
ont couvert les montagnes. Les Oifeaux palmipèdes quittent le Nord au commencement de
l'automne, & s'arrêtent quelquefois auprès des
lacs de nos montagnes alpines, qu'ils abandonnent dès que les eaux commencent à fe gêler
fur leurs bords. Les Pluviers, les Vanaux, &c.
s'y rencontrent quelquefois en hiver, mais les
neiges les en font déguerpir.

Prefque tous les Oifeaux de proie de la Baffe-provence, tant diurnes que noâurnes, font communs aux montagnes alpines. La plupart n'en bougent point. L'Aigle Royal fait fon féjour ordinaire fur le fommet des plus hautes montagnes ; il conftruit fon aire dans les endroits les plus efcarpés. Le Chaffeur n'en fauroit approcher fans danger ; il a befoin de fe tenir fur fes gardes , s'il ofe y grimper pour enlever les pièces de gibier qu'il trouve à demi dévorées par les petits Aiglons ; il y fubftitue un morceau de viande. L'œil perçant de l'Aigle découvre , du haut des montagnes , le gibier dans la plaine ; il fond fur lui avec impétuofité ; les régions les plus efcarpées fervent de retraite aux Milans , aux Bufes , aux Eperviers & aux Faucons ; les grands & moyens Ducs , Chats - huants & autres , pouffent pendant les nuits les plus froides , lorfque la nature eft , pour ainfi dire , dans un état de mort apparente , des cris lugubres & perçans qui ajoutent dans ces lieux déferts l'effroi à l'horreur des ténèbres.

Beaucoup de Grives , de gros Becs , de Pinçons , de Bécaffes même s'arrêtent aux montagnes alpines pendant l'été , la plupart y nichent ; d'autres vont plus haut , & defcendent fucceffivement en automne dans les Pays-bas , attirés par les fruits & les bayes des arbuftes.

La Pie grièche ou l'écorcheur (6) a été mife au rang des Oifeaux de proie , parce qu'elle fait la guerre aux petits Oifeaux ; elle fe nourrit également d'infeɗes , attaque avec beaucoup de courage des Oifeaux qui font plus gros qu'elle , & les chaffe au loin quand ils approchent

(6) *Lanius cinereus.* Linn.

de son nid. La Pie grièche est à demeure dans les pays où elle naît ; elle est commune aux montagnes alpines. La Pie grièche rousse est de passage, ainsi que les Ecorcheurs (7).

Quelques Oiseaux de la classe des Gallinacés habitent principalement les montagnes : les Perdrix rouges sont plus nombreuses dans les sous-alpines que les grises, avec lesquelles elles ne se mêlent point ; la petite & grande Bartavelle, ou Perdrix Grecque, nommée par quelques Chasseurs la *Givaudane*, s'associe quelquefois avec les Perdrix rouges. La Perdrix blanche ou *Lagopède* est affectée à ces contrées : elle est remarquable par la blancheur de ses plumes. Son bec & ses yeux sont rouges, ses pieds sont velus & entiérement couverts de plumes ; son goût est un peu différent de celui de la Perdrix ordinaire. Les anciens ne la connoissoient pas (8). J'ai dit que la Bartavelle devenoit quelquefois toute blanche en hiver, par le séjour qu'elle fait sur les neiges, ce qui arrive également aux Lièvres & aux Renards ; mais cela est plus rare dans les Perdrix.

Le grand Coq de Bruyere (9), que M. de

_____

(7) L'Oiseau nommé *Darnagas*, dans la partie méridionale de la Province, est encore un Ecorcheur. Il mange les petits Oiseaux quand il peut les attraper ; il descend dans nos campagnes au commencement de l'été. C'est le *Lanius collurio*. Linn. Le petit Ecorcheur. *Lou Darnagas*.

(8) *Tetrao vrogallus*. Linn.

(9) Nous avons une autre espèce de Perdrix blanche qui vient jusqu'aux parties méridionales de la Province : elle diffère du *Lagopède* en ce qu'elle n'a point les pieds velus ; elle paroît être une variété de la Perdrix grise, ayant son bec, ses yeux de la même couleur. Voy. M. de Buffon.

Buffon nomme Tetras, les Provençaux *lou Fai-*
fan , habite nos montagnes alpines ; il defcend
rarement plus bas ; cet illuftre Naturalifte prouve
très-bien qu'il n'eft point une efpèce de Coq
ordinaire ; il ne fe mêle point avec les Poules ,
bien différent du Faifan qui fe tient dans les
régions tempérées , il n'aime que les pays
froids, n'habite que les forêts de mélefe ou de
fapin , & la cime des hautes montagnes, où
les Chaffeurs vont le pourfuivre. Il eft remarquable par fa grandeur , par le noir de fes
plumes , & par fa queue verticalement retrouf-
fée. Ses pieds n'ont point d'ergots , & font
couverts de plumes ; fa langue eft fort petite , &
fe rétrécit à un tel point quand il eft mort ,
qu'on l'en a cru privé , mal-à-propos. Il fe nourrit des fommités de fapins , des baies de géné-
vrier , de mirtille , & des plantes légumineufes
qui naiffent dans ces contrées, comme la geffe
& l'orobe. La femelle a les plumes grifâtres &
différe du mâle à peu-près comme celle du Paon.
Ces Oifeaux font plus nombreux dans les vallée du Piémont ; les payfans guettent leurs
nids, enlèvent leurs petits pour les élever en
cage , & les vendre à ceux qui en défirent.

Le petit Coq de Bruyère (1), *lou pichoun*
Feifan , eft affez commun aux montagnes alpines , & fur-tout aux vallées d'Entreaunes, à
celles de Bleoune , d'Afture dans le Comté de
Nice : cet Oifeau , nommé mal-à-propos *Fei-*
fan , paroît être une variété du grand Coq de
Bruyère ; il a, comme celui-ci, la queue fourchue, les plumes noires , les pieds velus &

---

(1) *Tetrao tetrix.* Linn.

fans éperons, les doigts dentelés, & les four-
cils rouges ; il n'en différe que par les plumes
de fa queue recourbées en dehors, & par fa
petiteffe ; du refte il a les mêmes mœurs. La
femelle eft moins groffe que le mâle, & fa
queue eft moins fourchue ; elle a le plumage
différent. Les plumes du petit Tetras changent
peu-à-peu de couleurs & deviennent tout-à-
fait noires. On leur tend des piéges quand ils
font encore petits pour les prendre, & les nourrir en cage comme le Coq de Bruyère. Ces
Oifeaux ont un goût très-délicat. Voyez ce
qu'en difent M. Linneus, dans fa *Fauna Suecica*,
& M. de Buffon, tome troifième de fon Hiftoire Naturelle des Oifeaux.

Les Gélinottes, les Francolins font beaucoup
plus rares dans les montagnes alpines que les
Coqs de Bruyère ou Tetras ; c'eft mal-à-propos, comme j'ai déja dit au premier Volume,
qu'on a donné le nom de Gélinotte & de
Francolin à l'efpèce de Perdrix de la Crau,
nommée *Grandoule*.

Je ne parle point du gros Pinçon des Alpes, *lou gros Cuou Blan*, qui fait fon féjour
dans ces contrées froides, ni de bien d'autres
Oifeaux ; je m'arrêterai un inftant fur le Bec
croifé (2), remarquable par la configuration
de fon bec, dont les deux pièces font recour-
bées à l'extrêmité, & fe croifent en fens contraire ; il ne defcend qu'en automne dans les
parties méridionales, & eft affez commun aux
environs de Bàrcelonette ; il fe fert de fon
bec tranchant pour fendre les pommes de fapin & de mélefe, de la femence defquelles il
fe nourrit.

_____

(2) *Loxia curvi roftra*. Linn. *Lou Peffo-pino*.

CHAPITRE XX.

Diocèse de Senez.

LE Diocèse de Senez est borné au Nord par les montagnes alpines de Barcelonette & d'Alos ; au Couchant, par les Diocèses de Digne & de Riez ; au Midi & au Levant, par ceux de Fréjus & de Glandeves. Il contient environ trente Paroisses qui sont presque toutes situées dans les montagnes sous-alpines ; il n'y a proprement que la petite Ville de Colmar, le Bourg d'Alos, & deux ou trois Villages qui sont encore dans les Alpes. Nous traversâmes la haute montagne de Barcelonette pour arriver à Alos ; quantité de bétail d'Arles y paissoient le gazon dont elle est couverte. Cette montagne est fort étendue, & va se joindre du côté du Levant à celle de St. Dalmas, au pied de laquelle le Var prend sa source. Nous vîmes en passant la grande vallée de la *Sextrière*, où naît la première branche de la rivière du Verdon ; cette vallée est spatieuse, elle nourrit beaucoup de bétail & fournit les chiens qui servent à la garde des troupeaux de la Crau ; ils sont d'une race différente du chien commun des Bergers. Voyez l'article de la Crau, au premier Volume.

Il y a du risque à traverser les chemins qui conduisent à Alos ; les glaces, les torrents en ont détruit une partie, & les précipices affreux qui sont à la droite, les rendent fort périlleux pendant l'hiver. Nous ne vîmes guères

fur ces montagnes que la carline fans tige , &
une efpèce d'artichaut fauvage (3) à feuilles
blanches & cotoneufes; il nous fallut toujours
marcher à pied jufqu'à Alos, & defcendre pendant plus de trois heures cette montagne ; les
gens du pays la paffent avec une facilité fur-
prenante , ainfi que les bêtes de fomme.

Le Bourg d'Alos eft fitué dans une grande
vallée qui porte fon nom. Les montagnes qui
bordent fon horizon au Nord font couvertes
de bois réfineux , comme fapins , mélefes , épi-
céas; celui-ci n'eft pas d'auffi bon ufage que le
mélefe , & fon bois eft très-difficile à brûler,
à caufe de la quantité d'air élaftique qu'il contient entre fes fibres ligneufes; cet air venant
à s'échauffer , fait voler en éclats le bois & l'é-
corce. Le terrein cultivé des environs d'Alos
eft très-fertile; c'eft une terre noirâtre que les
débris des végétaux ont fupérieurement engraif-
fée ; elle eft feuilletée dans les vallons; le peuple la nomme *Roubino* ; fituée dans des endroits
trop froids, elle eft aigre & ftérile : les prairies font très-abondantes aux environs d'Alos ;
le peuple de ce Bourg ne déguerpit point en
hiver ; il garde le bétail dans les étables pendant cette faifon, & le mene en été fur les
montagnes voifines ; il lui laiffe brouter le blé
naiffant en automne , & dès que la neige commence à couvrir les montagnes, il l'enferme,
ainfi que j'ai dit. La plus grande partie des habitans travaille la laine pendant l'hiver, & s'occupe à faire les draps de montagne , dont le
débouché étoit permis autrefois en Piémont. Il

_____

(3) Centaurea alpina. Linn.

règne une certaine aisance parmi eux, à la faveur du commerce des laines & du nombreux bétail qui séjourne dans le pays. La plupart ont encore les mœurs simples du bon vieux temps, parce qu'ils ne viennent point dans le Pays-bas en hiver. Ce Bourg contient environ mille ames. Les maisons sont assez bien bâties, & pour un pays de montagne, l'on y jouit abondamment de toutes les commodités de la vie. Les hommes y sont rarement malades, & leur vie moyenne va au moins jusqu'à quarante ans.

Le lac d'Alos méritoit quelqu'attention de notre part, nous nous y fimes conduire par un homme du pays ; je l'avois visité autrefois dans mes courses Botaniques, mais je désirois le connoître un peu mieux. Il faut pour y parvenir, monter au moins deux heures de suite, par des chemins scabreux, à travers de petites forêts d'arbres résineux, des vallons & des précipices ; arrivés à la cabane d'Alos, où les bergers d'Arles remisent quelquefois leurs troupeaux pendant le jour, nous laissâmes nos chevaux pour gagner le haut de la montagne qui conduit au lac. Les chemins sont fort mauvais & nous eûmes beaucoup de peine à y arriver. Il est situé dans une enceinte formée par des montagnes élevées de plus de quatre-vingt toises au dessus de son niveau. Il faut environ une demi-heure pour en faire le tour. Nous y trouvâmes un petit bateau qui sert à le traverser. Il abonde en très-bonnes truites. Le peuple croit qu'il y a au milieu du lac un entonnoir par où les eaux se précipitent, & vont donner naissance à divers ruisseaux qui forment la rivière du Verdon ; sa seconde branche naît
effectivement

effectivement de ce lac vers le couchant. Elle traverse le sein de la montagne, & en sort plus bas pour se jetter au-dessous d'Alos dans la première branche qui donne le nom à cette rivière. Les montagnes qui entourent ce lac sont partie vitrifiables, partie calcaires; le grès y domine principalement & s'étend par larges bandes vers le levant; il forme de grands blocs & des cimes élevées. Les montagnes d'Alos sont la plupart fissiles ou schisteuses (4) à leur base. Elles ont de loin un aspect noirâtre; c'est ce qui a fait croire que le lac formoit anciennement le cratère de quelque volcan. Tel est du moins le sentiment de plusieurs savans, qui pensent que la plupart des lacs situés sur les plus hautes montagnes, doivent leur origine à des volcans éteints, qui après avoir brûlé quelque temps, ont laissé des concavités & des gouffres profonds, où les eaux pluviales se sont amassées jusques au point de former des lacs. Je ne discuterai point cette question; mais je suis très-assuré que celui d'Alos n'a jamais été un volcan. On ne voit aucune pierre brûlée sur ses bords, point de laves; le grès d'un côté & la pierre calcaire de l'autre, forment son enceinte. J'ai toujours observé, tant aux Alpes qu'aux Pyrénées, que tous les lacs placés sur la cime des montagnes étoient entourés de montagnes encore plus élevées. Il est aisé de comprendre alors que c'est aux eaux

___

(4) Les schistes que l'on trouve sur les montagnes primitives, sont presque toutes dures, sabloneuses, ou graniteuses. Celles qu'on observe à la base des montagnes ou coteaux secondaires, sont de nature calcaire & friables.

pluviales (5) que ces lacs doivent leur origine. Toutes ces montagnes font creufées intérieurement. Des cavités profondes récèlent les eaux, qui fe filtrent peu-à-peu à travers les pierres & les fchiftes, & vont fe ramaffer dans les lieux les plus profonds, pour donner naiffance aux rivières & aux ruiffeaux qui en découlent. Telle eft l'origine de quelques-unes de nos rivières, telles que l'Ubaye qui fort du lac Maurin, & le Verdon, de celui d'Alos.

L'on pourroit demander d'où viennent les poiffons, fur-tout les truites, qui font dans les lacs ifolés & qui n'ont aucune communication avec les rivières? Les lacs tariffent quelquefois dans les grandes féchereffes, le frai des poiffons doit périr entiérement, comme cela arrive aux moules & aux coquillages, lorfqu'ils reftent quelque temps à fec fur le bord des étangs. Il y a de petits lacs en Europe qui fe déffechent entiérement pendant l'été, leur lit fe couvre de gazon & devient un pré qu'on fauche. On y foule les grains en automne; ce n'eft qu'en hiver que les eaux pluviales fe ramaffant, forment de nouveau ces lacs où l'on pêche le même poiffon qui s'y trouvoit auparavant. Comment expliquer cela? Les truites du lac d'Alos font faumonées, elles ont la peau blanche avec de petites taches vertes; leur chair eft plus ferme que celle des truites des rivières; elles pefent fouvent jufqu'à quinze livres.

---

(5) L'opinion la plus commune fur l'origine des lacs fitués dans les montagnes eft, qu'ils font dûs en partie à la retraite des eaux de la mer qui les ont formés, & aux eaux pluviales qui les entretiennent.

D'Alos nous vînmes à Colmars par une vallée que la rivière de Verdon baigne du levant au couchant ; elle groffit de plus en plus dans fa marche par la quantité de ruiffeaux qui viennent s'y joindre. Elle coule entre des rochers qui mettent obftacle à fes débordemens. Il y a, à quelque diftance du pont fur lequel on paffe cette rivière, une fontaine intermittente qui fourd d'un rocher au pied de la montagne à droite. Elle couloit, depuis plus d'un fiècle, pendant un demi-quart-d'heure & s'arrêtoit pendant le même efpace de temps, interrompant ainfi fon cours quatre fois dans une heure. Le tremblement de terre de Lisbonne, en 1754, qui fe propagea jufques dans ces contrées, la fit tarir; on s'en apperçut le jour de la Touffaint. La fontaine a demeuré à fec pendant plus de quinze ans. Depuis quelques années elle a repris fon premier cours ; mais elle n'a plus cette intermittence périodique & régulière qui autrefois la faifoit admirer des curieux ; elle eft devenue intercalaire (6) : ce qui a été, fans doute, occafionné par le dérangement du fiphon qui communique d'un réfervoir à l'autre. Elle coule d'abord pendant cinq minutes avec abondance, enfuite un bruit, comme fi l'on vuidoit tout-à-fait une bouteille, fe fait entendre, alors il ne paroît plus qu'un petit filet d'eau qui fe foutient pendant fept à huit minutes, l'eau coule après à gros bouil-

(6) On entend par fontaines intercalaires, celles dont l'écoulement, fans ceffer entièrement, éprouve des retours d'augmentation & de diminution qui fe fuccèdent après un temps plus ou moins confidérable.

lon , & diminue bientôt pour ne donner que
le même filet. Ce jeu alternatif fe répéte huit
fois dans la même heure. Nous y paffâmes une
partie de la matinée , étonnés qu'une contrée fi
éloignée de Lisbonne fe fût reffentie du tremblement qui abîma cette Ville. Peyrefc , Gaffendi , Bouche & M. Papon ont parlé de cette
fontaine (7).

La petite Ville de Colmars étoit autrefois
une place frontière , & défendoit les gorges qui
conduifent aux Etats du Roi de Sardaigne. On
y voit encore deux petites forterefles bâties
fur des rochers près des portes de la Ville. Elle eft bien fournie d'eau qui découle des montagnes voifines. La population n'y eft pas nom-
breufe , & les habitans ne jouiffent pas de la
même aifance que ceux des contrées dont je
viens de parler ; quelques-uns font obligés de
l'abandonner en hiver. Le bétail dans cette faifon y eft en petite quantité , & le commerce
des laines & des draps peu confidérable : ce
qui répand parmi eux un air de langueur &

─────────────────────────

(7) Le méchanifme des fontaines intermittentes &
intercalaires eft très-bien expliqué dans l'hypothèfe du
Pere Planque fur la fontaine de St. Orbe en Languedoc. Voyez fon Mémoire , pour fervir à l'Hiftoire
Naturelle de cette Province , pag. 275.
M. le Chevalier de la Manon explique auffi fort
bien le cours des fontaines intermittentes , par le défaut d'équilibre qui règne entre l'air intérieur & l'air
extérieur de ces fortes de fontaines , l'un ayant communément plus de reffort que l'autre. C'eft peut-être
là la caufe des vents périodiques que l'on obferve à
l'entrée de quelques grottes ; cette explication ingé-
nieufe eft à lui. Voyez l'article de la fontaine d'Iftres
dans le premier volume de cet Ouvrage.

de mifère. Ils ont cru fuppléer au défaut des manufactures, en défrichant leurs coteaux & leurs terreins ftériles. Cette fpéculation étoit affez bonne, mais ils auroient dû mettre plus de prudence dans leurs travaux. Les torrens & les averfes, en emportant leurs terres mal foutenues, les ont bientôt replongés dans la mifère : le lit du Verdon s'exhauffe de tout côté; pendant le dégel c'eft une mer qu'il faut traverfer pour venir de Thorame à Colmars, & dans tout autre temps on eft obligé de fe frayer un chemin à travers les pierres & les ravins. On avoit abandonné la filature des laines & la fabrique des draps à Colmars & au Villars, on les a reprifes depuis quelque temps ; c'eft dans des maifons expofées au Midi & au Levant qu'on s'occupe de ce genre de travail, parce que le foleil y donne pendant quelques heures du jour. Ces draps lâches & mal foulés n'ont pas beaucoup de réputation en Provence ; cependant les bergers & les habitans de ces montagnes s'en accommodent très-bien ; on en exporte dans le Languedoc.

L'organifation des montagnes de Colmars varie beaucoup. Le calcaire n'y a pas une marche conftante ; le grès, la pierre de roche s'y rencontrent d'efpace en efpace, à grands blocs, ou difpofés en bancs, & non en couches. On a découvert des indices de minéraux dans les pierres vitrefcibles. Le plomb s'y manifefte dans les montagnes oppofées au levant, ce qui porta quelques particuliers à y ouvrir une mine; mais les effais n'en furent pas heureux; & quoique leur efpoir parût affez bien fondé fur un échantillon de minérai, ils en font demeurés

là ; je ne crois pas qu'ils aient repris de nouveau les travaux.

La Botanique dédommagera les Amateurs qui
voudront parcourir ces contrées ; elles font riches en belles plantes. La vallée de Colmars,
les hautes montagnes du côté du couchant &
du levant, les forêts, les gazons qui les couvrent, & étalent ce qu'il y a de plus intéreffant en ce genre. J'abrégerai cet article, qui
me meneroit trop loin, pour peu que je vou-
luffe m'y arrêter.

Les prairies qui font autour de la Ville offrent les pieds de lions argentins & malvacés,
des gentianes fans tiges, & d'autres fort élevées, les livêches & les laferpitiums de plufieurs efpèces, les ellébores blancs & noirs,
plufieurs efpèces d'after, la biftorte (1), tels
que l'aunée (2), & de très-belles faxifrages. Les
bords de la petite rivière de la *Lenco* fourniffent des plantes liliacées fort curieufes, comme
le phalangium rameux, la couronne impériale,
le lys martagon, & le lys des vallées (3).

---

(1) *Poligonum biftorta.*

(2) *Enula helenium.* Linn. La racine de l'aunée ou
enula campana eft un très-bon ftomachique & fébrifuge. On en compofe une conferve fort utile en Médecine.

(3) *Convallaria majalis.* Linn. *Lilium convallium.*
Tournef. Muguet à fleurs blanches. Garidel a fait
graver cette plante, & lui attribue beaucoup de vertu. Elle vient aux montagnes alpines à l'ombre des
forêts, dans les lieux humides fur-tout. Elle réuffit très-
bien dans les jardins des fous-alpines. Le lys des vallées eft céphalique, apéritif & alexiftère ; quoiqu'ailleurs on prépare une eau diftillée de fes fleurs, une
conferve & un extrait de toute la plante, nos Apo-

Les forêts de fapins & d'érables qu'il faut traverfer pour atteindre le fommet des montagnes à l'Eft, ne contiennent pas moins des fimples falutaires. L'angélique, l'impératoire, plufieurs efpèces de bouillon blanc, la feconde efpèce de véronique officinale (1), l'aconit à fleurs jaunes & à fleurs bleues, &c. Le mirtille (2), c'eft un petit arbriffeau fort eftimé dans le pays ; fes bayes arrêtent le flux diffenterique des enfans, & font vermifuges. On y voit auffi des grofeilliers de trois efpèces différentes. Le caffis ou le grofeillier noir eft fort eftimé (3). Ses bayes font fortifiantes & ftomachiques. L'épine vinette (4) fe plaît finguliérement dans ces contrées ; fon fruit y mûrit très-bien. Cet arbufte a été porté dans les Pays-bas de la Provence, où il réuffit à merveille. Les haies d'épine vinette forment une clôture impénétrable aux jardins. La pulfatille (5) ou coquelourde, quantité d'anémones, & de renoncules fauvages s'y trouvent également. Ces plantes cultivées donneroient des fleurs qui pourroient figurer dans les parterres.

Lorfque le printemps s'annonce, les plantes bulbeufes précoces, comme le lys à fleurs blan-

---

thicaires ne l'ont point fait encore, malgré le grand ufage qu'on pourroit en faire en Médecine.

(1) *Veronica officinalis.* Linn.

(2) *Vaccinium myrtillus.* Linn.

(3) *Ribes nigrum.* Linn.

(4) *Berberis vulgaris.* Linn.

(5) *Anemone.* Linn. L'extrait de cette plante, donné chaque jour depuis un grain jufqu'à deux, guérit les dartres d'une façon prompte & efficace.

ches & jaunes, les fritillaires (6), les orchis &
autres, percent la neige à demi fondue, &
préfentent aux Botaniftes un coup-d'œil fort
agréable. En été les fleurs bleues en épi de la
véronique rampante, celles du pied de chat (7),
de la petite bénoite (8), du cabaret (9), &
de plufieurs autres plantes de la fyngenefie,
émaillent les gazons qui couvrent ces montagnes des plus vives couleurs. La plante nommée cabaret étoit employée autrefois pour faire vomir avant que les émétiques antimoniaux
fuffent connus; fa racine eft encore en ufage,
& les payfans des environs n'en ignorent pas
la propriété. Le tuffilage des Alpes, & fur-tout
la grande efpèce de chryfante (10), ou marguerite des montagnes, dont la racine eft fort
piquante, nous arrêterent quelques momens.
Cette dernière porte encore le nom de pyrè-
tre des Alpes. Le peuple s'en fert en guife de
mafticatoire pour exciter la falivation. L'efpèce
de gramen que Garidel a fait graver fous le
nom de *gramen fpicatum*, *paniculâ fparfâ*, &
que Linné a nommé *ériophorum alpinum* eft
fort commune du côté de Colmars & de Barcelonette. Le duvet foyeux ou les aigrettes qui
viennent au haut de la tige pourroient, fi l'on
avoit la patience & l'adreffe de les filer, fervir à quelque ufage. Nous découvrions de temps

(6) *Fritillaria meleagris*. Linn.

(7) *Gnaphalium diorium*. Linn.

(8) *Dryas octopetala*. Linn. petite benoite des Alpes.

(9) *Afarum europæum*. Linn. *Aureio*.

(10) *Anthemis pyrethrum*. Linn.

en temps, dans les vallons, des Marmottes qui fuyoient à notre vue. Les fauts brufques & réitérés des Chamois nous divertiffoient beaucoup. Cette journée fut pourtant très-fatigante, parce que je voulus voir en retournant le lac *Ligni*, qui n'a rien de remarquable que fa fituation entre ces montagnes. Il doit fon origine aux eaux pluviales, comme les autres lacs dont j'ai parlé. On trouve fur fes bords quelques pierres de quartz qui renferment de petits criftaux brillans, que le peuple prend pour autant de faux diamans. On en rencontre en plufieurs endroits de ces montagnes, lorfque la pierre eft vitrefcible.

Nous defcendîmes à Thorame haute par un petit chemin pratiqué fur les bords du Verdon. Nous fûmes étonnés des ravages que cette rivière fait lorfque la fonte des neiges & les pluies en ont groffi les eaux. Ici elle eft moins bornée par les montagnes qui rétréciffent fon lit plus haut. J'avois autrefois paffé fort à l'aife le long de cette rivière, en venant à Colmars ; mais aujourd'hui il faut ranger la montagne, dont la bafe eft continuellement écornée par les flots du Verdon, fi l'on veut éviter les pierres qui couvrent tout cet efpace.

Le Village de Thorame eft fitué à deux lieues de Colmars dans un terroir très-fertile, couvert d'une terre marneufe & d'une glaife tendre. Les champs y font rarement en friche. L'on eft en ufage dans ce pays de brûler le chaume tout de fuite après la coupe des bleds, pour donner deux ou trois labours & femer de nouveau. Les habitans portent leurs bleds au marché de Graffe où il eft fort eftimé. Il en eft de même de Thorame baffe, autre Village à une lieue vers l'Oueſt ; c'eſt ici où commencent les montagnes ſous-alpines ; le bétail n'y eſt plus renfermé pendant l'hiver ; la plus grande partie vient dans la Baſſe-Provence , ce qui occaſionne l'émigration d'une quantité d'habitans , & rend ces contrées preſque déſertes. La fertilité des terres , & le bétail qui y eſt très-nombreux en été , y répandent une certaine aiſance. Il y règne très-peu de maladies ; les hommes pouſſent leur carrière auſſi loin que dans les montagnes alpines. Les vieillards de Thorame aſſurent que le ſol des vallées s'eſt conſidérablement exhauſſé depuis quelque temps au détriment des montagnes , dont les averſes , les torrens & les vents impétueux ont fait ébouler les terres peu-à-peu. Ils nous firent voir des endroits d'où ils ne pouvoient appercevoir autrefois le ſoleil levant , & d'où ils le découvrent très-bien aujourd'hui (1).

Il faut paſſer le Verdon ſur un pont, pour venir à Thorame haute. Cette rivière coule d'abord du Nord au Midi , elle prend enſuite une direction vers le Levant près de Caſtellane , d'où elle ſemble revenir ſur ſes pas pour aller du côté de l'Oueſt. Elle ſépare les terres de Vauclauſe & d'Allons , d'avec celles de la Mure & de St. André. Le terrein des vallées attenantes eſt très-fertile ; les marnes ſont abondantes dans les environs d'Allons , & la chaux

_____

(1) Je ne prétends pas dire par là que toutes les montagnes ſe dégradent & diminuent , comme on le penſe communément. Il en eſt qui s'accroiſſent par les couches que fourniſſent les débris des végétaux , ainſi qu'on peut l'obſerver dans les montagnes ſecondaires-

qu'on tire de la pierre dure & froide, est tellement gypseuse, qu'il ne faut pas tarder à l'employer quand on l'a éteinte. Les fruits sont excellens à St. André & à la Mure ; les habitans en font un petit commerce dans les Villes de la Basse-Provence, comme Toulon, Marseille, &c. Les bords du Verdon, ceux de l'Issole, petite rivière qui vient s'y jetter, sont plantés de peupliers noirs.

Le peuplier de ces montagnes a beaucoup de ressemblance avec celui du Canada, si ce n'est pas la même espèce qui aime les régions septentrionales. Cet arbre porte ses fleurs mâles & femelles sur des pieds différens. Les unes ne contiennent dans leurs chatons que les etamines, & les autres forment autant de petites cellules, où les graines entourées d'un duvet soyeux & blanc comme du coton, sont renfermées. Les etamines tombent vers la fin d'Avril de leurs chaton rougeâtres, & les graines à la fin de Mai. Tant que les fleurs sont en boutons, elles répandent une odeur agréable (1). Lorsque les graines sont tombées, la terre est couverte du duvet cotonneux qui les enveloppe. Quelques personnes de St. André ont fait carder ce duvet avec attention, & l'ont employé à faire des couvertures de lit, à rembourrer des chaises, des carreaux & autres meubles pareils ; mais comme cette filasse soyeuse se pelotone aisément, elle a besoin de quelque autre corps qui l'en empêche.

(1) La gomme que l'on cueille en printemps sur les yeux du peuplier, est balsamique & odorante ; elle entre dans la composition de l'onguent populeum, qui est adoucissant & détersif.

Les terres de Clément, de Tartone, font également très-fertiles par la quantité des schistes marneuses. La base des montagnes & des coteaux en est tellement couverte, que les cultivateurs les emploient avec succès, pour bonifier les plus mauvais terreins. Le Village de Moriés, qui est à la droite de St. André, est connu, ainsi que celui de Tartone, par sa fontaine salante. Je me portai sur les lieux pour examiner cette source & m'assurer, par l'évaporation, de la quantité de sel fossile que l'eau tient en dissolution. On prétend que les Romains l'avoient connue; plusieurs poutres quarrées qui formoient une espèce de cuve, le faisoient penser ainsi. Les pluies d'orage, l'éboulement des terres, les secousses que les montagnes ont essuyées plusieurs fois, ayant fait disparoître cette source, elle fut oubliée pendant plusieurs siècles; ce n'a été qu'au quinzième que quelques filets suintant à travers les terres, en ont donné connoissance. Depuis cette époque, le local de cette source a été élargi; on l'a mise à couvert sous une petite voûte fermée à clef, & le peuple de Moriés ne peut se pourvoir de cette eau salée toutes les fois qu'il en a besoin. Il a seulement la permission d'en prendre une fois la semaine, pour son usage domestique & pour les bestiaux. Un Employé qui garde les clefs de cette fontaine, est chargé d'en faire la distribution à ces pauvres gens; c'est ordinairement le Dimanche. La nature, plus compatissante aux besoins de l'humanité, leur fournit des moyens de se pourvoir de cette eau salée, sans qu'ils aient recours à cet Argus intraitable.

A quelques pas de la grande source j'en re-

marquai quantité de petites qui en étoient de-
voiées. Elles fourdoient du fein de la terre.
L'eau en étoit un peu louche, jaunâtre & fort
falée. Elle reffemble aux eaux meres, dont on
retire les divers fels qu'elles tiennent en diffolution. Tous les efforts qu'on a faits pour détruire les plus confidérables de ces fources ont
été inutiles; l'eau j'aillit toujours au dehors;
ce font ces petits ruiffeaux qui fourniffent aux
bergers & aux habitans l'eau qu'on leur refu-
fe inhumainement. J'obtins, non fans peine,
la permiffion d'en remplir quelques bouteilles
dans la principale fource. Je les portai chez
M. le Marquis d'Eoux; je les fis évaporer,
& j'en retirai conftamment trois onces de fel
marin, foffile grifâtre & terreux, de chaque
livre d'eau. Ce fel eft bien différent du fel
gemme des mines de Cardonne en Catalogne. J'ai déja dit dans mon premier volume qu'on n'a point encore trouvé de fel gemme en Provence. Le fel foffile de la fontaine de
Moriés eft légèrement amer; fa bafe terreufe en
partie lui communique ce goût. Il n'y a pas de
doute que ce fel foffile ne foit en grandes maffes
dans le fein de la terre, dans ces contrées. Ce
banc s'étend depuis Tartone jufqu'à Caftellane, dans la direction du levant au couchant.
Les petites fources falantes que je trouvai fur
mon chemin me confirmèrent l'exiftence de ce
fel foffile dans ces terres. (Voyez le premier
volume, article de l'Etang de la Valduc.)

Les couches de ce fel doivent s'amincir en
tirant vers l'Oueft du côté de Tartone, &
aux approches de Caftellane. Je ne retirai en
effet qu'une once & demie de fel de chaque
livre d'eau de la fontaine de Tartone. Les ha-

bitans de ce Village jouiſſent du même privile-
ge que ceux de Moriés. Toutes les petites
ſources ſalantes de Caſtellane ont été détruites.
M. le Curé de Tartone a eu la bonté de
m'envoyer quelques bouteilles d'eau ſalante qui
m'ont ſervi pour les expériences que je viens
de rapporter. Il a joint à cet envoi des pétrifications animales , par juxtapoſition , comme
vertèbres de bœuf , pieds d'oiſeaux , incruſtés
de pluſieurs couches calcaires , de jolies géodes de même nature , liſſes , polies en dehors
avec de petits criſtaux ſpathiques en dedans ; il
m'a donné encore un petit Mémoire ſur tout
ce qu'il y a de remarquable dans ſon pays. Le
gypſe n'eſt pas moins abondant dans le terroir
de Tartone que dans celui de Moriés. Les
terres y ſont très-fertiles. Les montagnes des
environs ſont de nature calcaire ; quelques-unes
ſont d'une pierre de roche de couleur rougeâtre , comme à Thorame baſſe. Les Minéralogiſtes ont apperçu quelques molécules d'argent
dans une pierre griſe , réfractaire , tirées des
montagnes de Thorame. Sur ces légères apparences , ils ont déſigné des mines de ce métal
dans ces cantons. Etant ſur les lieux , j'ai pris
toutes les informations convenables , mais je
n'en ai pas été plus avancé. M. de Jaſſaud ,
Baron de Thorame baſſe , m'a aſſuré que toutes ſes recherches ſur cet objet ne l'ont mené
à rien. On peut voir par là , combien peu il y
a à compter ſur la bonne foi de nos Orithologiſtes , & le cas que l'on doit faire *de la Reſ-
titution à Pluton* de d'Argenville , & de ceux
qui l'ont copié ſervilement (1).

-----

(1) M. Monet , très-ſavant Minéralogiſte , regarde

CHAPITRE XXI.

Barreme , Senez , Castellane , &c.

LA vallée de Barreme eft fpatieufe & fort
agréable en été. Nous la joignîmes par un
chemin commode , du côté de Digne & de Senez. La rivière d'Affe pénètre dans cette vallée ; elle coule enfuite du côté de Mezel pour
fe jetter dans la Durance. Barreme eft Chef de
Viguerie de toute cette contrée. Les coteaux
élevés de cette vallée , ont à leur bafe une terre fchifteufe mêlée de gypfe. Le petit Village
de Gevaudan eft bâti fur un de ces coteaux à
la droite. Les Orithologiftes y ont défigné des
mines de foufre fort riches. Il ne faut pas croire
fur leur parole que ce foffile s'y trouve en
abondance. Il y a , à la vérité, des carrières de
gypfe dans le coteau attenant au Village, dont
la direction va du Nord-Eft au Sud-Oueft. Ces
carrières ont été exploitées autrefois, puifqu'il
fubfifte encore quelques excavations affez profondes ; un particulier de Gevaudan me montra un morceau de foufre qui avoit été trouvé
entre les couches de gypfe & qu'il conferve
comme quelque chofe de fort rare. La terre
s'eft éboulée dans ces excavations , où il n'eft

---

le livre *de la Reftitution à Pluton* comme un recueil
de menteries & de fauffetés. Quand on a vifité la plupart des mines défignées par cet Auteur, ainfi que je
l'ai fait , on ne peut être que de l'avis de M. Monet.

guère poſſible de pénétrer. On n'ignore pas que l'acide vitriolique peut former du ſoufre parmi les gypſes & les terres calcaires qui ſont imprégnées de phlogiſtique & du débris des ſubſtances végétales. Quant au charbon minéral que l'on à découvert dans les coteaux de Barreme, j'ai vû effectivement la tête de quelques veines de houille ; elles avoient leur direction du levant au couchant. Des ſchiſtes friables couvrent cette houille qui eſt un peu terreuſe. Elle brûle pourtant aſſez bien, & les Maréchaux de Barreme s'en ſervent en la mêlant avec d'autres charbons de terre. Cette mine, qui pourroit devenir très-lucrative en cherchant la bonne houille plus bas, n'a point encore été exploitée en plein.

La petite Ville de Senez eſt ſituée à une lieue de Barreme, au bas d'une montagne expoſée au Nord. Elle ne mériteroit pas le nom de Ville ſans ſon Siège Epiſcopal : à peine y voit-on quelques maiſons de particuliers, tout le reſte appartient aux Chanoines & à ceux qui deſſervent l'Egliſe Cathédrale. Son climat eſt tempéré en été, & fort rude en hiver. La terre eſt ſouvent gelée à deux ou trois pieds de profondeur. Il n'y a de bien fertile que les vallées où les prairies ſont abondantes. La plupart des habitans deſcendent en hiver dans la Baſſe-Provence, pour y faire paître leurs troupeaux & en cultiver les terres ; toute la contrée eſt preſque déſerte pendant cette ſaiſon.

Le chemin de Senez à Caſtellane a été conſtruit de nouveau juſqu'au col St. Pierre; il eſt aſſez large, mais la montée eſt fort rude, ſcabreuſe & bordée de précipices qui font tourner la tête. Pourquoi n'y a-t-on pas mis des garde-ſou, garde-fou, ainsi qu'aux chemins pratiqués dans les gorges étroites des montagnes sous-alpines? Les voyageurs n'y sont pas en sûreté dans le temps des glaces & des neiges; il en coûteroit si peu d'assurer leurs jours, qu'il est surprenant qu'on n'y ait pas encore pourvu.

Du col St. Pierre à Castellane, le chemin qui n'est pas achevé est fort fatigant. Ses avenues sont assez agréables. Elle est située dans une large vallée aux bords du Verdon. Castellane étoit bâtie autrefois sur le penchant d'un coteau exposé au Midi. Telle étoit anciennement la situation de la plupart des Villages des montagnes sous-alpines. Les murs de cette Ville existent encore en partie. Peu-à-peu on a abandonné le coteau pour bâtir dans la plaine tout près de la rivière. La Ville est aujourd'hui très-bien percée, elle est, pour ainsi dire, la Capitale du Diocèse de Senez. Ses foires publiques, dans les quatre saisons de l'année, y attirent beaucoup de monde. Le bétail forme une branche de commerce. Sa population va à plus de douze cens ames. Les hommes n'y vivent pas si long-temps qu'aux montagnes alpines. Castellane s'approche de nos côtes méridionales; le luxe y a pénétré, quoique lentement, & les maladies à sa suite; les chaleurs de l'été, qui se concentrent dans cette vallée entourée de montagnes, y occasionnent des fièvres putrides, & les variations du printemps, des pleurésies & des fièvres inflammatoires. Les épidémies y sont très-rares. Les environs de Castellane sont ornés de prairies & de beaux jardins, où les arbres fruitiers prospèrent à l'envi.

Le quartier de la Palun est le plus agréable

dans la belle saison. On y trouve de très-jolies plantes & des arbustes curieux. Les prairies sont couvertes d'une espèce de raiponse à fleurs bleues (1), de narcisses odorans blancs & jaunes, de thlaspis, de marguerites, de plantes ombellifères alpines, & de saxifrages, dont les couleurs variées font un effet charmant.

Les pruneaux de Castellane sont excellens, & ont plus de réputation que ceux de Digne. La prune perdrigonne rouge est celle qui sert à cette préparation ; la reine-claude ne se défèche pas assez bien, & la perdrigonne blanche pèche par la couleur. Les femmes qui s'occupent à cet ouvrage cueillent la prune avant le lever du soleil, afin de lui conserver la fleur dont elle est couverte ; cette fleur n'est autre chose qu'une substance fine, blanche, farineuse, qui excède de la prune pendant la nuit, & couvre sa peau ; le soleil la dissipe aisément ; elle n'ajoute rien au goût du fruit, mais elle plaît à la vue. Ces femmes remplissent un panier de ces prunes bien mûres, le trempent légèrement dans l'eau bouillante & l'agitent pendant quelque temps pour lui donner du vent ; la fleur, que l'eau chaude sembloit avoir dissipée, reparoît plus blanche & plus belle, le

---

(1) *Phyteuma spicata*. Linn. Espèce de cardinale bleue. Cette plante est commune dans les prairies des montagnes sous-alpines. On avoit cru que sa racine étoit antivénérienne par sa conformité avec une plante à-peu-près semblable qui se trouve dans le Canada ; mais l'expérience a fait voir le contraire. Celle du Canada est la *lobelia syphilidica*. Ces deux plantes n'ont aucun rapport & sont de deux classes différentes.

foleil ne l'enlève plus. Après avoir fait fécher ces fruits à l'ombre fur des claies bien propres, les préfervant de la brune, du vent & du ferein, elles les enferment dans des boîtes. Il s'en fait un commerce affez confidérable, ainfi que des autres prunes qui fe préparent différemment & des poires perlés que l'on deffeche pareillement, connue fous le nom d'*Ancoués*.

M. l'Abbé Laurenzi, Prieur-Curé de Caftellane, a compofé une Hiftoire Politique de cette Ville, qui lui fait beaucoup d'honneur. Il nous dit quelque chofe de l'Hiftoire Naturelle de fon pays. J'ai parlé ci-deffus des fources falantes de Caftellane. Les Employés ont fait l'impoffible pour les faire difparoître ; auffi n'en exifte-t-il plus que de foibles traces : malgré cela, fi quelque pauvre habitant tâche de fe procurer un peu de cette eau falée, ces Argus impitoyables brifent fans pitié fes uftenfiles, fi même ils ne le maltraitent. M. Laurenzi nous apprend dans fon Hiftoire, que les montagnes des environs de Caftellane contiennent du marbre coloré, & font toutes de nature calcaires. En effet, j'en ai trouvé des échantillons que les eaux avoient entraînés dans les vallons, & d'autres au pied de la montagne *Deftourbo*, ainfi nommée, parce qu'elle cache le foleil à Caftellane pendant les matinées des premiers mois d'hiver.

Les champs qui font fur les bords du Verdon, tant à l'eft qu'au couchant, font plantés de vignes ; & malgré les neiges & les glaces, les ceps y ont fait affez de progrès. Mais les raifins ne viennent point à parfaite maturité ; le vin en eft petit, il n'a pas de montant ; cependant mêlé avec celui du Pays-Bas, il eft potable. Il feroit à fouhaiter que les vignes fuffent plus multipliées dans les montagnes fous-alpines, qui offrent des fituations & des abris convenables où les raifins pourroient mûrir parfaitement ; mais les cultivateurs, rebutés par les moindres difficultés, ont difcontinué ces fortes de plantations. Il ne refte plus que quelques vignes, dans des endroits qui fourniffoient autrefois du bon vin.

Si les bords du Verdon font fi agréables, il n'en eft pas de même des environs de Demandolx, petit Village où cette rivière en venant des hautes montagnes fe replie fur elle-même, pour fuivre une direction oppofée. Les vallées circonvoifines font couvertes d'arbres réfineux ; parmi les genevriers, il fe trouve quelquefois des pieds de fabine (1) qui en eft une efpèce. Cet arbriffeau eft plus commun dans les hautes Alpes, quoiqu'il végète également bien dans nos contrées méridionales. Il eft prefque toujours dans une fituation baffe & rampante ; on ne doit fe fervir de fes feuilles qu'extérieurement ; c'eft un puiffant emménagogue, un échauffant qu'il ne faut donner qu'avec la plus grande précaution. Les ifs (2), les fapins font fi abondans, dans ces contrées, que des Scieurs de long viennent d'Auvergne s'é-

---

(1) *Juniperus fabina*. Linn.

(2) Il faut avoir attention de ne pas laiffer manger au bétail qui revient de la montagne, les fommités des branches de l'if, fur lefquelles il fe jette lorfqu'il eft affamé. C'eft un poifon qui le fait enfler & le tue à la longue. Quoique plufieurs modernes ne conviennent pas de cette qualité vénéneufe, les bergers me l'ont affuré.

tablir dans les forêts où ils travaillent tout
l'été. Le fapin, *lou fap*, aime les endroits humides & froids; cependant j'en ai vu dans la Baffe-
Provence des pieds très-beaux. Il découle de cet
arbre une efpèce ce térébenthine, que nos Pro-
venceaux nomment *bijoun* ; ils s'en fervent
pour les blessures & les contufions. Je parlerai dans la fuite de la térébenthine & de la
poix que fournit le pin.

Les prairies de la Garde, à une lieue de Caftellane, font fournies de plantes, telles que
les pieds de lion malvacés, la pédiculaire, la
fcabieufe à fleurs blanches, les colchiques, les
narciffes. On trouve la pulmonaire des Italiens
(1) au bord du chemin de la terre d'Eoux.
Cette plante aime l'ombre des forêts. Elle croît
également dans les régions inférieures des montagnes, mais c'eft toujours aux endroits ombragés & humides. On lui a donné le nom de
pulmonaire, à caufe de fes propriétés & de fes
feuilles, qui, marquetées de blanc fur un fond
vert, ont, par leur couleur, une légère reffemblance avec le poumon. Toute la plante eft béchique, adouciffante, mucilagineufe, & déterfive ; elle produit de bons effets dans les maladies de ce vifcère. Elle diffère par fes fleurs en
entonnoir, de la pulmonaire des Français, nommée communément *herbo de la guerro* ; celle-ci,
qui tient un peu des vertus de la première,
a fes fleurs à demi-fleurons (2).

On trouve beaucoup de morceaux de bois
foffile depuis la vallée de la Garde jufqu'à la

---

(1) *Pulmonaria officinalis*. Linn.
(2) *Hieracium murorum*. Linn.

terre d'Eoux, ainfi que du côté de St. Joés, à l'autre extrêmité de cette terre vers l'Oueft. J'ai ramaffé quantité de petits troncs incruftés d'une matière lapidifique, dont les fibres ligneufes étoient dures, fonores & caffantes. Les eaux pluviales les avoient mis à découvert. J'ai déja dit ma façon de penfer fur ce bois devenu foffile; je ne doute point qu'il n'y ait dans ces cantons quelque forêt renverfée & enfevelie dans le fein de la terre; les gros troncs de mélèfe devenus foffiles, que l'on trouve à une grande profondeur, femblent en être des preuves certaines.

Quoique la terre de M. le Marquis d'Eoux foit fituée dans les montagnes fous-alpines, on y voit des vallées fertiles, de riantes prairies, & de riches fonds. Elle renferme des bancs d'une marne friable, légère, qui fe réduit facilement en bouillie dans l'eau; ils fe prolongent à plus de demi-lieue vers l'Oueft. Cette marne feroit un puiffant engrais pour bonifier les terreins graveleux & ftériles nommés *favéoux*. La terre à foulon y eft auffi fort abondante. On vient en chercher de tous les environs pour dégraiffer les draps dans les fabriques, ce qui forme une petite branche de commerce. Toute la partie méridionale, depuis la rivière de Jabron jufques aux montagnes de la Garde, n'eft qu'une immenfe carrière de gypfe, qui en fournit de plufieurs efpèces à tous les Villages circonvoifins. Il feroit à fouhaiter qu'elle fût exploitée avec plus d'économie & d'intelligence. Il s'y trouve encore de bonnes argiles qui fervent à faire de la poterie.

Les coquilles pétrifiées font communes dans cette terre. Le coteau de St. Antoine contient quantité de belemnites, dont quelques-unes font d'un gros calibre. C'eſt dans ce pays que j'ai commencé à étudier la Botanique, & où je me fuis familiarifé avec les fatigues attachées à cette fcience. Il naît à l'ombre des bois qui couvrent la montagne de *Deſtourbo*, l'euphrai- fe, la pyrole, la gentiane, l'angélique, les livêches, & pluſieurs arbuſtes, comme amelan- chiers, chevrefeuilles, néfliers, &c. On pour- roit cultiver l'amelanchier dans nos jardins, où il feroit un très-joli effet, par ſes fleurs & ſes feuilles blanches & cotonneufes. La valeriane ſauvage, la boucage (1), les grandes jacobées, pluſieurs eſpèces de faules (2), & même le tamarix fe trouvent abondamment dans les val- lées d'Eoux. Il n'y a point de mine de char- bon de pierre dans le terroir de Brénon, comme on l'a avancé quelque part. La terre noîratre & fiſſile de ces vallées a ſans doute donné lieu à cette erreur. C'eſt une argile à demi pourrie, nommée *roubino*. On remarque du côté du mi- di une eſpèce d'argile de diverſes couleurs, tantôt jaune, tantôt grife, qui eſt exactement vitrefcible & n'a rien de calcaire. On pour- roit très-bien s'en fervir à faire de la faïance, & même de la porcelaine.

Le Diocèſe de Senez s'étend vers l'eſt & va fe terminer à celui de Glandeves. Ceux de Fré- jus, de Graſſe, de Vence, ont quelques Paroiſ- fes fituées dans les montagnes fous-alpines. Je terminerai ce volume par ce petit article, ainſi que je l'ai annoncé, pour qu'il ne me reſte à

---

(1) *Primpinella ſaxifraga.* Linn.
(2) *Salix caprea.* Linn.

traiter dans le troisième volume, que des contrées méridionales & de tout ce qu'elles préfentent d'intéreffant.

CHAPITRE XXII.

Diocèfe de Glandeves.

LE Diocèfe de Glandeves contient environ cinquante - fix Paroiffes. Les Evêques font leur réfidence à Entrevaux, depuis que Glandeves eft entiérement ruiné. La partie feptentrionale du Diocèfe de Nice, le borne du levant au nord; les vallées d'Entraunes & de Colmars, de l'eft au nord; le Diocèfe de Senez au couchant, & celui de Vence au midi. Une partie de ce Diocèfe eft fituée dans les montagnes alpines; celle du midi eft dans un climat plus doux. Elle tient aux fous-alpines maritimes : auffi la vigne & l'olivier y profpèrent très-bien.

Nous parvînmes dans le Diocèfe de Glandeves après avoir quitté Thorame haute, & paffé le Verdon fur un petit pont. Ses bords font d'un accès difficile. Le chemin qui conduit à la Mure & à St. André n'eft pas moins rude & fcabreux. Je fus obligé de mettre pied à terre pour efcalader la montagne de St. Michel. La Province devoit faire conftruire un chemin dans ce lieu dangereux; il en feroit temps. Toutes ces contrées n'ont rien d'agréable; les vallées font ftériles; les montagnes nues & pelées; elles font fort élevées & de nature calcaire, & forment le commencement de la chaîne des

fous-alpines. Je fus vifiter la grotte du Village
de Peyrefc, fituée à une lieue d'un miférable
Hameau nommé la colle de St. Michel. Cette
grotte ne préfente rien de curieux. Elle eft profondément creufée dans le roc, & ne contient
que quelques offemens d'animaux auxquels elle
fervoit de retraite. Il en fort de temps en temps
un petit vent frais, comme cela arrive dans
prefque toutes les grottes. Quelle eft la caufe
d'un pareil phénomème ? Il y en a tant, qu'il
feroit trop long de les détailler ici ; les principales, font les exhalaifons qui s'élèvent dans
les concavités creufées dans le fein des montagnes, où l'air fe condenfe & fe raréfie plufieurs fois dans le jour. La communication de
l'air extérieur avec l'air intérieur, de ces grottes n'y contribue pas moins. Si l'air extérieur
eft raréfié par la chaleur, l'air intérieur fe met
de niveau avec l'atmofphère, & c'eft alors
qu'on fent un petit vent frais qui fort de la
grotte : par une raifon contraire, l'air extérieur
s'introduit dans la grotte toutes les fois que fon
équilibre eft rompu par la condenfation de l'air
intérieur.

Ces grottes communiquent fouvent fort au
loin avec des concavités fouterraines, quoique
rien ne femble l'annoncer à leur extérieur. Leurs
couches primitives ne font point affaiffées ; il
n'exifte à leur entour aucun indice des fecouffes & des ébranlemens qui font écrouler les
rochers les uns fur les autres ; ce font cependant
dant ces longues cavernes, ces fentes & ces interftices qui féparent les couches des rochers
dans l'organifation intérieure des montagnes,
qui donnent lieu à ces vents périodiques, & dont
les vrais Phyficiens ne font point furpris.

J'ai été témoin en Espagne d'un événement qui assurément ne seroit point arrivé en France, où les connoissances physiques sont beaucoup plus étendues. Qu'il me soit permis de raconter ce fait, il n'est point étranger au sujet. Je trouvai en traversant l'Arragon, une compagnie de Mineurs occupée à ouvrir une mine dans un roc de nature calcaire élevé au milieu d'une plaine, sans aucune communication avec les coteaux voisins. Les habitans de l'endroit qu'on nomme *la Puebla d'Alborton*, alloient quelquefois sur ce roc, où ils entendoient, en appliquant l'oreille aux fentes du rocher, un bruit assez fort, comme d'un vent intérieur qui venoit de fort loin. Ils appellèrent ce rocher *el cabesso del ruido*, le coteau du bruit. La plaine qui conduit de là jusqu'à *Belcité*, petite Ville à deux lieues plus bas, est entiérement dénuée de ruisseaux & d'arbustes : il n'y a que quelques puits d'une eau saumâtre, par l'alkali minéral qui est fort répandu dans ces terres ; cette plaine seroit très-fertile si elle avoit de l'eau, puissant mobile de la végétation ; la vigne & l'olivier y réussiroient au mieux. A force de se plaindre, les habitans obtinrent du Gouvernement cette Compagnie de Mineurs, pour ouvrir la montagne dans laquelle ils imaginoient trouver quelque source considérable : privés d'eau douce & ne buvant que de l'eau pluviale ramassée dans des trous, de quel secours n'auroit pas été pour eux une source abondante, peu éloignée du Village ? On ouvrit donc la mine horizontalement jusqu'à trois toises de profondeur dans une pierre de la nature du marbre, & où l'on trouvoit çà & là de petits cristaux spathiques qui excitoient l'ad-

miration des travailleurs (1) & autres perfonnes que la curiofité y avoient attirées. Les fecouffes & les ébranlemens que les petards occafionnent aux couches pierreufes & aux fentes
intermédiaires, en détachoient des gouttes d'eau
dont quelques particuliers remplirent des fla-
cons; cette eau entroit en ébullition & faifoit
un bruit femblable à celui que fait l'eau tenue
fur le feu.

Il y avoit un an qu'on travailloit à découvrir cette fource tant défirée, lorfque fept à
huit petards auxquels on mit le feu à la fois,
détachèrent une grande maffe de pierres, d'où
s'enfuivit l'affaiffement des couches voifines
avec un bruit effroyable, & un vent dont la
violence fit voler pendant quelque temps la
terre en tourbillons. Les Mineurs accoururent
& trouvèrent une caverne qui s'étendoit à plus
d'une demi-lieue, dans le fein de la terre. Depuis ce temps on n'entendit plus de bruit, &
ce ne fut qu'après avoir élargi l'ouverture de
la grotte, & être parvenus à plus de quatre
vingt pieds au-deffous du niveau de la plaine,
que le bruit, ou plutôt le vent, fe fit encore
entendre. On obferve la même chofe dans les
mines de fel de Willifca en Pologne; il s'y
élève tous les jours de petits vents frais qui
éteignent les lampes des ouvriers & les gênent

---

(1) Il n'y a rien là de furprenant; ne fait-on pas
que les eaux pluviales fe filtrent à travers les couches
des pierres les plus dures, & qu'elles y forment, par
des dépôts fucceffifs, ces criftaux opaques ou tranfparens, ces concrétions falines, ces ftalactites que l'on
trouve attachées à la voûte des grottes, ou dans les
fentes & concavités pierreufes?

dans leurs travaux. J'ai parcouru, le flambeau à la main, la Caverne de la *Puebla d'Alborton*; le toit semble avoir été taillé par mains d'hommes : il s'y élève dans le jour de petits vents frais, phénomène qui se répète dans plusieurs grottes de Provence.

La vallée d'Annot commence à la colle St. Michel, elle est entourée de montagnes, dont les unes, à droite en allant à Entrevaux, sont de nature calcaire, & les autres, à gauche, sont de grès. Le terrein de cette vallée, formé par le débris de ces montagnes, tient de leur nature sablonneuse ; il est léger & poreux ; les chataigniers y ont très-bien réussi. Cet arbre aime les lieux humides & situés sur le penchant des montagnes, sur-tout dans les pays tempérés. Le climat de la vallée d'Annot est assez doux l'été, par son exposition au levant, mais les hivers y sont encore fort rudes. Les chataignes sont beaucoup plus petites que celles des parties méridionales de la Province. La greffe en flutte, que l'on emploie pour bonifier le sauvageon, n'augmente pas la grosseur du fruit, laquelle dépend du terrein & du climat, mais elle lui communique une saveur plus douce & plus agréable. Les petits marrons sont d'un grand produit dans cette contrée, & on en exporte dans toutes les montagnes alpines. La vigne & l'olivier ont assez bien réussi dans cette vallée. Le raisin y mûrit bien, & l'on en fait un vin très-potable.

Annot est une petite Ville qui, par son commerce & sa position, jouit d'une certaine considération dans le canton. Tous les coteaux sont, comme dans la Basse-Provence, couverts de plantes aromatiques, parmi lesquelles la lavande domine. Depuis qu'on s'eft mis dans le goût de diftiller les fleurs de cette plante, & d'en retirer une huile effentielle qui entre dans les pommades, les effences, &c. L'agriculture eft fort négligée dans ces contrées. Tous les étés une quantité d'hommes & de femmes accourent fur ces montagnes; là, m'unis d'alambics, ils dreffent des tentes & diftillent la lavande qui eft alors en fleur. Les abeilles fe trouvent privées du fuc mielleux qu'elles viennent pomper dans le nectaire de la fleur; de là cette difette du bon miel des montagnes dont on commence à fe reffentir; mais ce n'eft pas là le plus grand mal. Les ouvriers à journée, les laboureurs, attirés pas l'appas d'un gain momentané (ils font mieux payés dans ces fortes de travaux), aiment mieux couper la lavande que moiffonner leurs bleds; car c'eft précifément dans le temps des moiffons que les lavandes font en fleurs. Envain les follicite-t-on d'abandonner ce genre de travail pour s'occuper des moiffons qui preffent, l'appas du gain l'emporte, & il a fallu que les Loix s'armaffent de rigueur contre eux. Toutes les perfonnes fenfées d'Annot gémiffent fur un pareil abus. Cette Communauté a obtenu un Arrêt du Parlement de Provence, qui foumet à l'amende les payfans, s'ils refufent de fe louer pour couper les bleds en fouffrance. Il faudroit infliger de pareilles peines à ceux qui les détournent, & leur défendre abfolument de travailler à la diftillation, dans les jours deftinés aux moiffons. Les Seigneurs (1) devroient chaffer

_____

(1) J'en connois quelques-uns qui ne permettent

ces hordes vagabondes qui viennent dépouiller leurs terres d'une végétation qui empêche les eaux pluviales d'y causer des ravages.

A quoi sert l'huile essentielle de lavande ? On prétend qu'elle est vermifuge. C'est un esprit échauffant, âcre & stimulant, qu'il faut bien se garder de donner intérieurement. J'ai vu périr dans les convulsions, un enfant à qui l'on en donna comme vermifuge, une demi-cueiller à bouche dans un peu d'eau de mélisse, après lui en avoir frotté le nombril, les narines & les tempes. C'est envain qu'on prétend adoucir l'âcreté de cette huile essentielle en la distillant avec l'esprit de vin. De quelle façon qu'on s'en serve, elle sera toujours nuisible à la peau. Les esprits tirés des végétaux, déssechent lentement, pincent, stimulent les nerfs, & font un effet opposé à celui qu'on en attend. Ces considérations doivent mettre un frein à un commerce si peu utile, & le réduire à ses justes bornes. L'odeur de cette essence trop forte la fera toujours délaisser par les personnes délicates. Il n'y a guère que les paysans qui ont la peau grossière qui puissent s'en accommoder.

Nous trouvâmes dans cette vallée quantité de grandes vesses-de-loup, sous les arbres exposés au nord. Cette espèce de champignon qui commence à sortir de la terre en été, parvenu à sa parfaite maturité, fait une petite explosion en se crevant, & répand au loin sa graine en forme de poudre subtile (2). C'est

pas ces sortes de travaux dans leurs Terres. Ils méritent les éloges dûs au patriotisme qui les éclaire sur leurs véritables intérêts.

(2) *Lycoperdon bovista*. Linn. La Vesse-de-loup.

un puiſſant aſtringent, qui peut ſervir, comme
l'agaric, à arrêter les hémorragies, pour les beſtiaux ſur-tout ; les Maréchaux n'en connoiſſent
pas d'autre. Ils en appliquent la poudre ſur les
vaiſſeaux ouverts des quadrupèdes. La veſſe-de-
loup a une analogie ſingulière avec ce délétère
qui cauſe la maladie du charbon dans le bled,
convertit la farine en pourriture, & la change
en une eſpèce de bouillie d'une odeur fétide,
dont la moindre molécule eſt contagieuſe, &
communique le même vice à tous les grains
attenans. La paille même donne cette maladie
aux bleds qu'elle touche, pour peu qu'elle con-
tienne de cette farine putride. Ne pourroit-on
pas connoître la cauſe qui charbonne les bleds,
& comment la Veſſe-de-loup leur communique
la même maladie ? Voyons ce que l'analyſe peut
nous apprendre là-deſſus.

J'ai fait déſſecher au ſoleil quelques veſſes-
de-loup ; je les ai miſes en poudre ; j'en ai retiré, par l'infuſion à froid & à chaud, une liqueur colorée d'un jaune foncé. Son évaporation au ſoleil m'a donné un magma de couleur noire, un peu ſtiptique, & dans lequel j'ai
cru reconnoître le vitriol de Mars. J'ai broyé
enſuite la veſſe-de-loup avec l'alkali fixe ; ce
mélange, diſſous en partie dans l'eau diſtillée,
m'a donné du tartre vitriolé, & la partie graſſe
& noire du magma qui a reſté ſur le filtre, a
mis obſtacle à une criſtalliſation plus abondante.
D'après ces expériences, j'ai conjecturé que l'a-
cide vitriolique combiné avec le fer, ou ſous
forme de vitriol, ſe trouvoit dans la veſſe-de-
loup, & qu'on ne pouvoit l'en extraire tout-
à-fait qu'en le dépouillant de la partie graſſe
qui l'enveloppe ; cependant cet acide qui vi-

triolife le fer, eft remarquable par fes effets ;
toute la plante eft ftiptique, les femmes du
peuple lui connoiffent cette qualité ; elles s'en
fervent pour teindre leur fil & lui communiquer un certain corps, qu'il n'avoit pas auparavant : elles ont les mains rudes, âpres &
gercées dans le temps de ce travail. Ne feroit-
ce pas le vitriol de Mars avec excès d'acide
combiné avec le magma extractif de la veffe-
de-loup qui charbonne le bled lorfqu'on le mêle enfemble, & réduit fa farine en une efpèce
de bouillie putride & contagieufe (1)? Si cela
eft, on doit conjecturer, avec jufte raifon, que
les bleds fe charbonnent lorfque l'atmofphère
eft chargée de molécules acides & brûlantes.
Les anciens n'avoient pas connu cette maladie
du bled. Quoique fon origine foit encore fort
obfcure pour nous, nous en poffédons au moins
le remède : les leffives alkalines, la chaux même s'oppofent aux progrès de la carie des bleds,
corrigent la pourriture naiffante, & empêchent
la contagion. Cette expérience ne viendroit-elle
pas à l'appui de mon fentiment ? La chaux,
les terres abforbantes alkalines ne neutralifent-
elles pas les acides ? C'eft peut-être ce qui pré-
vient la carie des bleds, lorfqu'on emploie de

---

(1) Il réfulte de l'analyfe Chymique de la carie
des bleds, que cette fubftance contient une matière
extractive, dont l'altération donne de l'alkali volatil,
une huile graffe, épaiffe, de laquelle dépend la partie
colorante, un principe odorant, beaucoup de gaz, la
plus grande partie inflammable, très-peu de terre calcaire, & une petite quantité d'alkali fixe. Voyez le
Nouveau Traité des Maladies des Grains, par M. l'Abbé Teiffier.

pareils

pareils ingrédiens. Il est à souhaiter que les Chymistes s'occupent de ces recherches. Voyez le discours de M. Tillet sur la carie des bleds.

Les mousses sont fort nombreuses aux montagnes ; l'humidité des vallées & l'ombre des forêts leur conviennent très-bien. Ces plantes parasites naissent en touffes au pied des arbres, & tout le long de leur écorce ; elles en pompent la sève & nuisent à leur accroissement. Pour les en préserver, il faut pratiquer des incisions sur l'écorce du côté le moins exposé au soleil ; par ce moyen la sève circule plus aisément, & l'écorce devenant lisse & moins nourrie, ne retient point avec la même facilité, les graines qui germent au détriment de l'arbre. Les mousses ne sont bien connues que depuis quelque temps. On se contentoit de les distinguer autrefois, en mousses des terres, en mousses des pierres, & en mousses des arbres. Effectivement, elles croissent sur ces trois substances. Les Botanistes modernes ont répandu beaucoup plus d'ordre & de clarté dans leur nomenclature. Dillen, qui le premier a développé que leur fleuraison & leur fructification s'exécutent comme dans les autres plantes, nous en fait connoître plus de cent quarante espèces. Quoiqu'on ait placé les mousses dans la cryptogamie, le Botaniste peut observer à l'œil nud les fleurs & les graines de quelques-unes. Cependant on n'a pu réussir à les multiplier par leurs graines.

Le climat des montagnes est si propice à ces plantes, qu'elles y fleurissent même dans le cours de l'hiver. Les lichens ou hépatiques qui sont attachées aux rochers ou aux arbres, sont les seules mousses d'usage en Médecine. On attri-

bue à l'hépatique de couleur cendrée une vertu contre la rage (1). Il y en a d'autres aſtringentes & mucilagineuſes qui ne ſervent guère qu'à la teinture ; quelques-unes donnent en
effet des couleurs jaunes & vertes fort eſti-
mées. Les mouſſes conſervent long-temps l'humidité dont elles ſont imprégnées ; quoique ſe-
ches entièrement , on leur rend la végétation
qu'elles ſembloient avoir perdue. Dillen nous
aſſure avoir vu germer des mouſſes après 200
ans d'exſiccation. Rien n'eſt plus propre à em-
baller les racines des plantes que l'on veut
tranſporter à des diſtances éloignées , & à les
conſerver fraîches. J'ai reçu du jardin du Roi,
des plantes ainſi conditionnées , qui avoient vé-
gété & pouſſé des feuilles , quoique cueillies depuis un mois. Ce végétal fournit aux Botaniſtes
un moyen facile de ſe communiquer les productions des différens climats qu'ils habitent.

Nous ſuivîmes la vallée d'Annot pour venir
à Entrevaux. Une petite rivière qui va ſe jetter
dans le Var arroſe cette vallée. Le Var , ſi rapide & ſi dangereux dans certains temps , naît
au pied de la montagne de St. Dalmas , ainſi
que je l'ai déja dit ; il parcourt la vallée d'Entraunes , paſſe à Guilleaumes , fait un coude &
traverſe la Terre de Sances. Il coule enſuite

---

(1) Les Anglois s'en ſont ſervis avec ſuccès contre cette terrible maladie. La mouſſe nommée lichen
pixidatus eſt reconnue pour un bon remède contre la
coqueluche des enfans. (Voy. la Mat. Méd. de Linn.)
La Société Royale de Médecine vient d'en conſeiller
l'uſage pour cette maladie. Il ſeroit bon que les Apothicaires tinſſent dans leurs boutiques cette plante ainſi
que ſon ſirop.

sous les murs d'Entrevaux & du Puget des Theniers, descend par Malausene, la Roquette &
St. Martin, & va se jetter dans la Méditerranée, entre St. Laurent & le territoire de
Nice. Il reçoit dans son cours quelques rivières qui grossissent considérablement ses eaux dans
le temps de la fonte des neiges & des pluies
d'automne. Les vieillards d'Entrevaux nous di-
rent que dans leur jeunesse, ils passoient le
Var avec la plus grande facilité, n'ayant pas de
l'eau jusqu'à la cheville. Aujourd'hui cela est
impossible ; les petites rivières qui s'y jettent
ont tellement grossi par les averses, que le Var
est devenu un fleuve très-considérable.

Les montagnes de grès occupent toute la
partie septentrionale d'Entrevaux jusqu'au dessus
de Guilleaume. Les torrens qui vont se jetter
dans le Var charrient des pierres vitrescibles,
du quartz, de la pierre d'argille, parmi lesquelles on trouve des indices de minéraux, comme
le plomb, le cuivre, & sur-tout le fer. On
voit quantité de marcassites ferrugineuses tout
le long du torrent qui coule sous les murs d'Entrevaux. Les Minéralogistes ont placé dans les
montagnes de St. Léger, de la Croix d'Auvar-
re & de Daleuil, du cuivre, du vitriol, du
fer, & de l'or même à Daleuil (1). J'ai vu
chez M. le Marquis de Villeneuve Beauregard,
une concession de Louis XIV, qui permettoit à

_____

(1) La terre qui couvre la plûpart des montagnes
de Guilleaume, d'Auvare, de St. Léger, est en effet
rougeâtre, & indique la présence du fer & du vitriol de
Mars. Les terres verdâtres que l'on y voit, sont des
indices manifestes du cuivre. On a exploité ces mines,
mais sans trop de succès.

ce Seigneur de faire exploiter les mines de cette terre ; mais il ne paroit pas que cette maison y ait beaucoup fait travailler. Quelques légers essais sur les minéraux tirés d'une montagne fort dure & fort escarpée ayant été infructueux, on abandonna bientôt cette entreprise qui exigeoit de trop grandes dépenses, relativement à la difficulté des lieux.

Toute cette lisière, depuis Guilleaume jusqu'à près d'Entrevaux, a passé aujourd'hui sous la domination du Roi de Sardaigne, par le Traité d'échange fait en 1760 entre le Roi de France & ce Souverain. La Terre de Daleuil est annexée au Comté de Nice, comme les autres dont j'ai parlé. On a su que des personnes versées dans la Métallurgie sont venues, depuis cet échange, reconnoître la mine de Daleuil. Elle est située dans une montagne coupée perpendiculairement au bord du Var. On y voit une excavation assez profonde, au fond de laquelle des paysans intrépides se glissent quelquefois malgré le danger, & en détachent des morceaux d'une pierre cuivreuse portant or. Un Minéralogiste plus hardi encore, m'a dit qu'il s'étoit fait attacher avec des cordes pour descendre le long de la montagne, à l'embouchure de l'excavation pratiquée dans son sein, & qu'il en avoit également retiré des échantillons d'un minérai semblable au précédent. La pente verticale de cette montagne est si périlleuse, & la pierre de roche si dure, qu'on a déclaré cette mine inexploitable. Il seroit cependant essentiel de faire de nouveaux efforts pour en tirer parti (1).

_____

(1) J'ai fait coupeler des échantillons de ce métal

On trouve encore de ce côté là, la pierre granitoide, le grès, des jafpes rougeâtres, dans lefquelles brillent quelques molécules de mica, & des pyrites fulfureufes que le peuple prend pour de l'or ; le *lapis lazuli*, efpèce de jafpe de couleur bleuâtre parfemé de particules brillantes, eft commun du côté d'Auvare & de la Croix. Je m'en fuis procuré de fort jolis morceaux. Il ne faut pas croire que cette efpèce de jafpe renferme de l'or, comme plufieurs l'ont préfumé à l'afpect de ces molécules jaunâtres & brillantes ; le jafpe eft pour lors dans un état pyriteux, & ces petites parties métalliques font dues au foufre & au fer, avec lefquels il eft minéralifé. Combien de faux jugemens n'a-t-on pas porté fur cette efpèce de pierre ? Nous en citerons un exemple frappant, lorfqu'il fera queftion de nos montagnes méridionales. Le flambeau de la Chymie peut feul éclairer les Métallurgiftes & les garantir de l'erreur.

Les pierres vitrefcibles qui ont roulé dans les vallons, préfentent quelquefois des filamens d'afbefte & d'amiante à leur fuperficie. Je ne doute point qu'en parcourant foigneufement ces contrées fcabreufes, l'on ne rencontrât l'amiante en plus grand volume fur la pierre apyre, fur les criftaux de quartz, & fur-tout dans les interftices des rochers. Le climat paroît indifférent à

---

par d'habiles Chymiftes, qui tous l'ont trouvé fort riche en or, & ont été d'avis que le produit dédommageroit aifément des frais de l'entreprife. M. le Comte de Villeneuve de Daleuil a eu la bonté de me faire paffer ces échantillons. Comme la terre de Daleuil ne fait plus partie de la Provence, je n'ai pas pouffé plus loin mes recherches.

S 3

cette production minérale , puisqu'elle existe
dans nos montagnes septentrionales comme aux
endroits les plus tempérés, & qu'on la trouve
dans les montagnes de Corse , de Smyrne , de
l'Inde & des Pyrénées. Elle présente une infinité de filets flexibles , soyeux , plus ou moins
longs , réunis ensemble par faisceaux. Quand
on a enlevé les plus gros , les plus petits paroissent sortir du sein de la pierre même , dont
la substance rongée par quelque acide , forme,
selon toute apparence , ce fossile. J'ai vu des paquets d'amiante dont les filets étoient entassés
par couches les uns sur les autres ; ils ne te-
noient entr'eux qu'au moyen d'un gluten léger,
ger , & il étoit facile de les séparer. Les vallées de Barèges & de Campau aux Pyrénées,
contiennent beaucoup de cette amiante ; j'en ai
ramassé sur la cime des plus hautes montagnes ;
on la nomme sur les lieux , *lou linet incoüm-
bustiblé* , à cause de sa ressemblance avec le fil
de lin. Les anciens ont débité bien des fables
sur l'amiante , & lui ont attribué des vertus
imaginaires , dont les modernes ne sont point
encore revenus par le défaut de connoissances
sur ce fossile. Ils en faisoient un plus grand
usage , puisqu'ils avoient trouvé l'art de la filer & d'en faire une espèce de toile qui ne
brûloit point au feu. Cette toile se vendoit , au
rapport de Pline , au prix des perles , & elle
servoit pour envelopper les cadavres des Rois,
afin que leurs cendres ne se mêlassent point avec
celles du bucher sur lequel on brûloit leur corps,
ce qui n'est guère croyable ; peu de personnes
savent aujourd'hui ce que c'est que l'amiante.
La Chymie peut nous conduire à la connoissance de ce mixte , qui est vraiment incombusti-

ble, tenant au genre des pierres réfractaires & apyres. Les filets d'amiante ne font pas même privés de terre calcaire (1); c'est cette terre qui leur occasionne du déchet quand on les jette dans le feu après les avoir filés, & en avoir fabriqué des meches, des bourses & des jarretières, comme on a fait à Barèges.

Il ne faut pas croire cependant que nous possédions l'art de filer l'amiante, comme il est dit des anciens. Ses filets, quoique flexibles & un peu soyeux, sont fort courts; telle est l'amiante de nos montagnes. Celle de Barèges m'a paru un peu plus longue, & au moyen de quelque filasse qu'on y ajoute, il est aisé d'en fabriquer les petits ouvrages dont j'ai parlé, mais d'une façon si grossière, qu'ils ne peuvent tout au plus servir qu'à satisfaire la curiosité. Les meches que j'en apportai, brûloient difficilement avec l'huile, & n'étoient point ces meches incombustibles dont les anciens nous ont parlé avec tant d'enthousiasme, jusqu'à assurer que l'huile exprimée de l'amiante étoit aussi incombustible que ses filets. J'ai vu entre les mains d'un curieux, dans le Comté de Foix, un morceau de toile d'amiante d'un tissu grossier & mal serré qui ne brûloit pas dans le feu, mais il sembloit s'y raccourcir; cette manœuvre plusieurs fois répétée, permettoit d'en détacher quelques filets avec facilité, soit parce que la filasse qui lui servoit de point d'appui,

_____

(1) Cette terre calcaire se trouve en si grande abondance dans quelques espèces d'amiante, qu'elle les rend fusibles à l'aide d'un grand feu, & leur donne une vitrification imparfaite.

avoit été brûlée, ou que la terre calcaire qui est unie aux filets de l'amiante s'en étoit séparée en se calcinant. Quelle est donc cette substance qui résiste à l'action du feu ?

Quelques Naturalistes regardent aujourd'hui l'amiante comme une espèce de sélénite formée par un acide qui a pour base une terre alumineuse, & le plus souvent calcaire ; elle contient du fer. Ce sel est insipide & indissoluble dans l'eau, comme les sélénites. J'ai connu un Seigneur du Bigorre (M. de Castel Bajard) qui avoit fait ramasser beaucoup d'amiante, il voulut en fabriquer du papier ; il la fit triturer long-temps dans un moulin; mais les filets défunis & moulus ne firent jamais corps, & parurent toujours indissolubles dans le liquide échauffé par la trituration. Si c'est l'acide aérien ou bien le vitriolique qui a saturé cette terre argilleuse sans aucun autre intermède, il est aisé de l'en séparer, en lui présentant une substance qui ait plus d'affinité avec lui comme l'alkali végétal (1).

----

(1) J'ai broyé l'amiante de diverses couleurs avec le sel de tartre, & après avoir filtré & fait évaporer la liqueur où j'avois mis ce mêlange en dissolution, j'en ai retiré un peu de tartre vitriolé ; preuve évidente de l'existence de l'acide vitriolique dans ce mixte qui neutralise l'alkali fixe. La terre qui étoit restée sur le filtre, quoiqu'elle ne fît point effervescence avec les acides, avoit une odeur approchant de celle des testacées ; tenue long-temps à un grand feu, elle donnoit des molécules ferrugineuses. Le borax mêlé avec l'amiante la rend fusible, selon M. Cronstedt : cette expérience ne réussit pas toujours ; preuve que l'acide aérien concourt peut-être à la formation de l'amiante, ainsi que l'acide vitriolique. On en distingue de trois

Le fel marin foffile fe trouve encore dans ces montagnes. Il y a dans le Terroir de Sauffe quelques petites fources falantes qu'on eft parvenu à détruire en partie, pour en priver inhumainement les habitans.

La petite Ville d'Entrevaux eft bâtie au pied d'une montagne, au bas de laquelle le Var coule au fud-eft. Sa fituation dans une gorge en rend les approches difficiles. Elle eft limitrophe du Comté de Nice; fon territoire, quoiqu'entouré de montagnes, eft fort tempéré dans le printemps & chaud en été. Les vignes & les oliviers y viennent très-bien, fur-tout à la droite du Var. Il n'en eft pas de même un peu plus haut. Entrevaux n'eft qu'à deux cent foixante toifes au-deffus du niveau de la mer, tandis que le Caftelet, appartenant à M. de Glandeves, qui n'en eft pas bien éloigné vers le fud-eft, eft à près de 400 toifes, ce qui établit une différence notable entre la température de ces contrées. On voit à demi-lieue d'Entrevaux les débris de l'ancienne Ville de Glandeves; il ne refte plus que le Palais Epifcopal, qui fe trouve ifolé dans une campa-

---

efpèces; c'eft de la grife que j'entends parler ici : de favans Minéralogiftes prétendent que l'amiante & l'afbefte font de nature primitive; on les trouve en effet dans les filons des rochers, ainfi que le liege des montagnes, *fuber montanum*; l'asbefte eft connue fous le nom d'alun de plume; elle contient plus de fer que l'amiante. Ce métal eft uni avec une terre quartzeufe dont on ne peut le féparer. Le feu défunit plutôt les filets de l'asbefte & de l'amiante qu'il ne les contracte & ne les refferre; la terre calcaire y eft en très-petite quantité. Voyez la Minéralogie de M. Monnet.

gne près d'un rocher, fur lequel on apperçoit
les ruines d'un ancien Château. C'est à quelques pas de là que commence le Comté de
Nice ; on y entre par le Puget du Theniers,
où l'on paffe le Var fur un pont. Les montagnes font calcaires de tout ce côté-là ; elles
fourniffent de fort belles pierres à bâtir ; les
coquilles pétrifiées y font nombreufes, fur-tout
les cornes d'ammon, dont quelques-unes font
devenues pyriteufes. Le commerce de ces cantons n'eft pas confidérable ; il ne confifte qu'en
productions du pays qu'on exporte dans tous
les environs.

CHAPITRE XXIII.

Suite du Diocèfe de Glandeves.

JE ne parlerai point de quelques Paroiffes
de ce Diocèfe qui font dans le Comté de
Nice, parce qu'elles n'offrent rien d'intéreffant
en Hiftoire Naturelle. Je dirai feulement un
mot de celles qui font en Provence. La chaîne
des montagnes s'étend ici vers le Levant, & va
former les fous-alpines maritimes. Leur pofition
rend le climat plus doux ; la vigne & l'olivier
viennent très-bien dans les vallées qui font au
bord du Var & de l'Efteron. Le chemin d'Entrevaux au Caftelet, pratiqué fur la côte d'une
montagne, eft fort commode ; les montagnes
atténantes font couvertes de bois, fur-tout vers
le nord ; elles contiennent à-peu-près les mêmes plantes qu'aux Alpes. La Terre du Caftelet eft remarquable par fes allées & fes bois

dé haute futaie , qui en rendent le féjour dé-
licieux en été. Le petit Briançon eft à deux
lieues plus bas ; les approches en font entiérement nues. Cette terre appartient à M. le Marquis de Graffe , gendre de M. le Comte du
Bar. Le Village eft fitué avantageufement dans
une vallée entourée de belles prairies. Il eft
connu dans l'Hiftoire de Provence pour être
fort ancien , comme il eft prouvé par des inf-
criptions & des médailles frappées du temps
des Romains. Sa fituation mettoit les habitans
en état d'en défendre les approches ; c'eft ce
qui avoit engagé les Romains à y établir une
garde. Les Minéralogiftes ont parlé des pyrites
fulfureufes & des indices de plomb qu'on trouve
dans une montagne peu éloignée de Briançon;
ce métal y eft en très-petite quantité , il n'en
eft pas aujourd'hui queftion fur les lieux. Tant
qu'on ne cherchera point à s'affurer de l'exiftence des minéraux renfermés dans les montagnes par de meilleures voies , qu'on n'employe-
ra point la fonde du Mineur qui perce les pierres les plus dures , & met les minéraux à découvert (j'en dis autant pour les mines de
charbon de pierre), les entrepreneurs marche-
ront toujours dans l'obfcurité , & leurs effais
infructueux leur feront abandonner , fouvent
mal-à-propos , des travaux qui , mieux dirigés ,
auroient pu devenir utiles.

Le paffage nommé *la Clüe de Mautanban*,
eft fort fcabreux ; c'eft une montagne coupée
en deux , formée par de grandes couches ou
lits de pierre calcaire , la plupart inclinées à l'horizon. L'Efteron , rivière qui vient du côté
de *Solleillas* , paffe au milieu & coule avec plus
ou moins de fracas , fuivant la profondeur de

son lit & l'afpérité des rochers. Le chemin eft étroit, fans garde-fou, & va toujours en montant. La vue du précipice qui eft à la gauche, & la hauteur des montagnes, dont les cimes femblent fe toucher, rendent ce paffage obfcur & effrayant. Les neiges qui s'amoncèlent en hiver dans cet efpace refferré, empêchent d'y pénétrer, & il y auroit du danger à le tenter pendant cette faifon rigoureufe. Les glaces y ont quelquefois jufqu'à quatre ou cinq pieds d'épaiffeur. Ce chemin auroit befoin d'être élargi, ce qui feroit facile en minant la roche; la dépenfe n'en feroit pas bien confidérable. On faciliteroit par ce moyen le commerce & le tranfport des grains qu'on recueille dans les montagnes alpines jufques dans nos Villes de la Baffe-Provence.

Le petit Village de St. Auban (1) eft adoffé contre la montagne de la Cliie. Il eft expofé au midi; fes campagnes font arrofées par quan-

_____

(1) Il y a dans le Terroir de St. Auban une fontaine que le peuple nomme *la fouen de careftié*, & dont Soleri & Bouche ont parlé. Je n'en ferois pas mention, fi elle ne donnoit lieu à un préjugé fingulier. Cette merveilleufe fontaine ne coule qu'en temps de difette & de mauvaife récolte, & annonce, dit-on, par fon flux périodique, que les bleds fe vendront fort cher. Dans les années abondantes elle tarit entiérement. On ne fera pas étonné de ce phénomène, fi l'on fait attention qu'en Provence les grandes pluies & les orages font les caufes des mauvaifes récoltes; au lieu que dans les années de féchereffe, ou lorfqu'il ne pleut qu'aux temps convenables, la fontaine de careftié refte à fec & annonce l'abondance. On voit donc que ce phénomène tient à des caufes très-fimples & naturelles.

tité de ruiffeaux que l'induftrie dérive , foit de l'Efteron , foit des petites rivières voifines. On peut regarder ce canton comme formant un point de partage entre les eaux qui coulent d'un côté vers l'Oueft , & celles que leur pen-te entraîne vers le midi. Les premières après avoir fourni quelques petites rivières , vont fe jetter dans celles d'Artubi & de Verdon , qui s'embouche avec la Durance ; les fecondes fuivent le cours de l'Efteron , lequel paffe par les Terroirs de Muges ; de Briançon , fort de la Cliie de Mautauban , traverfe fucceffivement les Terroirs de Collongues , Sallegrifon , Aiglun, Cigale & de la Roque , & fe jette dans le Var , vis-à-vis St. Martin dans le Comté de Nice. Le lit de l'Efteron eft encaiffé en plufieurs endroits , ré-tréci en d'autres par la bafe des montagnes dont la cime s'élargit en évantail ; cette riviè-re eft dangereufe après la fonte des neiges & les grandes pluies.

Envain les cultivateurs de St. Auban tâchent de donner aux canaux d'arrofage , qu'ils tirent tant de l'Efteron que de la rivière de Peyrou-les , des directions oppofées à celles que la na-ture a affignées à ces deux rivières , & à tous les ruiffeaux circonvoifins : ils réuffiffent pendant tout l'été à conduire les eaux dans leurs campa-gnes ; mais une fois que les pluies d'automne font arrivées , les petites digues & les rigoles deviennent inutiles , les eaux reprennent leur premier cours , les unes fe précipitent dans l'Ef-teron , les autres fuivent une route oppofée , & vont enfler les rivières de Jabron & d'Artubi.

Le Village du Mas , à deux lieues plus bas , eft fitué dans une gorge , où les chaleurs fe font fentir pendant l'été ; elles y favorifent la culture de la vigne & de l'olivier, ainfi qu'à Aiglun, qui lui eft inférieur. Ces vallées font fort étroites ; la montagne de Taurenè les borne au midi, celles du côté oppofé ne font pas moins élevées. Les forêts de pins & de chênes blancs couvrent ces montagnes au nord. Il y a des mines de charbon de pierre dans la vallée du Mas ; les fchiftes noirâtres & bitumineufes qui leur fervent de couverture, & des morceaux de charbon qu'on trouve au bas de ces montagnes, indiquent la préfence de ce foffile : je ne crois pas qu'aucune de ces mines ait été exploitée. Le pays eft un peu fcabreux ; mais comme les paffages font ouverts de tous côtés, ce charbon auroit un débouché, même jufqu'à Nice, & il s'en feroit une grande confommation dans tous les Villages inférieurs.

Ici finit la partie du Diocèfe de Glandeves appartenant à la Provence. Son Terroir n'eft pas également fertile par-tout ; il eft léger & fablonneux dans les vallées de Sauffe, d'Annot, jufqu'à Entrevaux. Les montagnes fupérieures ont leur terrein mêlé d'argille & de calcaire ; l'argille fertilife les bas-fonds ; la terre calcaire mêlée de fable, de gravier & de pierres roulées ne fauroit produire d'abondantes récoltes. La terre nommée *roubino* y eft très-abondante, furtout dans les bas-fonds ; elle eft tantôt fous forme féche & fchifteufe, dénuée de tout fuc végétal ; tantôt fous forme glutineufe, imprégnée de fucs aigres, & dans laquelle les fels vitrioliques tombent quelquefois en efflorefcence ; elle fait le défefpoir des cultivateurs ;

voyez-en la raifon ci-deffus. Ce qui me refte à décrire des montagnes fous-alpines forme une lifière qui s'étend depuis la vallée de Tau-renc jufqu'à Aups.

CHAPITRE XXIV.

Suite des Montagnes Sous-alpines inférieures.

LA partie de l'eft, fituée dans le Diocèfe de Vence, contient une chaîne de montagnes qui s'étend jufqu'au bord de la mer. La vallée de Taurenc, les montagnes de Cheiron & de Courfegoule font renfermées dans cette encein-te; la vallée de Taurenc fe propage à quel-ques lieues vers l'oueft, fa largeur eft d'en-viron un quart de lieue; elle eft bornée au le-vant par la montagne de Cheiron, que plufieurs coteaux intermédiaires lient aux montagnes op-pofées. Le fommet de Cheiron a près de 600 toifes d'élévation fur le niveau de la mer; les végétaux qui y croiffent fe rapprochent beaucoup de ceux des montagnes alpines, dont celle-ci a toutes les apparences. La partie méridionale de Cheiron & celle qui regarde l'oueft font entié-rement pêlées; elles n'offrent que de petits ar-buftes, quelques plantes attachées contre la pierre, comme l'oreille d'ours à fleurs fimples, la petite fcabieufe velue des Alpes, le dompte venin, la lavande, le Thim, le ferpolet, le grofeillier épineux, &c.

De toutes les efpèces de fcabieufes, qui font affez nombreufes, nous ne nous fervons guère que de la fcabieufe des boutiques (1) & de la fuccife (2), ou *mors du diable ;* ces plantes font alexitères, cordiales & fudorifiques. Je crois que la fcabieufe des Alpes, dont j'ai déja parlé, doit avoir les mêmes vertus que celle des contrées méridionales, & peut fervir aux mêmes ufages.

La montagne de Cheiron eft de nature calcaire ; fes extrêmités, vers le couchant & vers le midi, du côté de Grolières, font couvertes de fchiftes ; peut-être que l'air, les orages, les vents impétueux & les pluies ont contribué, ici comme ailleurs, à rendre la pierre calcaire fiffile, & l'ont pourrie en quelques endroits, ce qu'on obferve à la bafe de plufieurs montagnes entiérement nues. Il y a fur le fommet de celle-ci une plaine affez étendue, couverte de gazon, que vient dépaître le bétail des environs, ce qui eft d'une grande reffource. On y refpire en été un air frais & falubre. Le coup d'œil en eft riant & pittorefque ; on découvre au midi la mer méditerranée, &, lorfqu'il n'y a point de nuages fur l'horizon, l'Ifle de Corfe qui en eft éloignée de plus de trente lieues. La vue fe promene au couchant fur les montagnes fous-alpines qui s'abbaiffent infenfiblement en tirant vers la mer ; elle eft bornée au midi par le Cap de Teoules, le Cap Roux & les promontoires voifins ; mais elle fe porte à une diftance plus éloignée du côté du levant, & l'on

---

(1) *Scabiofa arvenfis.* Linn.

(2) *Scabiofa fuccifa ;* Linn. La fcabieufe à fleur blanche. *Scabiofa fyriaca* naît également aux montagnes fous-alpines.

voit

voit les montagnes de Tendes, prefque toujours couvertes de neige, qui nous féparent de l'Italie.

Les Herboriftes de nos Villes maritimes viennent faire leur récolte de plantes médicinales fur la montagne de Cheiron. Sa partie orientale couverte de bois leur fournit l'angélique, dont ils choififfent les racines & les côtes pour les porter aux Confifeurs, qui les préparent de manière à les rendre agréables & utiles en même temps. Les gentianes y font communes fous les fapins, ainfi que la germandrée (1) des Alpes, qui n'a pas moins de vertus que celle de nos contrées méridionales, la véronique des boutiques, la pivoine (2). La racine de cette dernière plante eft tubéreufe, elle jette une tige de deux ou trois pieds de haut, fes feuilles font rondes & longues, fes fleurs rofacées de couleur rouge & purpurine, auxquelles fuccèdent plufieurs cornets velus, blanchâtres, recourbés & remplis de femences noirâtres. On y trouve également la pivoine femelle qui n'eft qu'une variété de la première, n'en différant que par fes feuilles qui font plus larges & plus longues. La pivoine eft un des plus anciens remèdes de la Médecine. Les anciens attribuoient à fa racine, les vertus céphalique, cordiale, nervine & antiépileptique ; les modernes lui conteftent cette dernière : la pivoine eft devenue aujourd'hui une plante de parterre.

Les gazons de Cheiron font couverts en quel-

(1) *Teucrium lucidum* Linn.
(2) *Pæonia officinalis*. Linn.

ques endroits de pieds de chat, d'eufraifes; la plupart des Herboriftes qui viennent cueillir ces plantes, mettent du myftère dans ces fortes de travaux pour en impofer au vulgaire. J'en ai vu un qui fe jettoit ventre à terre à l'entrée de la nuit, & appliquoit fon oreille fur le gazon pour entendre, difoit-il, murmurer les lunaires (1); il prétendoit encore les voir fcintiller dans les ténèbres : ce miférable jongleur trompoit ainfi le ftupide vulgaire. Il ne caignit pas ma préfence, & il ofa me dire qu'il cherchoit depuis long-temps dans ces montagnes la mandragore femelle, & que fa fortune dépendoit de cette découverte.

La mandragore (2) n'a prefque point de tige, fa racine eft épaiffe, longue, fimple ou bifurquée, & partagée en plufieurs parties, ce qui a fait croire qu'elle tenoit un peu de la forme humaine. Il fort du fommet de cette racine, des feuilles d'un verd foncé, longues de plus d'un pied. Elle jette des pédicules de trois ou quatre pouces de long, furmontés par une fleur en cloche, monopétale, divifée en cinq parties, d'un blanc fale, purpurin, d'une odeur fétide; elle a cinq etamines & un piftil qui fe change en un fruit femblable à une petite pomme d'une odeur encore plus fétide, contenant des graines réniformes. La mandragore produit une variété, nommée communément mandragore femelle, qui ne diffère de l'autre que par fes feuilles plus étroites & de couleur plus foncée; fes fleurs tirent fur le bleu; elle a fes fruits

(1) *Lunaria annua.* Linn. La grande lunaire.
(2) *Atropa mandragora.* Linn.

beaucoup plus petits ; ils approchent de la groffeur d'une noifette, & ont l'odeur aufli puante
que ceux de la premiere efpèce. Sa racine eft
noire en dehors & blanchâtre en dedans. *Linneus* les regarde comme ne faifant qu'une même plante. Elle croît aux montagnes fous-alpines à l'ombre des forêts. Les Apothicaires la
cultivent dans leurs jardins, où elle vit long-
temps.

Il ne faut fe fervir de cette plante qu'extérieurement ; elle eft affoupiffante & narcotique ;
elle entre dans le baume tranquille & l'onguent
populeum. On l'emploie en liniment, en cataplafme, pour calmer les douleurs rhumatifmales, & pour faire mûrir les tumeurs. Quelques
perfonnes ont ofé la prendre intérieurement, &
fe font convaincues qu'elle n'eft point un poifon ; les prétendus forciers, les bonnes femmes
qui croient à la magie, compofent un onguent
avec la jufquiame, la morelle, la pomme épineufe, la mandragore & autres plantes affoupiffantes, dont elles fe frottent plufieurs parties
du corps ; ce qui les fait tomber dans un fom-
meil léthargique, & leur trouble tellement le
cerveau, qu'elles s'imaginent d'être vraiment
forcières & fe conduifent en conféquence : de
malheureux Herboriftes les entretiennent dans
cette idée. On croyoit autrefois que la mandragore poffédoit de grandes vertus ; heureux
celui qui pouvoit en arracher la racine & l'emporter avec lui, mais il y alloit de fa vie ; il
falloit, pour éviter ce malheur, découvrir la
racine, y entortiller une corde, l'attacher au
col d'un chien, le chaffer afin qu'il emportât la
racine avec lui ; l'animal ne tardoit pas à périr : celui qui l'avoit cueillie ainfi, la gardoit

foigneufement, & croyoit poſſéder un tréſor
ineſtimable qui le préſervoit de toute forte de
dangers & de maléfices , & lui aſſuroit un
bonheur conſtant pendant toute ſa vie. L'origine de ces fables remonte à des temps ſi recu-
lés , qu'il eſt très-difficile d'en détromper le
peuple.

La philoſophie moderne nous a guéris de
toutes ces erreurs humiliantes pour l'eſprit humain ; elle a ſimplifié toutes ces compoſitions
ſi vantées dans les diſpenſaires, & n'a adopté
dans la Pharmacie que l'uſage des remèdes les
plus ſimples , parce que l'expérience nous a
fait voir aujourd'hui le cas que l'on doit faire
des prétendues vertus attribuées à certaines
plantes. Ce n'eſt jamais par la reſſemblance
d'une plante avec quelqu'autre objet , qu'on doit
décider de ſes propriétés. Quoique les bulbes
de l'orchis reſſemblent à un des organes principaux de la génération , ils ne ſont pas pour
cela aphrodiſiaques, ils n'excitent point la vi-
gueur , comme l'ont cru les anciens juſqu'à Pa-
racelſe , & comme le croient encore ceux que
la ſaine philoſophie n'a point encore éclairés.
Peut-on tirer de conſéquence plus inepte &
plus fauſſe ? Les bulbes de l'orchis, comme ceux
de la plupart des plantes liliacées, ſont douces,
mucilagineuſes , anodines & béchiques. Le ſalep
des orientaux , n'eſt autre choſe que la bulbe
préparée d'une eſpèce d'orchis ou ſatyrion , que
l'on donne en boiſſon , en ſorbet & en crême,
dont les phtiſiques ſe trouvent très-bien. La
bulbe de nos orchis doit avoir les mêmes vertus ; & M. Geoffroi nous a appris à la préparer à la façon des orientaux. Voyez les Mémoires de l'Académie des Sciences, année 1740.

L'obfervation prouve évidemment que ces bulbes n'ont point la vertu aphrodifiaque, qui ne
fauroit convenir aux phthifiques.

La montagne de Cheiron fe lie avec celles
de Courfegoule & de Grolières, Villages fitués
dans une étroite vallée, que la rivière du Loup
fépare du Diocèfe de Graffe. Il y a quelques
vignobles & beaucoup de jardins fruitiers dans
ces cantons. Le climat s'adoucit de plus en plus
aux approches des côtes méridionales. Il faut
remonter une partie de Cheiron pour venir de
Grolières à Courfegoule. Les montagnes s'étendent encore fort au loin à droite par Mau-
vans, St. Jeannet & Befaudun, jufqu'au deffus
du Broc & au bord de l'Efteron. Il y a des
indices de charbon de pierre dans le terroir de
Courfegoule ; les veines en font très-apparen-
tes, & on en a même retiré quelques morceaux. Ces mines, qui s'étendent fort au loin,
feroient d'un grand fecours, fi elles étoient ex-
ploitées. La terre bitumineufe qui les couvre,
s'enflamma autrefois par les iffards qu'on y
avoit pratiqués tout auprès, & jetta long-temps
des éteincelles pour peu qu'on la remuât.

La Terre du Caire appartenant à M. le Marquis de Tourretes, termine les montagnes fous-
alpines au midi. Elle contient également des
mines de houille qui ont été exploitées autrefois. Les veines de ce foffile fe prolongent, du
levant au couchant, tout le long de la montagne, derrière le Château. Les fchiftes argilleufes qui les couvrent, brûlent au feu, en jettant beaucoup de fumée, & font entièrement
bitumineufes. Les couches du charbon qui font
au-deffous, m'ont paru pyriteufes, par l'éclat
& le brillant que lui donne le foufre qui le mi-

néralife ; mais je ne doute pas qu'en creusant
plus profondément, on ne trouvât le bon charbon dans une pierre dure , de la nature de
celles qui composent les montagnes supérieures , ces schistes n'étant qu'un débris des couches argilleuses & calcaires ; il est à souhaiter
qu'on mette en valeur ces mines de houille ,
car le bois commence à manquer dans ces
cantons.

Les montagnes de Courfegoule & de Cheiron viennent se joindre par de petits coteaux
au débouché oriental de la vallée de Taurenc.
Ces coteaux ne font plus aussi pelés que la
plupart de ceux que nous venons de parcourir. Les érables, les cornouilliers, les coudriers
y font nombreux , ainsi que les pins plantés par
bouquets tout le long de la vallée , & qui
forment même de petites forêts en quelques
endroits. La rivière du Loup prend sa source
dans la vallée d'Andon , qui est séparée de celle de Taurenc par une chaîne de montagnes à
droite. Elle coule à travers les terroirs de Ci-
pières & de Grolières , descend des montagnes
sous-alpines dans les campagnes du Bar , de Ro-
quefort , de la Colle , de Villeneuve , & va se
jetter dans la mer méditerranée , près d'Antibes. Les ruisseaux , les torrens qui s'y rendent
des montagnes voisines , la font déborder dans
les grandes pluies ; on y a jetté des ponts ,
au Bar , à la Colle & sur le grand chemin
d'Antibes , où on la passe commodément. Cette
rivière abonde en truites ; ce poisson aime les
eaux froides & les lits des rivières resserrés
dans les gorges.

Les montagnes qui bordent la vallée de Taurenc , paroissent être d'origine primitive ; ce

font autant de grandes maffes pierreufes, la plupart difpofées en couches ou lits, dont les cimes pelées s'élèvent tantôt en pyramides, tantôt en grouppes de rochers pointus & détachés les uns des autres. Ces couches font horizontales & quelquefois perpendiculaires, fuivant
les fecouffes qui les ont agitées. Elles font toutes de nature calcaire; le quartz & le cryftal
de roche y font fort rares. Le revers fepten-
trional eft couvert de bois, & préfente des forêts d'érables, de hêtres & de pins.

J'ai dit que ces montagnes paroiffent avoir
été ébranlées par de violentes fecouffes. On
voit en effet de grands blocs de rochers qui
ont été détachés de la maffe totale; quelques-
uns en roulant dans les vallons ont refté à mi-
chemin; d'autres tenant encore à la montagne,
n'attendent qu'une dernière impulfion pour fe
précipiter dans les bas-fonds. Les eaux pluviales qui pénètrent à travers les couches pierreufes, diffolvent lentement le gluten lapidifique
qui les unit, & cauferont tôt ou tard leur
chûte. Il eft imprudent de fe repofer fur ces
maffes pierreufes à demi fufpendues & trop peu
adhérantes pour qu'on s'y croie en fûreté, encore plus de chercher à les ébranler pour avoir
le plaifir de les voir tomber avec fracas dans
les abîmes. Deux Chaffeurs, un peu échauffés
par le vin, s'exerçoient à ébranler avec leurs
pieds une de ces maffes, & à la détacher; ils
ne comptoient pas en venir à bout, quant
tout-à-coup, à leur grand étonnement, cette
lourde maffe fe détache fous leurs pieds, roule
avec un bruit horrible du haut de la montagne, & entraîne avec elle tout ce qu'elle rencontre; les arbres les plus forts ne peuvent

T 4

résister à son impétuosité. Par bonheur le sol sur lequel étoient assis ces Chasseurs fut assez solide, pour résister à l'ébranlement. Il leur fallut beaucoup d'adresse & de courage pour se retirer sains & saufs du précipice que cette roche laissa sous leurs pieds.

Le terrein de la vallée de Taurenc & de Séranon est très-fertile (1) ; les débris des végétaux tombés en pourriture lui fournissent un excellent engrais. Les prairies y sont couvertes en printemps, de marguerites, de paqueretes, de crysathemum, de pimprenelles ou boucages, de caille - lait, de narcisses, de statices, de pédiculaires ; les fleurs de ces plantes différemment nuancées, présentent à la vue un contraste des plus rians ; & lorsque les habitans des contrées méridionales vont passer l'été dans les vallées sous-alpines pour cause de maladie, l'air embaumé du parfum de toutes ces fleurs contribue autant au rétablissement de leur santé que le régime & les remèdes (2).

La vallée de Roure, dans le Diocèse de Fréjus, est attenante à celle de Taurenc, elle

---

(1) Celui de Taurenc seroit encore plus fertile, si l'on pouvoit le mettre à l'abri des eaux pluviales & des ruisseaux qui l'inondent très-souvent & le rendent raboteux & inégal ; il paroit avoir été couvert autrefois d'une forêt de pins.

(2) L'athmosphère est fort tempéré dans ces vallées pendant l'été. Les ruisseaux de Taurenc, de Séranon, d'Escragnole, &c. abondent en écrevisses, ce qui contribue beaucoup à guérir les maladies de langueur. J'ai parlé au premier volume des canaux de la Sorgue, près de Lille, qui abondent également en écrevisses.

renferme deux ou trois Villages fort agréables.
Elle est terminée par le Château de Séranon,
bâti sur un roc, d'où naît un peu plus haut la
rivière d'Artubi qui coule vers l'ouest, passe
par Comps & Trigance, où elle reçoit la rivière de Jabron, & va grossir à son tour les
eaux du Verdon. Godeau, Evêque de Vence,
venoit passer les étés dans le Château de Séranon ; c'est-là qu'il a composé une partie des
poésies qu'il a laissées. Ce climat plus tempéré, dans cette saison, que celui de Vence,
rendit sans doute sa muse si fertile.

La vallée d'Andon, plus méridionale que celle de Taurenc, vient se joindre à celle de
Caille. On communique d'une vallée à l'autre
par des chemins mal entretenus. C'est dans
ces gorges, au penchant des montagnes, où
l'on voit encore les ruines des Villages & des
Châteaux, que l'on construisoit autrefois dans
ces lieux presqu'inaccessibles, pour se mettre à
couvert des incursions ; tels sont celles du
Château & du Village nommés Castellaras (1),

---

(1) C'étoit autrefois le domicile des Seigneurs de
Taurenc ; cette montagne paroît d'un côté former un
cône renversé, isolé, d'un abord impraticable, par
la structure des rochers disposés en rond & adhérens
les uns aux autres. Il y avoit un Château, dont il
existe encore quelques vieux murs & des voûtes bien
conservées ; preuve incontestable de l'excellence des
matériaux qu'on employoit dans ce temps-là ; ces murs
se soutiennent encore, quoique leurs fondemens soient
à découvert ; le chemin qui conduit à ce vieux Château est taillé dans le roc, avec des parapets jusqu'à
la porte, qui est construite de façon que 3 ou 4
hommes en auroient défendu l'entrée à un grand nombre de personnes. La citerne de ce Château subsiste

au-deſſus de Vallette, & celles d'un Château
au revers de la Martre ; tous ces lieux ſcabreux ont été abandonnés, ſoit que la miſere
en ait chaſſé les habitans, ſoit par la facilité
qu'ils ont eue de ſe domicilier dans la vallée
où le climat eſt plus tempéré & les terres
moins ſtériles.

Les prairies de Caille ſont entourées de montagnes ; les eaux pluviales viennent s'y rendre
& y forment un grand baſſin d'où elles ſe filtrent dans les terres attenantes & à travers les
montagnes au ſud ; elles donnent ainſi naiſſance à pluſieurs ruiſſeaux, & notamment à une
branche de la rivière de Siagne, qui ſépare le
terroir de St. Vallier d'avec celui d'Eſcragnol-
le, & va ſe jetter dans les deux branches réu-
nies qui viennent du côté de Mons. Il y a une
grotte de ſtalactites au haut d'une montagne,
vis-à-vis du Village de Caille ; peu de perſonnes y ont pénétré, les approches & l'entrée
en ſont très-difficiles ; un berger l'ayant découverte, s'y gliſſa hardiment à travers une fente pratiquée par la nature dans le roc, & en
fit part à deux perſonnes, qui, ſur ſon rapport, voulurent bien courir le riſque de deſcendre dans cette caverne ; c'étoient deux Na-
turaliſtes, le premier faiſoit ſes plus cheres
délices de la Botanique & de la Lithologie,
le ſecond étendoit ſes recherches ſur toutes

---

roit encore, ſans l'avidité des payſans qui l'ont percée
pour y chercher ce qu'ils n'ont pas trouvé. Les bords
des ravins de cette vallée ſont couverts d'une argille
friable, ductile, & très-propre aux ouvrages de poterie.

les parties de l'Histoire Naturelle ; ils arrivè-
rent auprès de la grotte , pourvus de pics &
de flambeaux , ils en élargirent l'entrée autant
qu'il leur fut possible , avec leurs instrumens,
& se traînant ensuite dans une situation fort
gênée , ils pénétrèrent dans l'intérieur de cette grotte & furent surpris de son élévation ,
de sa vaste enceinte , & de la quantité de
belles stalactites attachées à la voûte. Ils la
parcoururent à la lueur des flambeaux , non
sans crainte , en voyant une quantité de pointes de rochers suspendus sur leurs têtes &
qui sembloient les menacer d'un chûte pro-
chaine ; leurs yeux étoient éblouis de l'éclat
& de la blancheur des stalactites façonnées en
cannelures , en franges , en festons, & bien
différentes par leur transparence de celles qui
se forment dans les tuffières. Ici, c'étoit un
grouppe de choux-fleurs ; là , des tubes conoï-
des ; plus bas, des culs de lampe , des cryf-
taux spathiques , des lampes transparentes ; enfin , quantité de concrétions , dont on auroit
pu former des ouvrages agréables , si elles
avoient eu autant de solidité que de brillant.
La forme curieuse de tous ces divers corps
que la nature avoit travaillés lentement dans
les ténèbres , les invitoit à se charger de ceux
qui étoient les plus susceptibles de transport.

Tandis que nos Naturalistes s'occupoient de
ce travail, la lumière des flambeaux , que l'humidité de la grotte affoiblissoit de plus en plus,
les avertit de mettre fin à leurs recherches ,
ils se hâtèrent de remplir leurs poches & de
sortir de la caverne ; mais soit que la peur les
eût un peu troublés , soit que leurs corps &
leurs vêtemens eussent grossi de volume en

s'imbibant de l'humidité de la grotte, ils ne purent plus se glisser à travers la fente étroite qu'ils avoient franchie avec beaucoup de peine en entrant. Leurs flambeaux s'éteignirent dans ces entrefaites ; d'abord saisis de frayeur, ils n'eurent pas la force d'appeller un berger qui n'en étoit pas éloigné ; mais ayant rappellé peu-à-peu leur raison & délibéré sur le parti qu'il leur restoit à prendre ; ils quittèrent les concrétions spathiques qu'ils avoient arrachées & une partie de leurs vêtemens, & se traînant comme des serpens, ils revirent enfin la lumière, non sans avoir reçu plusieurs écorchures à travers ce passage étroit, privés du plaisir d'emporter avec eux quelques échantillons des curiosités de cette grotte. Je tiens cette rélation d'un de ces Messieurs (1), qui joint à ses connoissances trop de candeur & de probité, pour qu'on puisse ne pas ajouter foi à son témoignage.

La vallée de Caille communique avec celle de Séranon, qui est séparée de la vallée de Roure par une chaîne de montagnes parallèles à celles de la Roque. Elles vont toujours en s'abaissant du côté de l'est. Les Hameaux d'Escragnolle, le Village de St. Vallier au-dessus de Grasse, ont des positions fort agréables ; le climat en est si tempéré, qu'il permet à ses habitans d'y cultiver la vigne & l'olivier, tandis que les montagnes qui environnent les petites vallées ne portent que du bled. La vallée de Séranon, située dans le Diocèse de Fréjus, n'est pas d'une grande étendue ; elle est bornée

_____

(1) M. de Selles.

par la plaine de Feniers, qui communique d'un
côté avec les terroirs de Taulane & de la Martre, & de l'autre avec la Baftide de Sclapon, par une gorge fituée entre deux hautes
montagnes qui font les plus élevées des fous-
alpines, quoiqu'elles foient prefque les dernières de ces contrées. C'eft ce qui rend leur
climat beaucoup plus froid que celui dont nous
venons de parler.

La montagne de Lachen, qui commence à
la Roque & à la Baftide, a plus de 600 toifes d'élévation fur le niveau de la mer. Sa pente vers le couchant du côté de la Baftide eft
rude & fcabreufe ; on y monte avec un peu
plus de facilité du côté du midi ; je fuis parvenu jufqu'à fa cime fans defcendre de cheval. Sa
partie feptentrionale eft couverte de bois de
fapins & de pins, à l'ombre defquels végèrent
quantité de plantes alpines, comme la gentiane,
l'angélique, les livêches, la véronique des boutiques, &c. &c.

Lachen fe prolonge par une chaîne qui
va en s'abaiffant du côté du levant jufqu'au
deffous d'Efcragnolle & de St. Vallier, après
quoi on ne trouve plus que des coteaux qui
rempliffent les intervalles des plaines jufqu'à la
mer, & qui préfentent des fonds convenables
à la végétation de la vigne & de l'olivier. Le
fommet de Lachen forme une efpèce de cône
couverte de gazon que les troupeaux viennent
dépaître en été. Il s'y trouve une fource qui
n'eft furmontée d'aucune montagne ; on ne
peut guères l'attribuer qu'aux eaux pluviales ramaffées dans quelque cavité des environs. Ses
gazons font couverts en printemps de petites
tulipes, de renoncules fimples & de ftatices.

L'eufraife & le pied de chat y font épars en
touffes. La grande joubarde n'y eft pas moins
abondante ; cette plante réuffit très-bien dans
nos jardins, & fa racine foible & filamenteufe
prend facilement par-tout. Elle eft reconnoiffable
à fes feuilles graffes, fucculentes, difpofées les
unes fur les autres en forme d'artichaux, & à
fes fleurs en rofe de couleur purpurine. Le fuc
de la joubarbe eft regardé comme un bon ra-
fraîchiffant dans les fièvres ardentes & bilieu-
fes, dans les fièvres malignes & la dyffente-
rie ; cependant il n'eft guère employé qu'extérieurement : il adoucit l'inflammation des hé-
morroïdes ; quand il eft bien dépuré, il devient
un bon cofmétique, enlève le hâle, diffipe les
rougeurs, & calme les démangeaifons à la peau.
La décoction de fes feuilles fert au même ufage.
Les efpèces de cette plante font nombreufes (1);
on fe fert encore de la petite joubarbe, nommée *Trique Madame*, & de la *Vermiculaire*, qui
viennent fur les vieux murs & les toîts des
granges. Voyez Garidel. La *Trique Madame* a
à-peu-près les mêmes vertus que la grande joubarbe, & l'on a employé avec quelque fuccès
le fuc de la vermiculaire, comme déterfif, dans
les vieux ulcères & les cancers même ; c'eft
un bon antifcorbutique.

La montagne de Lachen paffe pour être riche en plantes Médicinales, & il n'eft perfon-

---

(1) *Semper vivum tectorum.* Linn. La grande joubarbe.
Sedum album. Linn. *Leis rafinets.*
Sedum luteum. Linn. Gros raifinet, *Trique Madame*,
& en d'autres endroits, *lou ris fer.*
Sedum acre. Linn. Petite joubarbe, la vermiculaire.

ne dans les environs qui ne le croie ; cependant comme elle n'eſt couverte d'arbres que dans ſa partie ſeptentrionale, les ſimples n'y ſont pas en grande quantité ; j'ai déſigné ceux qui naiſſent à l'ombre de cette forêt, & nous ne trouvâmes du côté du midi que de petits arbuſtes, comme le neſflier, les amelanchiers, les groſeilliers épineux, & quantité de domptevenin & de cataires. Lorſque nous fûmes preſqu'au ſommet, nous rencontrâmes de petits gazons, de fraiſiers ſtériles. J'ai dit dans mon premier volume que cette plante ſe trouve ſur la montagne ſainte-Victoire près d'Aix ; je l'ai trouvé en quelques endroits, mais toujours à une élévation de 4 à 500 toiſes ſur le niveau de la mer. Les gazons qui ſont ſur la cime de Lachen ne ſont formés que par des chiendents, parmi leſquels ſe trouvent le bon-Henri ou épinar ſauvage (1), l'oſeille des Alpes, la carline & l'eufraiſe. Les fentes des rochers nous offrirent quelques plants de tuſſilage des Alpes.

J'ai monté trois fois, en divers temps, ſur cette montagne, où il n'eſt guère de plantes qui m'ayent échappé. La vue depuis l'eſt à l'oueſt y eſt ſuperbe, l'œil ſe promene à de grandes diſtances ſur la mer, qui en eſt éloignée de plus de dix lieues. On diſtingue aiſément les Iſles d'Hieres (*Stœchades*) & de Lerins, le Promontoire de l'Eſterel, les Ports de Canne, d'Antibes & de Nice, & juſqu'aux montagnes de Tende. Nous fûmes témoins ſur cette montagne d'un ſpectacle effrayant, mais

---

(1) *Chenopodium, bonus-Henricus.* Linn.

qui eut pourtant quelque chose d'agréable pour nous, parce que nous étions hors de danger. Il s'éleva un orage qui n'atteignit pas le haut de la montagne ; l'horizon se couvroit de nuages à quelque distance au dessous de nous, nous entendîmes gronder le tonnerre ; des langues de feu qui jaillissoient de tout côté, divisèrent tellement les nues, qu'elles nous parurent sous forme de petits floccons ; la nuit qui s'approchoit nous empêcha de jouir plus long-temps de ce spectacle. Nous quittâmes cette région élevée, & nous ne nous trouvâmes enveloppés de brouillards & de nuages qu'au milieu de la montagne. Nous fûmes incommodés de la pluie jusqu'à la plaine, mais nous étions satisfaits d'avoir entendu gronder le tonnerre sous nos pieds, & d'être restés si long-temps à couvert de ses atteintes. Les Botanistes font souvent témoins de pareils phénomènes ; les Pyrénées, plus hautes encore que Lachen, me l'ont offert plus d'une fois dans mes pénibles courses.

La montagne de Brouïs, qui commence au dessus de la Bastide & s'étend jusqu'au de-là de Bargeme, est inférieure de deux cent toises à celle de Lachen. Sa partie méridionale est encore pelée, elle entoure la vallée de la Roque & de Bargeme avec les montagnes de Malaï & de Broves, qui lui sont opposées. Le calcaire domine dans les pierres qui forment l'organisation de toutes ces montagnes. Les accidens de la lapidification quartzeuse y sont rares. Il y a en divers endroits des coquilles pétrifiées à leur base, de même que des cantons de terre pourrie où réduite en schistes. Les pierres numismales & lenticulaires

font

font communes à Lachen. La montagne de Brouis eft couverte vers fa partie feptentriona-le, d'une forêt confidérable de fapins ; elle s'étend à près de deux lieues, & eft fi épaiffe en quelques endroits, qu'on a de la peine à y pénétrer. Les loups, les fangliers, les loups cerviers & les renards en font leur repaire ; les Botaniftes y courent de grands rifques ; le foleil n'éclaire jamais de fes rayons cette forêt impénétrable. Le Frere Gabriel, Capucin, entraîné par l'amour de la Botanique, s'y étant égaré, y paffa deux jours & deux nuits dans des tranfes effroyables, il faillit y mourir de peur & de faim.

Les plantes de cette montagne ont beaucoup de rapport avec celles qui végétent plus haut dans les Alpes. Sa pofition & fa forêt leur fourniffent à-peu-près le même climat & le même fol. Les airelles, les raifins d'ours, les hellébores, les angéliques & autres plantes ombélliferes, les gentianes, les helléborines, les digitales, les faxifrages, la pyrole, la thapfie (1) y font communes ; j'y trouvai auffi la poligale (2) à feuilles de buis, jolie plante & fort rare.

---

(1) *Thapfia villofa*. Linn. La thapfie eft une plante férulacée, ombellifère comme celle de l'anet, de couleur jaune ; fes graines font longues, grifes, cannellées, environnées d'une bordure feüilletée. Sa racine donne un fuc laiteux très-âcre, corrofif & amer. On ne doit point s'en fervir en Médecine, parce qu'elle eft très-dangereufe & qu'elle excite le vomiffement & les convulfions.

(2) *Polygala chamæbuxus*. Linn.

La vallée de Bargeme & de la Roque eſt traverſée en long par une éminence de trois ou quatre pieds de haut. C'eſt une pierre coquillière qui contient une quantité de teſtacées univales & bivalves ; j'en ai détaché des coquilles d'huitres, des ourſins pétrifiés qui ſont répandus également dans la plaine. Il y avoit autrefois dans ce canton des vignes que les montagnes mettoient à l'abri des frimats, & dont les raiſins produiſoient d'aſſez bons vins ; mais la population ayant diminué dans ces cantons, cette culture a été abandonnée. La petite rivière qui traverſe la plaine tarit ſouvent en été, quoique par ſa poſition elle dût contenir une plus grande quantité d'eau. Toutes les rivières des montagnes ſous-alpines ſont à-peu-près dans le même cas, & ce ſont plutôt des ruiſſeaux qui arroſent ces contrées. Que deviennent donc les eaux pluviales, celles des neiges qui couvrent ces montagnes en hiver ? Leur terrein léger, maigre & graveleux en favoriſe l'évaporation. Ces eaux enflent pendant quelque temps les ravins & les petites rivières, mais elles ſe diſſipent bientôt dans l'athmoſphère, & le pays devient auſſi ſec que les contrées méridionales montueuſes.

Les rivières de Jabron & d'Artubi qui viennent de plus haut, coulent du côté de Comps, vers le couchant. On les paſſe ſur différens ponts qu'on a jettés en divers endroits. Plus on deſcend à l'eſt, plus les montagnes s'abbaiſſent, plus les pétrifications de coquilles attachées contre les rocs ſont nombreuſes, telles que les grandes cornes d'ammon, les huitres, les cames, &c. Les vallées s'élargiſſent, les montagnes défunies laiffent entr'elles un plus grand intervalle. Les plaines de la Roque, de Broves, de Lubi & de Comps attirent les Chaffeurs, qui vont faire la guerre pendant l'hiver aux oifeaux aquatiques & aux perdrix rouges & grifes. Les plantes ne fe trouvent dans ces lieux que fous les arbres qui couvrent les montagnes au nord. Je cueillis fur celles de Broves, la vulnéraire ruftique, l'antillis ou *barba jovis*, l'ancholie, la mercurielle des montagnes, la méliffophile, l'ortie morte des bois, des fritillaires & des martagons (1).

_____

(1) Depuis la publication du premier volume, j'ai appris avec plaifir que M. Artaud, Lieutenant de la Sénéchauffée d'Arles, dont j'ai déja parlé au fujet de la valifneria, a découvert aux environs de cette Ville l'aldrovanda; cette plante qui ne fe trouvoit, au rapport de Linneus, que dans l'Inde ou en Italie, paroît indigène à la Provence. Les favans, comme MM. Guettard, Silthorps, Brouffonnet, Thouin, &c. ont reçu avec plaifir les échantillons que M. Artaud leur a envoyés. L'aldrovande, *aldrovanda veficulofa*, Linn., n'a point de racines, elle fe foutient fur la furface de l'eau où elle eft flottante; fa tige eft ronde, longue d'environ fix pouces, légèrement cannellée, fans fuc & très-poreufe; fes feuilles font verticillées & rapprochées entr'elles, feffiles & en forme de coing; leur furface reffemble à un tricot à mailles très-ferrées; elles portent chacune à leur fommet un petit follicule membraneux, tranfparent, enflé & diftendu par l'air dans fon milieu; le calice eft monophille, divifé en cinq; la corolle a cinq pétales oblongs de la longueur du calice, d'un jaune clair, cinq etamines; l'ovaire eft globuleux, les ftyles très-courts & les ftigmates couchés fur l'ovaire; le fruit eft une capfule globuleufe, divifée en cinq loges; fes femences

Tous les bas-fonds humides & les bords des ruisseaux de la Roque étalent au printemps des grands pieds de veau (1) ; cette plante est commune également dans les pays-bas, mais ses feuilles font plus petites & moins maculées ; elle pousse une tige d'un pied de haut, surmontée par des grappes d'un fruit rouge rempli de semences. Les feuilles du pied de veau se fanent avant que son fruit soit parvenu à maturité. Sa racine est fort âcre, elle excite d'abord la salivation quand on la mâche, & cause ensuite une inflammation à la langue & au voile du palais, qui menace de suffocation celui qui a eu l'imprudence d'en mâcher. Cette racine corrigée avec des adoucissans & des mucilagineux, est un diurétique qui produit de bons effets dans l'hydropisie & l'asthme humoral. Maurin, Herboriste de la Roque, qui m'avoit conduit dans ces montagnes, s'avisa un jour de mâcher la racine de cette plante dont il ne connoissoit pas les propriétés. Il fut pris tout-à-coup d'une inflammation suffoquante à la gorge ; sa langue s'épaissit, il découloit de sa bouche une salive gluante ; dévoré de la soif & d'une chaleur âcre, il se jetta sur toutes les plantes qu'il rencontra ; l'oseille, la patience, les chicoracées, la pimprenelle, la bourrache ne le soulagèrent point ; il erra long-temps dans ces vallées arides, sans savoir à quel remède recourir ; enfin il s'avisa, comme

_____

font au nombre de dix. Elle fleurit au mois d'Août & se plaît dans les marécages à fond vaseux.

(1) *Arum maculatum.* Linn.

par défefpoir, de chercher dans les plantes aromatiques un fecours qu'il n'avoit pas trouvé dans les autres; à peine eut-il mâché des fommités de thim, que la chaleur de la bouche, l'inflammation difparurent dans l'inftant, comme par enchantement, & il fe trouva parfaitement guéri.

Qu'elle affinité les molécules fpiritueufes du thim & fon huile effentielle ont-elles avec le fuc âcre & irritant du pied de veau ? Ce que Maurin découvrit par hazard, a fait l'objet des recherches de quelques grands Botaniftes. Ils ont cherché à reconnoître par le tâtonnement & l'expérience, les vertus oppofées de diverfes plantes, qui fe détruifent entr'elles & diffipent les effets réciproques qui réfultent de leur application fucceffive. Un Profeffeur de Botanique à Leipfik, & un autre à Groningues s'étoient rendus célèbres par de pareilles recherches; celui de Leipfik fe faifoit un plaifir de montrer à fes élèves le prompt effet que certaines plantes opéroient fur lui. L'odorat, le goût fur-tout, lui avoient appris à décider fupérieurement de leur propriété, la manière dont il falloit combattre leurs effets & les anéantir par leur application réciproque. Par exemple, quand après avoir mâché une plante, fa bouche & fa langue s'étoient tuméfiées & enflammées, il en mâchoit tout de fuite un autre, & ces fymptomes effrayans difparoiffoient tout-à-coup. C'eft ainfi que les mendians, pour exciter la commifération, fe font enfler les jambes en les frottant avec la clématite, ainfi que j'ai dit ci-deffus, & qu'ils guériffent cette enflure par des lotions d'eau chaude qui font fpé-

cifiques dans cette maladie fimulée. La nature
nous préfente ainfi diverfes fubftances dont les
propriétés oppofées fe détruifent réciproque-
ment ; mais il faut beaucoup de prudence quand
on veut faire ces fortes d'effais. Maurin , d'a-
près le fuccès qu'il avoit obtenu, regarda mal-
à-propos le thim comme un fpécifique contre
l'inflammation & la fièvre ardente. J'eus beau
vouloir l'en diffuader, il ne démordit pas de
fon opinion. Attaqué deux mois après, au fort
de l'été, d'une violente éréfipèle au bras, avec
chaleur, douleur & foif ardente, il l'entoura
d'un cataplafme fait avec le thim & le ferpolet, qui calma la douleur fans diffiper les
autres fymptomes, & y attira la grangrene.
Je paffai dans ce temps-là à la Roque, & je
fus témoin de fa mort. Il n'eft pas le feul
Herborifte qui ait été la victime d'une confian-
ce aveugle & mal placée dans les fimples dont
il ne connoiffoit pas les propriétés.

Les montagnes fous-alpines s'étendent depuis
la terre de Sclapon jufqu'à Mons & bien loin
au-delà vers le couchant, en abaiffant graduel-
lement leur fommet & dégénerant en coteaux
qui bornent les terres de Calian, de Seillans,
de Bargemon & d'Aups, ainfi nommé du mot
Alpes, au pied defquelles cette petite Ville eft
bâtie. Tout cet efpace eft compris dans le Diocèfe de Fréjus, dont je n'ai pas voulu faire
un article à part. Tel eft l'état de la partie
montueufe de la Provence, qui la fépare, à
l'eft, des côtes maritimes, defquelles il me refte
à parler.

Tous ceux qui ne connoiffent la Provence
que par rélation, ou qui n'ont parcouru que

fa partie moyenne, s'imaginent que fon climat
eft des plus doux & des plus tempérés, que
rien n'eft plus agréable que la pofition des fes
Villes fituées fur le bord de la mer & dans
des campagnes fertiles & riantes; que les montagnes dont elle eft coupée en quelques endroits, y tempèrent les chaleurs de l'été, &
lui procurent plutôt le zéphir & des pluies
douces qui rafraîchiffent l'athmofphère, qu'elles
n'occafionnent des vents & des frimats fous
un ciel auffi ouvert & auffi ferein : mais qu'ils
font éloignés de connoître l'irrégularité de ce
climat, qui dépend de tant de pofitions différentes ! La defcription que je viens d'en faire,
& dont j'ofe garantir l'exactitude, les détrom-
pera fans doute de ce préjugé.

L'étendue de ces montagnes, qui font au
moins le tiers de la Provence, doit influer,
comme je viens de le dire, fur le climat &
fur l'efpèce humaine qui les habite. La faine
politique doit infpirer à l'Adminiftration d'en-
tretenir une correfpondance mutuelle entre les
habitans des montagnes & ceux du Pays-bas;
d'ouvrir à cet effet des grandes routes, pour
faciliter le tranfport des denrées dans ces
lieux fcabreux. Je ne réfuterai point ici les
fentimens abfurdes de ceux qui vouloient qu'on
abandonnât la montagne ; ce n'eft pas être
bon Patriote, que de prétendre fe féparer
ainfi de Citoyens qui vivent dans une même
Province & font corps avec elle. Ne vaudroit-
il pas mieux les fixer dans leurs Régions froides, où ils font accoutumés dès l'enfance, les
engager par toute forte de bons traitemens à

défricher leurs terres stériles (1) , à exploiter les mines que j'y ai désignées ? cela les engageroit à ne point venir passer l'hiver dans nos contrées méridionales , où leur tempérament dégénère peu-à-peu & s'affoiblit à la longue.

Le Montagnard, si robuste autrefois , si patient dans ses travaux , industrieux même dans la culture des terres , n'est plus le même aujourd'hui ; il laboure ses champs avec négligence : aussi ne perçoit-il que des mauvaises récoltes. Il n'en est pas de même aux montagnes alpines où le séjour continuel des habitans & des troupeaux les améliorent tous les jours ; & quoique le luxe y ait également pénétré, la misère ne s'y fait point sentir comme dans les sous-alpines, & l'on y jouit de toute l'aisance possible. Il y a des Villages si chétifs , si pauvres dans ces dernières , qu'on ne doit pas être surpris de les

---

(1) Les lupins , les vesses , le sainfoin qui viennent par-tout , ainsi que la gesce & légumes pareils , produiroient beaucoup dans ces sortes de terreins , & fourniroient autant de prairies artificielles pour la nourriture des bestiaux. Je n'ai vu que très-peu du bled Sarrasin *fagopirus* dans les montagnes alpines , & encore moins dans les sous-alpines. Cette plante nous a été portée de l'Afrique par les Sarrasins. Elle s'est très-bien acclimatée dans toute la Provence. Le faisan , les coqs de bruyere en sont fort friands. On engraisse la volaille avec ce grain. Il est fâcheux qu'on le cultive si peu dans nos montagnes ; cela n'est pas ainsi dans les Pyrénées où le bled Sarrasin , connu sous le nom de millet quarré , nourrit la volaille délicieuse qu'on y trouve.

voir

voir inhabités pendant les trois quarts de l'année. Les Eglises y font d'une conftruction miférable & d'une mal-propreté portée jufqu'à l'indécence, à la honte des Prébandiers. Je laiffe aux politiques le foin de difcuter les moyens les plus propres que l'on pourroit mettre en œuvre pour améliorer ces régions froides & ftériles, & y fixer les habitans ; ce qui en changeroit peu-à-peu la face, & rendroit ces contrées feptentrionales de la Provence prefqu'auffi floriffantes que les méridionales.

Fin du fecond Volume.

TABLE
DES CHAPITRES
Contenus dans ce second Volume.

Fin de la Table des Chapitres.

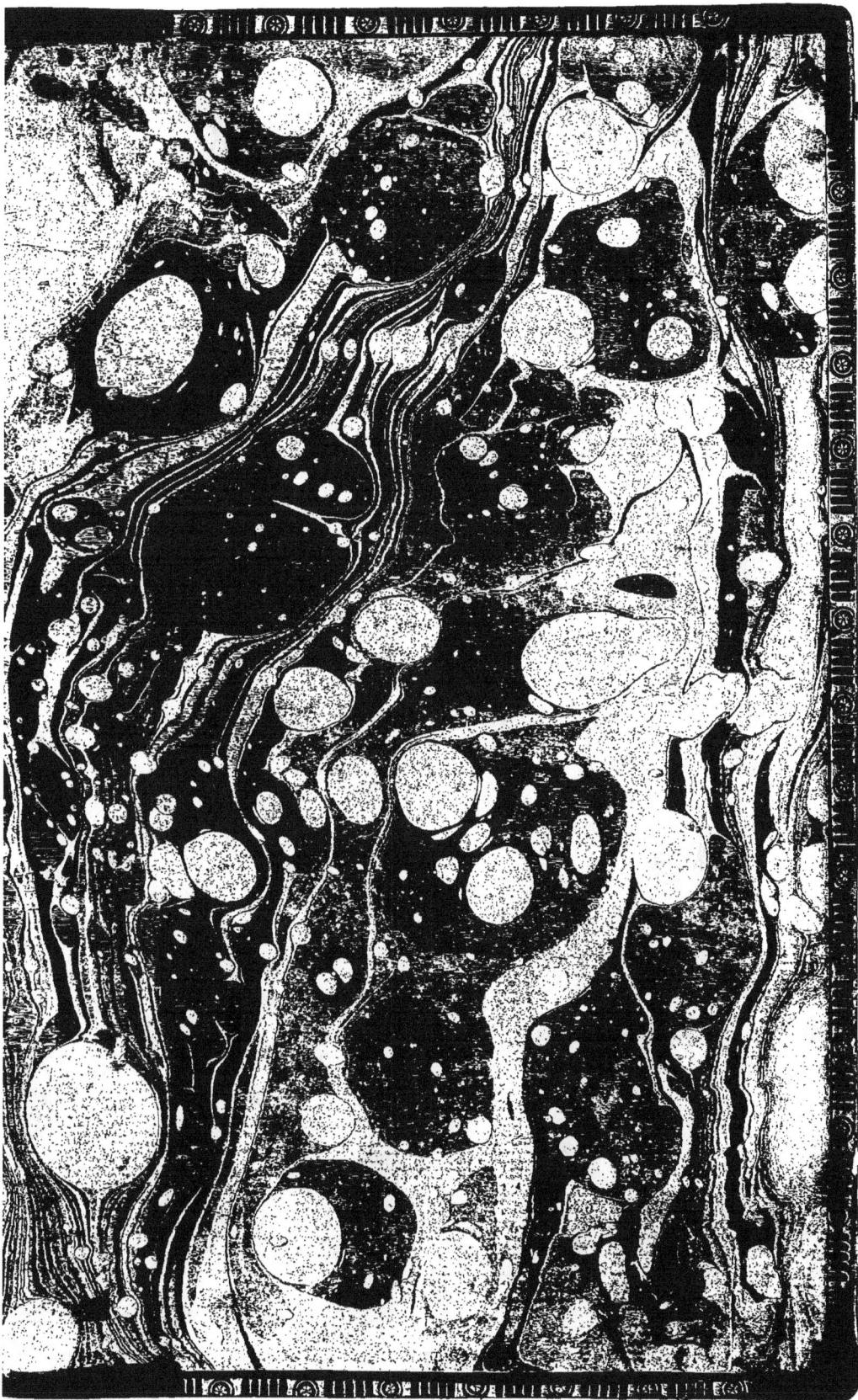

www.ingramcontent.com/pod-product-compliance
Lightning Source LLC
Chambersburg PA
CBHW060136200326
41518CB00008B/1046